"十二五"普通高等教育本科国家级规划教材

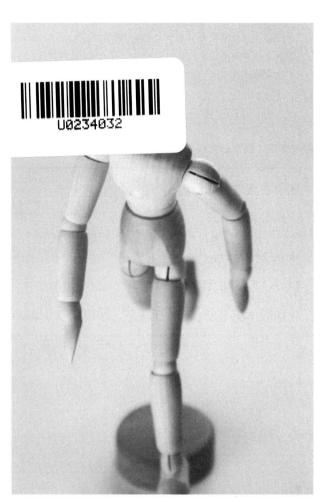

MAN
Machine
Engineering
（5th Edition）

人机工程学

（第5版）

丁玉兰 编著

北京理工大学出版社
BEIJING INSTITUTE OF TECHNOLOGY PRESS

内 容 简 介

本书是一部全面介绍人机工程学基本原理、设计理论及应用方法的教科书。其内容包括人机工程学概论、人体测量与数据应用、人的智能与人机智能、人的心理与创造性行为、人体生物力学与施力特征、人的信息传递与界面设计、工作台椅与工具设计、个体作业岗位与空间设计、人与作业环境界面设计、人的可靠性与安全设计、人机系统总体设计、人机智能系统综合设计与应用。

本书是以1991年出版的《人机工程学》为基础，经过4次修订后，再一次更新和充实了本学科的最新成果和发展动向而形成的最新版本。本书除可作为工业设计、工业工程本科专业教材外，也可作为其他相关专业的教材和教学参考书，还可以为交叉学科的教师、研究生、研究人员以及工程技术人员的参考书。

图书在版编目（CIP）数据

人机工程学／丁玉兰编著. —5版. —北京：北京理工大学出版社，2017.1（2024.1重印）

"十二五"普通高等教育本科国家级规划教材

ISBN 978-7-5682-0419-4

Ⅰ.①人…　Ⅱ.①丁…　Ⅲ.①工效学-高等学校-教材　Ⅳ.①TB18

中国版本图书馆 CIP 数据核字（2017）第 002344 号

出版发行／北京理工大学出版社有限责任公司

社　　址／北京市海淀区中关村南大街5号

邮　　编／100081

电　　话／（010）68914775（总编室）

　　　　　（010）82562903（教材售后服务热线）

　　　　　（010）68944723（其他图书服务热线）

网　　址／http：//www.bitpress.com.cn

经　　销／全国各地新华书店

印　　刷／保定市中画美凯印刷有限公司

开　　本／889毫米×1194毫米　1/16

印　　张／15　　　　　　　　　　　　　　　　　　　责任编辑／封　雪

字　　数／340千字　　　　　　　　　　　　　　　　文案编辑／封　雪

版　　次／2017年1月第5版　2024年1月第30次印刷　责任校对／周瑞红

定　　价／42.00元　　　　　　　　　　　　　　　　责任印制／王美丽

序

　　人机工程学在国内是一门尚处于发展中的新兴学科，该学科的显著特点是，在认真研究人、机、环境三要素自身特性的基础上，不单纯着眼于单一要素的优化与否，而是将使用"机"的人、所设计的"机"以及人与机所共处的"环境"作为一个"人-机-环境"系统来研究，其目标就是科学地利用三要素之间的相互作用、相互依存的有机联系来寻求系统的优化。

　　基于该学科的特点，其理论和方法可为设计中考虑"人的因素"提供人体尺度数据，可为设计中"机的功能"合理性提供科学依据，可为设计中考虑"环境因素"提供设计准则，可为"人-机-环境"系统设计提供整体思路，可为贯彻"以人为核心"的设计思想提供可行方法，因而工业与工程设计便成为该学科应用的重要领域之一。目前，以人为核心的设计思想已为工业与工程设计领域所重视，并要求将该学科理论与方法贯穿于设计的全过程，以逐步将工业和工程设计水平提升到人们所追求的高度。

　　为适应设计类专业课程设置的需要，1991 年本书作者主编了国内该学科第一本统编教材——《人机工程学》，其出版填补了国内该学科教材的空白；2000 年本书作者主编的《人机工程学》（修订版）是普通高等教育"九五"部级重点教材，并获 2002 年教育部"普通高等学校优秀教材二等奖"、上海市汽车工业教育基金会"十年重大成果奖"等奖项；2005 年再次修订的《人机工程学》（第 3 版）增加了多媒体教学课件，大大增强了教材的实用性，出版后累计印数已近 9 万册。在此基础上，再次修订的《人机工程学》（第 4 版）对其内容做了较多的充实与更新，特别是增加了该学科发展新趋势等学科前沿方面的内容，充分体现了教材的先进性和前瞻性。无疑，《人机工程学》（第 4 版）的出版，为高等院校相关的设计类专业提供了一本优秀的教材和有益的参考书。

中国工程院院士

第 5 版前言

本书系"十二五"普通高等教育本科国家级规划教材，是 1991 年出版的《人机工程学》教材的第 5 版。1991 年出版的《人机工程学》是工业设计专业"七五"规划的统编教材，也是人机工程学学科的第一本全国统编教材，于 1993 年获同济大学第四届"优秀教材一等奖"，其后被列为普通高等教育"九五"部级重点教材，并在 2000 年出版了修订版，该版于 2002 年获教育部"普通高等学校优秀教材二等奖"；为了适应教学和市场的需求，伴随着学科发展，为适时反映学科发展研究成果和发展动向，在 2005 年出版了第 3 版，2011 年出版了第 4 版，该版于 2012 年获"中国机械工业科学技术二等奖"，在上述基础上，2014 年被审定为"十二五"普通高等教育本科国家级规划教材（教高函〔2014〕8 号文），由此为第 5 版的修订标明了努力方向。

人机工程学作为 20 世纪 80 年代左右开始在国内发展的一门新兴的交叉学科，进入 21 世纪以来，在新一轮科技与产业变革的联合推动下，其发展已初见端倪。品种繁多的智能化产品在日常的生活、学习以及工作中的广泛运用引起了社会生活和生产活动发生翻天覆地的变化。这种社会发展的脉搏传递给本学科一个新的信息，即一种全新概念的人机关系和人机系统，将给人机工程学研究带来新的课题和新的活力。笔者感知到上述信息，经学习、分析和研究，将人与智能工具的关系、人机智能系统以及由此激发的人的创造性行为等新的内容，率先引入本版教材，使教材具有创新性和前瞻性。

"以人为本"是本学科发展宗旨，本教材的修订也遵循以人为本的指导思想。对于以教师为本，在修订版中保持原教材的体系结构和编写风格，保证教材使用的延续性。对于以读者为本，在修订版中除新增了前述的创新性内容，删除了一些叙述性的传统内容，还增加了一些较为精美的插图，以适应有关设计专业读者的求变、求新、求美的思维特征。此外，还增加了应用实例，以培养读者将理论知识转化为应用研究的能力。以人为本的编写思想充分体现了教材的系统性和实用性。

从 1987 年筹划编写初版《人机工程学》开始，到 2017 年第 5 版与读者见面为止，历时将近 30 年，在此期间，本教材历经多次修订、多次获奖、多次印刷。截止到 2016 年 8 月，前 4 版共印刷 36 次，其累计印数为 209 060 册。通过教材不断交用户使用、不断接受用户的质检，形成了本教材从无到有、从有到好的寻优过程。该过程从客观上充分反映了本教材具有良好的适用性。

全书由同济大学教授丁玉兰编著。白胜勇、刘岩、张成宝、叶武平、谢硕、黄海波、赵朝义、岳惊涛、石淼、邵灵敏、王晓翔、王向军、石磊、谢佳音等参与了相关资料的收集和整理工作，在此表示感谢。

本教材从初版到第 5 版均由北京理工大学出版社出版，在多次修订和出版过程中，得到出版社有关领导和责任编辑的大力支持和帮助，在此深表谢意。另外，在编写过程中，参阅了大量的文献资料，在主要参考文献中无法——列出，在此一并表示谢意。

限于编者知识和水平，书中不妥和错误之处在所难免，诚请广大读者批评指教。

丁玉兰

2016 年 5 月于同济园

第4版前言

本书系1991年出版的普通高等工科教育机电类规划教材《人机工程学》的第4版。1991年出版的《人机工程学》是工业设计专业"七五"规划的统编教材，也是人机工程学学科的第一本全国统编教材；2000年出版的《人机工程学》（修订版）被列为普通高等教育"九五"部级重点教材，并于2002年获教育部"普通高等学校优秀教材二等奖"；2005年出版的《人机工程学》（第3版）为了适应教学和市场的需求，除充实了新的内容之外，还增配了完整的多媒体课件。截至2010年9月，本教材的前3版共印刷了22次，累计印数达143 500册。从本教材的销售数量和出版社获得的用户反馈信息表明，本教材市场需求较大。为此，笔者与出版社共商决定，编写并出版《人机工程学》（第4版）。

人机工程学作为20世纪80年代左右开始在国内发展的一门新兴的交叉学科，随着现代社会经济和科学技术的快速发展，其发展更是超出人们的预期。科学发展观要求建立和谐社会，这必然要涉及人与人、人与物以及人与自然的和谐。显然，将人机工程学的研究领域拓宽了，将研究人员的视野扩大了，将本学科交叉的范围延伸了，时代对教材的要求也更高了，这是编写并出版《人机工程学》（第4版）的必要性。

从人机工程学在国内逐步兴起时，笔者便致力于本学科的教学和科研工作，至今从未间断过，30余年的实践，不断积累教学经验、科研成果以及参考资料，这是编写《人机工程学》（第4版）具备的可能性。

编写《人机工程学》（第4版）的基本思路是：首先，从授课教师的角度出发，充分考虑使用教材的延续性；其次，从广大读者的角度出发，尽力考虑本书内容的先进性；最后，从编者对本书要求的角度出发，始终保持教材特有的风格。由此形成的《人机工程学》（第4版）的特点是：保持了前3版教材的结构体系；反映了本学科的新成果和新动向；力求叙述简练、插图美观以及课件的实用性。

全书由同济大学人机与环境工程研究所丁玉兰编著；宓为建、白胜勇、刘岩、张成宝、叶武平、邵灵敏、谢佳音、石磊、王向军、谢硕、赵朝义、刘园参与了相关资料的收集和整理工作。

本教材的第1版、修订版、第3版以及第4版均由北京理工大学出版社出版，在多次的出版和修订过程中，得到出版社有关领导和责任编辑的大力支持和帮助；另外，在编写过程中，参阅了大量的文献资料，在主要参考文献中无法一一列出，在此一并表示谢意。

限于编者水平有限，书中不妥和错误之处在所难免，诚请广大读者批评指教。

丁玉兰

2010年10月于同济园

第 3 版前言

本书系普通高等工科教育机电类规划教材《人机工程学》的第三版。其第一版是机械工程类工业设计教学指导委员会组织的"七五"规划统编教材，于1991年8月出版；其修订版经工业设计教学指导委员会推荐，又经机械工程一级学科教学指导委员会专家认定，列为普通高等教育"九五"部级重点教材，于2000年2月出版。该修订版于2002年10月获教育部"普通高等学校优秀教材二等奖"；于2003年12月获上海汽车工业教育基金会"十年重大成果奖"等奖项。

人机工程学在国内是一门尚处于发展中的新兴学科，特别是在本书修订版出版后的五年中，由于当代科学技术的突飞猛进，国内经济、教育的快速发展，推动了人机工程学的不断发展，使人们在实践中，逐渐深化了对本学科的认识，致使本学科"以人为本"的核心思想正在向更广泛的领域渗透。为此，在教育方面，设置人机工程学课程的院校和专业快速增加，相应对该课程教材的要求也日益提高。基于学科发展的这一特点，既有必要，也有可能对本书的修订版内容进行充实和更新，由此促成了第三版的出版。

人机工程学教材第三版的编写，仍保持了修订版的结构体系和编写特色，但在具体内容上做了较多的充实和更新，特别是对人机工程学学科的新技术和发展新趋势做了介绍，充分反映教材的前瞻性。

本书内容仍为12章，第1章至第4章为学科基础理论；第5章至第10章为学科设计原理与方法；第11章、第12章为学科综合应用与发展动态。显然，全书的内容和编排充分体现了教材的系统性、实用性和先进性。

通过编著者多年对本课程教学反馈信息的收集和分析，为适应现代多媒体教学的需要，既为方便教师授课，也为方便学生查阅有关资料，在人机工程学教材第三版中，提供了相应配套的光盘。

全书由同济大学人机与环境工程研究所丁玉兰编著；在编写中，宓为建、白胜喜、邵英俊、石磊、邵灵敏、谢佳音、白佳璧、张娣、刘园参与了相关资料的收集和整理工作。

本书的第一版、修订版以及第三版均由北京理工大学出版社出版，在几次出版和修订过程中，得到出版社的大力支持和帮助；另外，在编写过程中，作者参阅了大量的文献资料，在参考文献中无法一一列出，在此一并表示谢意。

限于编著者水平有限，书中不妥和错误之处在所难免，诚请广大读者批评指正。

丁玉兰

2004 年 7 月于同济园

再版前言

本书是 1991 年 8 月出版的高等学校教材《人机工程学》的修订版。其第一版是工业设计专业"七五"规划的统编教材,从第一版的编写到修订版的出版,前后历经近十年,其间已进行过五次印刷,经过 9 年的反复使用。仅从时间上来看,第一版教材的修订已稍滞后于教学要求。

20 世纪 80 年代末,人机工程学在国内尚属起步不久的新兴交叉学科。第一版《人机工程学》作为该学科的第一本全国统编教材,尽管在编写时力求反映该学科的研究成果,但因当时国内有关数据、标准尚少,加之缺少长时间教学实践,故在内容上有所欠缺。重新审视第一版教材内容,已不能反映该学科日益发展的水平,更不能满足日渐提高的教学要求。为此,有必要对第一版教材内容进行更新和充实。

在第一版教材出版后的九年中,国内人机工程学学科发展迅速,在理论、应用、规范、标准等方面成果丰硕。特别是在标准方面,已从当年的 10 余项增加到 40 余项;同时在教学方面,开设此课程的院校和专业迅速增加,使用该教材的反馈信息不断增多,累积了许多教学经验和资料。因而有可能对第一版教材内容进行修订与充实。

经工业设计教学指导委员会专家推荐,机械工程学科教学指导委员会专家认定,将修订版《人机工程学》列为普通高等教育"九五"部级重点教材,这为第一版《人机工程学》的修订提供了极好的机会,促成了修订版《人机工程学》教材的早日出版。

本书的编写基本上保持了第一版的体系和特色,但在具体内容上作了较大的更新和充实,主要是对国内的人机工程学新标准作了较多的介绍,将许多引自国外的数据更新成国内数据;其次是对人机工程学在现代设计中的应用作了补充;最后还增加了应用范例分析,以帮助读者应用人机工程学理论和方法,去解决工业设计中的具体问题。此外,为便于不同层次和不同专业教学需要,方便教师选教和学生选学,在全书分量上略有增加。

本书内容共分十二章,第一至三章为基础理论:第四至十一章为设计原理与方法;第十二章为应用范例分析。全书内容和编排充分体现了先进性、系统性和实用性。

本书由同济大学丁玉兰主编;书稿的第一、二、三、六、七、八、九、十二章由丁玉兰撰写;第四、五章由重庆大学郭钢撰写;第十、十一章由湖南大学赵江洪撰写。因本书第一版编者沈文琪一直在国外工作,无条件参加修订,由工业设计教学指导委员会决定,沈文琪原撰写的部分由丁玉兰负责修订,望沈文琪同志谅解。

本书的第一版和修订版均由北京理工大学出版社出版,在两次出版过程中,得到出版社的大力支持和帮助,在此表示感谢。

限于编者水平,书中不妥和错误之处仍在所难免,诚请广大读者批评指教。

编　者
1999 年 8 月

出版说明

  工业设计是在人类社会文明高度发展过程中，伴随着大工业生产的技术、艺术和经济相结合的产物。

  工业设计从 William Morris 发起的"工艺美术运动"起，经过包豪斯的设计革命到现在，已有百余年的历史。世界各先进工业国家，由于普遍重视工业设计，因此极大地推动了工业和经济的发展与社会生活水平的提高。尤其是近几十年来，工业设计已远远超过工业生产活动的范围，成为一种文化形式。它不仅在市场竞争中起决定性作用，而且对人类社会生活的各方面产生了巨大的影响。工业设计正在解决人类社会现实的与未来的问题，正在创造、引导人类健康的工作与生活，并直接参与重大社会决策与变革。

  工业设计的方法论，包括有三个基本问题：技术与艺术的统一；功能与形式的统一；微观与宏观的统一。在设计观念上，传统的"形式追随功能"已由于人的需求日益受到重视，并且由于在设计中能够运用多学科的知识，功能的内涵已经大为扩展，设计更具生命力，更加多样化，日益体现了"形式追随需求"的直接反映生活意义的倾向。人性是人的社会性和自然性的统一，人类在创造"人-社会-自然"的和谐发展中，创造了崭新的生活方式和生存空间。所有这些，都体现了以"人为核心"的设计价值观。

  人才是国力，设计人才创造了设计世界；飞速发展的经济，必然伴有工业设计教育的长足进步。

  《工业造型设计》专业教学指导小组成立于 1987 年 10 月。专业教学指导小组的任务之一是：研究专业课教材建设中的方针政策问题，协助主管部门进行教材评优和教材使用评介工作；制订教材建设规划，组织编写、评选教材。根据这一任务，教学指导小组制定了"七五"教材出版规划。在各院校的共同努力下，编写了以下教材："产品造型材料与工艺"（主编程能林）；"人机工程学"（主编丁玉兰）；"视觉传达设计"（主编曾宪楷）；"工业设计史"（何人可编）；"造型基础"（主编张福昌）；"产品造型设计"（主编高敏）；"工业设计方法学"（主编简召全）。

  这套教材是以工科院校的工业设计专业为主要对象编写的，也考虑了艺术类招生学校的教学要求，并由有这方面教学经验的教师担任主编，因此基本上能满足我国现今工业设计教育的要求。本书也可供企业中从事设计工作的人员学习参考。

  在本书的编写过程中，我们取长补短、互相交流、团结合作，每位编者都付出了极大的艰辛，按照推荐教材的要求努力在辩证唯物主义和历史唯物主义思想的指导下，认真贯彻理论与实践相结合的方针，努力提高教材的思想性、科学性、启发性、先进性和适用性，力求反映工业设计的先进水平，提高教材的质量。

本教材的出版，解决了工业设计教育中急需教材的有无问题。在"八五"教材规划中，我们还要继续努力，以求进一步扩大教材的品种和提高教材的质量。

最后，应当感谢机电部教材编辑室和北京理工大学出版社，是在他们的帮助和支持下，这套教材才得以和广大读者见面。

高等工业学校《工业造型设计》

专 业 教 学 指 导 小 组 组 长　简召全

1991 年 4 月

前　言

　　《人机工程学》一书系全国高等工业院校工业造型设计专业教学指导组组织编写的统编教材之一。本书是根据 1987 年 10 月全国高等工业院校工业造型设计专业教学指导组制订的教学计划和教学大纲，以及 1988 年 6 月该专业教学指导组审定的"人机工程学编写大纲"编写的。初稿完成后，于 1989 年 11 月在该专业的教材审稿会上通过审稿。

　　本书按高等工业院校工业造型设计专业本科生对人机工程学课程的要求，以 54～72 学时专业必修课的内容，来控制全书内容的深度、广度和字数。编者力求在本教材中提供必要的人机工程学方面的设计资料和数据，又本着少而精的原则来处理全书的内容。编写过程中，在汇集各有关院校的本课程教学资料和研究成果的基础上，又广泛收集和分析了国内外较新的文献资料，特别是对我国近年来在人机工程学方面的研究成果作了充分的反映。例如，我国 1989 年 7 月开始实施的 GB 10000—1988《中国成年人人体尺寸》标准中有关人体测量数据，已选入本书。此外，本书还反映了作者自己的研究成果。

　　本书作为教学用书，不可能阐述人机工程学的全部内容。但作为人机工程学学科的第一本全国统编教材，仍具有一定的编写特色，本书是以人机工程学所涉及的人、机、环境三要素的核心问题为主，又考虑到工业造型设计专业本科生应掌握的该学科基础知识的特殊需要，来选择、安排全书的内容和章节。全书共十章，包括两部分内容，前三章为人机工程学理论基础，后七章为工业造型设计中的有关人机工程学设计原理和设计方法。其主要内容为：人机工程学概论，人体测量与人体模型，人的感知与反应特征，显示装置设计，操纵装置设计，作业空间与用具设计，作业环境的分析与评价，作业疲劳与安全设计，人机系统设计以及典型的人机系统设计。因此，本书既可作为高等工业院校工业设计专业的必修课教材，也可作为其他产品设计类专业必修课或选修课的教学参考书，还可供人机工程学方面的研究人员和有关的工程技术人员参考。

　　本书由同济大学丁玉兰主编，由上海交通大学朱崇贤主审。参加审稿的还有北京理工大学简召全、鄢必让，湖南大学程能林，重庆大学高敏，湖北工学院曾宪楷，无锡轻工业学院张福昌，哈尔滨科技大学刘长英、任家富，云南工学院胡志勇，武汉工业大学陈汗青，机械工业出版社王世刚，北京理工大学出版社吴家楠。专家们对书稿提出许多宝贵的意见和建议；特别是主审人对书稿全部内容进行了逐字逐句、认真细致的审阅，并提出许多具体的修改意见。编者在此向他们表示真诚的感谢。此外，哈尔滨科技大学金洪彬参加了本书大纲的拟订工作，也在此向他表示谢意。

　　书稿的第一、二、三、七章由同济大学丁玉兰编写；第四、五章由重庆大学郭钢编写；第六、八章由北京理工大学沈文琪编写；第九、十章由湖南大学赵江洪编写。由于编者水平有限，书中难免有错误和欠妥之处，恳请广大读者批评指正。

编　者

1989 年 11 月

目　　录

第 1 章　人机工程学概论

1.1　人机工程学的命名及定义

人机工程学（Man-Machine Engineering）是研究人、机械及其工作环境之间相互作用的学科。该学科在其自身的发展过程中，逐步打破了各学科之间的界限，并有机地融合了各相关学科的理论，不断地完善自身的基本概念、理论体系、研究方法以及技术标准和规范，从而形成了一门研究和应用范围都极为广泛的综合性边缘学科。因此，它具有现代各门新兴边缘学科共有的特点，如学科命名多样化、学科定义不统一、学科边界模糊、学科内容综合性强、学科应用范围广泛等。

1.1.1　学科的命名

由于本学科研究和应用的范围极其广泛，它所涉及的各学科、各领域的专家、学者都试图从自身的角度来给本学科命名和下定义，因而世界各国对本学科的命名不尽相同，即使同一个国家对本学科名称的提法也很不统一，甚至有很大差别。

例如，本学科在美国称为"Human Engineering"（人类工程学）或"Human Factors Engineering"（人的因素工程学）；西欧国家多称为"Ergonomics"（人类工效学）；而其他国家大多引用西欧的名称。

"Ergonomics"一词是由希腊词根"ergon"（即工作、劳动）和"nomoi"（即规律、规则）复合而成，其本义为人的劳动规律。由于该词能够较全面地反映本学科的本质，又源自希腊文，便于各国语言翻译上的统一，而且词义保持中立性，不显露它对各组成学科的亲密和间疏，因此目前较多的国家采用"Ergonomics"一词作为本学科命名。例如，苏联和日本都引用该词的音译，苏联译为"Эргономика"，日本译为"マーコノミッケス"，称为人间工学。

人机工程学在我国起步较晚，目前在国内的名称尚未统一，除普遍采用人机工程学外，常见的名称还有人-机-环境系统工程、人体工程学、人类工效学、人类工程学、工程学心理学、宜人学、人的因素等。名称不同，其研究重点略有差别。

由于本书力图从研究人-机关系的角度为工业设计者提供有关这一边缘学科的基础知识，因而本书便采用人机工程学这一学科名称。但是，任何一个学科的名称和定义都不是一成不变的，特别是新兴边缘学科，随着学科的不断发展、研究内容的不断扩大，其名称和定义也将发生变化。

1.1.2　学科的定义

与命名一样，对本学科所下的定义也不统一，而且随着学科的发展，其定义也在不断发生变化。

美国人机工程学专家 C. C. 伍德（Charles C. Wood）对人机工程学所下的定义为：设备设计必须适合人的各方面因素，以便在操作上付出最小的代价而求得最高效率。W. B. 伍德森（W. B. Woodson）则认为：人机工程学研究的是人与机器相互关系的合理方案，亦即对人的知觉显示、操作控制、人机系统的设计及其布置和作业系统的组合等进行有效的研究，其目的在于获得最高的效率及作业时感到安全和舒适。著名的美国人机工程学及应用心理学家 A. 查帕尼斯（A. Chapanis）说："人机工程学是在机械设计中，考虑如何使人获得操作简便而又准确的一门学科。"

另外，在不同的研究和应用领域中，带有侧重点和倾向性的定义很多，不一一介绍。

国际人类工效学学会（International Ergonomics Association，IEA）为本学科所下的定义是最有权威、最全面的定义，即人机工程学是研究人在某种工作环境中的解剖学、生理学和心理学等方面的各种因素，研究人和机器及环境的相互作用，研究在工作中、家庭生活中和休假时怎样统一考虑工作效率、人的健康、安全和舒适等问题的学科。

结合国内本学科发展的具体情况，我国 1979 年出版的《辞海》中对人机工程学给出了如下的定义，即人机工程学是一门新兴的边缘学科。它是运用人体测量学、生理学、心理学和生物力学以及工程学等学科的研究方法和手段，综合地进行人体结构、功能、心理以及力学等问题研究的学科，用以设计使操作者能发挥最大效能的机械、仪器和控制装置，并研究控制台上各个仪表的最适位置。

从上述本学科的命名和定义来看，尽管学科名称多样、定义歧异，但是本学科在研究对象、研究方法、理论体系等方面并不存在根本上的区别。这正是人机工程学作为一门独立的学科存在的理由，同时也充分体现了学科边界模糊、学科内容综合性强、涉及面广等特点。

1.2 人机工程学的起源与发展

英国是世界上开展人机工程学研究最早的国家，但本学科的奠基性工作实际上是在美国完成的。所以，人机工程学有"起源于欧洲，形成于美国"之说。本学科的起源可以追溯到 20 世纪初期，作为一门独立的学科，在其形成与发展史中，大致经历了以下三个阶段。

1.2.1 经验人机工程学

20 世纪初，美国学者 F. W. 泰罗（Frederick W. Taylor）在传统管理方法的基础上，首创了新的管理方法和理论，并据此制定了一整套以提高工作效率为目的的操作方法，考虑了人使用的机器、工具、材料及作业环境的标准化问题。例如他曾经研究过铲子的最佳形状、重量，研究过如何减少由于动作不合理而引起的疲劳等。其后，随着生产规模的扩大和科学技术的进步，科学管理的内容不断充实丰富，其中动作时间研究、工作流程与工作方法分析、工具设计、装备布置等，都涉及人和机器、人和环境的关系问题，而且都与如何提高人的工作效率有关，其中有些原则至今对人机工程学研究仍有一定意义。因此，人们认为他的科学管理方法和理论是后来人机工程学发展的奠基石。

从泰罗的科学管理方法和理论的形成到第二次世界大战之前，称为经验人机工程学的发展阶段。这一阶段的主要研究内容是：研究每一职业的要求；利用测试来选择工人和安排工作；规划利用人力的最好方法；制定培训方案，使人力得到最有效的发挥；研究最优良的工作条件；研究最好的管理组织形式；研究工作动机，促进工人和管理者之间的通力合作。

在经验人机工程学发展阶段，研究者大都是心理学家，其中突出的代表是美国哈佛大学的心理学教授 H. 闵斯特泼格（H. Munsterberg），其代表作是《心理学与工业效率》。他提出了心理学对人在工作中的适应与提高效率的重要性。闵氏把心理学研究工作与泰罗的科学管理方法联系起来，对选择、培训人员与改善工作条件、减轻疲劳等问题曾做过大量的实际工作。由于当时本学科的研究偏重于心理学方面，因而在这一阶段大多称本学科为"应用实验心理学"。学科发展的主要特点是：机械设计的主要着眼点在于力学、电学、热力学等工程技术方面的原理设计上，在人机关系上是以选择和培训操作者为主，使人适应于机器。

经验人机工程学一直延续到第二次世界大战之前，当时，人们所从事的劳动在复杂程度和负荷量上都有了很大变化。因而改革工具、改善劳动条件和提高劳动效率成为最迫切的问题，从而使研究者对经验人机工程学所面临的问题进行科学的研究，并促使经验人机工程学进入科学人机工程学阶段。

1.2.2　科学人机工程学

本学科发展的第二阶段是第二次世界大战期间。在这个阶段中，由于战争的需要，许多国家大力发展效能高、威力大的新式武器和装备。但由于片面注重新式武器和装备的功能研究，而忽视了其中"人的因素"，因而由于操作失误而导致失败的教训屡见不鲜。例如，由于战斗机中座舱及仪表位置设计不当，造成飞行员误读仪表和误用操纵器而导致意外事故；或由于操作复杂、不灵活和不符合人的生理尺寸而造成战斗命中率低等现象经常发生。失败的教训引起决策者和设计者的高度重视。通过分析研究，逐步认识到，在人和武器的关系中，主要的限制因素不是武器而是人，并深深感到"人的因素"在设计中是不能忽视的一个重要条件；同时还认识到，要设计好一个高效能的装备，只有工程技术知识是不够的，还必须有生理学、心理学、人体测量学、生物力学等学科方面的知识。因此，在第二次世界大战期间，首先在军事领域中开展了与设计相关学科的综合研究与应用。例如，为了使所设计的武器能够符合士兵的生理特点，武器设计工程师不得不请解剖学家、生理学家和心理学家为设计操作合理的武器出谋献策，结果收到了良好的效果。军事领域中对"人的因素"的研究和应用，使科学人机工程学应运而生。

科学人机工程学一直延续到 20 世纪 50 年代末。在其发展的后一阶段，由于战争的结束，本学科的综合研究与应用逐渐从军事领域向非军事领域发展，并逐步应用军事领域中的研究成果来解决工业与工程设计中的问题，如飞机、汽车、机械设备、建筑设施以及生活用品等。人们还提出在设计工业机械设备时也应集中运用工程技术人员、医学家、心理学家等相关学科专家的共同智慧。因此，在这一发展阶段中，本学科的研究课题已超出了心理学的研究范畴，使许多生理学家、工程技术专家涉身到本学科中来共同研究，从而使本学科的名称也有所变化，大多称为"工程心理学"。本学科在这一阶段的发展特点是，重视工业与工程设计中"人的因素"，力求使机器适应于人。

1.2.3　现代人机工程学

到了 20 世纪 60 年代，欧美各国进入了大规模的经济发展时期。在这一时期，由于科学技术的进步，人机工程学获得了更多的发展机会。例如，在宇航技术的研究中，提出了人在失重情况下如何操作，在超重情况下人的感觉如何等新问题。又如原子能的利用、电子计算机的应用以及各种自动装置的广泛使用，使人-机关系更趋复杂。同时，在科学领域中，由于控制论、信息论、系统论和人体科学等学科中新理论的建立，在本学科中应用"新三论"来进行人机系统的研究便应运而生。所有这一切，不仅给人机工程学提供了新的理论和新的实验场所，同时也给本学科的研究提出了新的要求和新的课题，从而促使人机工程学进入了系统的研究阶段。从20世纪60年代至今，可以称其为现代人机工程学发展阶段。

随着人机工程学所涉及的研究和应用领域的不断扩大，从事本学科研究的专家所涉及的专业和学科也就愈来愈多，主要有解剖学、生理学、心理学、工业卫生学、工业与工程设计、工作研究、建筑与照明工程、管理工程等专业领域。

经笔者的系统分析，将现代人机工程学最新发展特点归纳如下：

① 软件化：软件人机工程学与硬件人机工程学并驾齐驱。

② 网络化：线上人机交互系统与线下人机交互系统协同发展。

③ 虚拟化：实物实验研究与虚拟开发技术给合成发展趋势。

④ 数字化：数字化产品开发与人机工程学数据共享进入发展常态。

⑤ 智能化：普通人机系统向智能化人机系统演化是人机工程学发展的必然趋势。有些特点的详细分析，请参阅《人机工程学》（第4版）的第12章。

由于人机工程学的迅速发展及其在各个领域中的作用愈来愈显著，从而引起各学科专家、学者的关注。1961年正式成立了国际人类工效学学会（IEA），该学术组织为推动各国人机工程学的发展起了重要作用。IEA自成立至今，已分别在瑞典、原西德、英国、法国、荷兰、美国、波兰、日本、中国等国家召开了17次国际性学术会议，交流和探讨不同时期本学科的研究动向和发展趋势，从而有力地推动着本学科不断向纵深发展。

本学科在国内起步虽晚，但发展迅速。新中国成立前仅有少数人从事工程心理学的研究，到20世纪60年代初，也只有在中科院、中国军事科学院等少数单位从事本学科中个别问题的研究，而且其研究范围仅局限于国防和军事领域。但是，这些研究却为我国人机工程学的发展奠定了基础。"文化大革命"期间，本学科的研究曾一度停滞，直至70年代末才进入较快的发展时期。

随着我国科学技术的发展和对外开放，人们逐渐认识到人机工程学研究对国民经济发展的重要性。目前，该学科的研究和应用已扩展到工农业、交通运输、医疗卫生以及教育系统等国民经济的各个部门，由此也促进了本学科与工程技术和相关学科的交叉渗透，使人机工程学成为国内科坛上一门引人注目的边缘学科。在此情况下，我国已于1989年正式成立了本学科与IEA相应的国家一级学术组织——中国人类工效学学会（Chinese Ergonomics Society，CES），其后，CES成为IEA成员，并于2009年8月在北京召开了第17届国际人类工效学学术会议，显然，这是我国人机工程学发展中又一个新的里程碑。

1.3 人机工程学的研究内容与方法

1.3.1 学科的研究内容

人机工程学研究应包括理论和应用两个方面，但当今本学科研究的总趋势还是重于应用。而对于学科研究的主体方向，则由于各国科学和工业基础的不同，侧重点也不相同。例如，美国侧重工程和人际关系；法国侧重劳动生理学；苏联注重工程心理学；保加利亚偏重人体测量；捷克、印度等则注重劳动卫生学。

虽然各国对本学科研究的侧重点不同，但纵观本学科在各国的发展过程，可以看出确定本学科研究内容有如下的一般规律。总的来说，工业化程度不高的国家往往是从人体测量、环境因素、作业强度和疲劳等方面着手研究，随着这些问题的解决，才转到感官知觉、运动特点、作业姿势等方面的研究，然后进一步转到操纵、显示设计、人机系统控制以及人机工程学原理在各种工业与工程设计中的应用等方面的研究；最后则进入人机工程学的前沿领域，如人机关系、人与环境关系、人与生态、人的特性模型、人机系统的定量描述、人际关系，直至团体行为、组织行为等方面的研究。

虽然人机工程学的研究内容和应用范围极其广泛，但本学科的根本研究方向却是通过揭示人、机、环境之间相互关系的规律，以达到确保人-机-环境系统总体性能的最优化。因此，从人-机-环境系统角度出发，人机工程学的研究内容可用图1-1加以说明。图中曲线交叉形成七个分支，各分支的研究内容主要是：

① 人的特性的研究；
② 机器特性的研究；
③ 环境特性的研究；
④ 人-机关系的研究；
⑤ 人-环境关系的研究；
⑥ 机-环境关系的研究；
⑦ 人-机-环境系统性能的研究。

图1-1 人机工程学的研究内容示意图

图1-1所示的研究内容充分表明本学科交叉的特点，涉及内容十分复杂。对工业设计学科而言，也是围绕着人机工程的基本研究方向来确定相关的研究内容。对工业设计师来说，从事本学科研究的主要内容可概括为以下几个方面：

1. 人体特性的研究

人体特性的研究主要研究在工业设计中与人体有关的问题。例如，人体形态特征参数、人的感知特性、人的反应特性以及人在劳动中的心理特征等。研究的目的是解决机械设备、工具、作业场所以及各种用具和用品的设计如何与人的生理、心理特点相适应，从而为使用者创造安全、舒适、健康、高效的工作条件。

2. 工作场所和信息传递装置的设计

工作场所设计得合理与否，将对人的工作效率产生直接的影响。工作场所设计一般包括工作空间设计、座位设计、工作台或操纵台设计以及作业场所的总体布置等。这些设计都需要应用人体测量学和生物力学等知识和数据。研究作业场所设计的目的是保证物质环境适合于人体的特点，使人以无害于健康的姿势从事劳动，既能高效地完成工作，又感到舒适和不致过早产生疲劳。

人与机器以及环境之间的信息交流分为两个方面：显示器向人传递信息，控制器则接收人发出的信息。显示器研究包括视觉显示器、听觉显示器以及触觉显示器等各种类型显示器的设计，同时还要研究显示器的布置和组合等问题。控制器设计则要研究各种操纵装置的形状、大小、位置以及作用力等在人体解剖学、生物力学和心理学方面的问题，在设计时，还需考虑人的定向动作和习惯动作等。

3. 环境控制与安全保护设计

从广义上说，人机工程学所研究的效率，不仅是指所从事的工作在短期内有效地完成，而且还指在长期内不存在对健康有害的影响，并使事故危险性缩小到最低限度。从环境控制方面应保证照明、微小气候、噪声和振动等常见作业环境条件适合操作人员的要求。

保护操作者免遭"因作业而引起的病痛、疾患、伤害或伤亡"也是设计者的基本任务。因而在设计阶段，安全防护装置就视为机械的一部分，应将防护装置直接接入机器内。此外，还应考虑在使用前操作者的安全培训，研究在使用中操作者的个体防护等。

4. 人机系统的总体设计

人机系统工作效能的高低首先取决于它的总体设计。也就是要在整体上使"机"与人体相适应。人机配合成功的基本原因是两者都有自己的特点，在系统中可以互补彼此的不足，如机器功率大、速度快、不会疲劳等，而人具有智慧、多方面的才能和很强的适应能力。如果注意在分工中取长补短，则两者的结合就会卓有成效。显然，系统基本设计问题是人与机器之间的分工以及人与机器之间如何有效地交流信息等问题。

1.3.2 学科的研究方法

人机工程学的研究广泛采用了人体科学和生物科学等相关学科的研究方法及手段，也采取了系统工程、控制理论、统计学等其他学科的一些研究方法，而且本学科的研究也建立了一些独特的新方法，以探讨人、机、环境要素间复杂的关系问题。这些方法中包括：

1. 观察分析法

为了研究系统中人和机的工作状态，常采用各种各样的观察方法，如工人操作动作的分析、功能分析和工艺流程分析等大都采用观察法。

分析法是在调研、观察等方法获得了一定的资料和数据后采用的一种研究方法。

荷兰 NOLDUS 公司 Observer 行为观察分析系统是研究人类行为的标准工具，可用来记录分析被研究对象的动作、姿势、运动、位置、表情、情绪、社会交往、人机交互等各种活动；记录被研究对象各种行为发生的时刻、发生的次数和持续的时间，然后进行统计处理，得到分析报告，可以应用于心理学、人因工程、产品可用性测试、人机交互等领域的实验研究。

便携式 Observer XT Video 行为观察分析系统放置在手提箱中，使用时将箱中的音视频设备拿出并架设好，录制受试者的行为录像，如图 1-2 所示，完成后设备装入箱中便于携带。

2. 实测法

实测法是一种借助于仪器设备进行实际测量的方法。例如，对人体静态与动态参数的测量，对人体生理参数的测量或者是对系统参数、作业环境参数的测量等。

3. 实验法

它是当实测法受到限制时采用的一种研究方法，一般是在实验室进行，但也可以在作业现场进行。例如，为了获得人对各种不同显示仪表的认读速度和差错率的数据时，一般在实验室进行。如需了解色彩环境对人的心理、生理和工作效率的影响时，由于需要进行长时间和多人次的观测，才能获得比较真实的数据，通常是在作业现场进行实验。图 1-3 是头盔式眼动规律的实验装置。

图 1-2　Observer XT Video 行为观察分析系统　　　　图 1-3　头盔式眼动规律实验装置

4. 模拟和模型试验法

由于机器系统一般比较复杂，因而在进行人机系统研究时常采用模拟的方法。模拟方法包括各种技术和装置的模拟，如操作训练模拟器、机械的模型以及各种人体模型等。通过这类模拟方法可以对某些操作系统进行逼真的实验，可以得到从实验室研究外推所需的更符合实际的数据。图 1-4 为应用模拟和模型试验法研究人机系统特性的典型实例。因为模拟器或模型通常比它所模拟的真实系统价格便宜得多，但又可以进行符合实际的研究，所以得到较多的应用。

图 1-4　研究车辆碰撞的人机系统的模拟与模型

5. 计算机数值仿真法

由于人机系统中的操作者是具有主观意志的生命体，用传统的物理模拟和模型方法研究人机系统，往往不能完全反映系统中生命体的特征，其结果与实际相比必有一定误差。另外，随着现代人机系统越来越复杂，采用物理模拟和模型方法研究复杂人机系统，不仅成本高、周期长，而且模拟和模型装置一经定型，就很难作修改变动。为此，一些更为理想而有效的方法逐渐被研究创建并得以推广，其中的计算机数值仿真法已成为人机工程学研究的一种现代方法。

数值仿真是在计算机上利用系统的数学模型进行仿真性实验研究。研究者可对尚处于设计阶段的未来系统进行仿真，并就系统中的人、机、环境三要素的功能特点及其相互间的协调性进行分析，从而预知所设计产品的性能，并进行改进设计。应用数值仿真研究，能大大缩短设计周期，并降低成本。图 1-5 是人体动作分析仿真图形输出。

图 1-5　人体动作分析仿真图形输出

1.4　人机工程学体系及应用

人机工程学虽然是一门综合性的边缘学科，但它有着自身的理论体系，同时又从许多基础学科中吸取了丰富的理论知识和研究手段，所以具有现代交叉学科的特点。

1.4.1　学科的体系

本学科的根本目的是通过揭示人、机、环境三要素之间相互关系的规律，从而确保人-机-环境系统总体性能的最优化。从其研究目的来看，就充分体现了本学科主要是"人体科学""技术科学"和"环境科学"之间的有机融合。更确切地说，本学科实际上是人体科学、环境科学不断向工程科学渗透和交叉的产物。它是以人体科学中的人体解剖学、劳动生理学、人体测量学、人体力学和劳动心理学等学科为"一上肢"，以环境科学中的环境保护学、环境医学、环境卫生学、环境心理学和环境监测学等学科为"另一上肢"，以管理科学为"一下肢"，以人文科学为"另一下肢"，而以工程科学中的工业设计、工业工程、工程设计、安全工程、系统工程以及管理工程等学科为"躯干"，形象地构成了本学科体系。本学科理论的构成是基于系统论、模型论和优化论，由此建立了本学科的两个重要的核心思想，其一是以人为中心的设计理念，其二是以人为本的管理思想。完整的学科体系用图 1-6 加以描述。

1.4.2　学科的应用

1. 人机工程学在产业部门的应用

人机工程学在不同的产业部门，其应用范围极为广泛。无论什么产业部门，作为生产手段的工具、机械及设备的设计和运用以及生产场所的环境改善，为减轻作业负担而对作业方式的改善和研究开发，为防止单调劳动而对作业进行的合理安排，为防止人的差错而设计的安全保障系统，为提高产品的操作性能、舒适性及安全性而对整个系统进行的设计和改善等都是应该开展研究的课题。

2. 人机工程学在管理工程中的应用

在工业生产中，人机工程首先应用于产品设计，如汽车的视界设计、仪器的表盘设计以及对操作性能、座椅舒适性、各种家用电器的使用性能等的分析研究。此外，以人为本的管理理念已逐步渗透到管理学科，所涉及的主要内容见表 1-1。近十几年来，世界各国应用人机工程的领域更广，取得的成绩更显著。

图 1-6　人机工程学体系构成

表 1-1 人机工程学在管理学科的应用

学科领域	对象	内容
管理	人与组织、设备、信息、技术、职能、模式等	经营流程再造、生产与服务过程优化、组织结构与部门界面管理、管理运作模式、决策行为模式、参与管理制度、企业文化建设、管理信息系统、计算机集成制造系统（CIMS）、企业网络、模拟企业、程序与标准、沟通方式、人事制度、激励机制、人员选拔与培训、安全管理、技术创新、CI策划等

3. 人机工程学在设计领域中的应用

由表 1-1 可知，人机工程学与国民经济的各部门都有密切关系。仅从工业设计这一范畴来看，大至宇航系统、城市规划、建筑设施、自动化工厂、机械设备、交通工具，小至家具、服装、文具以及盆、杯、碗、筷之类的生活用品，总之为人类各种生产与生活所创造的一切"物"，在设计和制造时，都必须把"人的因素"作为一个重要条件来考虑。显然，研究和应用人机工程学原理和方法就成为工业设计者所面临的新课题之一。人机工程学与工业设计相关的领域可用表 1-2 加以说明。

表 1-2 人机工程学与工业设计相关的研究领域

领域	对象	实例
设施或产品的设计	航天系统	火箭、人造卫星、宇宙飞船等
	建筑设施	城市规划、工业设施、工业与民用建筑等
	机械设备	机床、建筑机械、矿山机械、农业机械、渔业机械、林业机械、轻工机械、动力设备以及电子计算机等
	交通工具	飞机、火车、汽车、电车、船舶、摩托车、自行车等
	仪器设备	计量仪表、显示仪表、检测仪表、医疗器械、照明器具、办公事务器械以及家用电器等
设计	器具	家具、工具、文具、玩具、体育用具以及生活日用品等
	服装	劳保服、生活用服、安全帽、劳保鞋等
作业的设计	作业姿势、作业方法、作业量以及工具的选用和配置等	工厂生产作业、监视作业、车辆驾驶作业、物品搬运作业、办公室作业以及非职业活动作业等
环境的设计	声环境、光环境、热环境、色彩环境、振动、尘埃以及有毒气体环境等	工厂、车间、控制中心、计算机房、办公室、车辆驾驶室、交通工具的乘坐空间以及生活用房等

1.5 人机工程学与工业设计

1.5.1 人机工程学的发展与设计思想的演变

人机工程学的发展历史表明，在其不同的发展阶段，设计的指导思想也有很大的差异。随着人机工程学的进一步发展，以人为中心的设计思想将会提升到一个更高的水平。据有关专家指出，未来人机工程学的发展，将倡导人、机、环境系统一体化的设计理念，由此，市场的满意度也相应提高。人机工程学的发展与设计思想的演变过程可用图 1-7 表示。

图 1-7　人机工程学发展与设计思想演变

1.5.2　人机工程学对工业设计的作用

人机工程学研究的内容及对工业设计的作用可以概括为以下几个方面：

1. 为工业设计中考虑"人的因素"提供人体尺度参数

应用人体测量学、人体力学、劳动生理学、劳动心理学等学科的研究方法，对人体结构特征和机能特征进行研究，提供人体各部分的尺寸、体重、体表面积、比重、重心以及人体各部分在活动时的相互关系和可及范围等人体结构特征参数；还提供人体各部分的出力范围、活动范围、动作速度、动作频率、重心变化以及动作时的习惯等人体机能特征参数；分析人的视觉、听觉、触觉以及肤觉等感受器官的机能特性；分析人在各种劳动时的生理变化、能量消耗、疲劳机理以及人对各种劳动负荷的适应能力；探讨人在工作中影响心理状态的因素以及心理因素对工作效率的影响等。

2. 为工业设计中"物"的功能合理性提供科学依据

如进行纯物质功能的创作活动，不考虑人机工程学的原理与方法，那将是创作活动的失败。因此，如何解决"物"与人相关的各种功能的最优化，创造出与人的生理、心理机能相协调的"物"，这将是当今工业设计中在功能问题上的新课题。通常，在考虑"物"中直接由人使用或操作的部件的功能问题时，如信息显示装置、操纵控制装置、工作台和控制室等部件的形状、大小、色彩及其布置方面的设计基准，都是以人体工程学提供的参数和要求为设计依据。

3. 为工业设计中考虑"环境因素"提供设计准则

通过研究人体对环境中各种物理、化学因素的反应和适应能力，分析声、光、热、振动、粉尘和有毒气体等环境因素对人体的生理、心理以及工作效率的影响程度，确定了人在生产和生活活动中所处的各种环境的舒适范围和安全限度，从保证人体的健康、安全、舒适和高效出发，为工业设计中考虑"环境因素"提供了分析评价方法和设计准则。

4. 为进行人-机-环境系统设计提供理论依据

人机工程学的显著特点是，在认真研究人、机、环境三个要素本身特性的基础上，不单纯着眼于个别要素的优良与否，而是将使用"物"的人和所设计的"物"以及人与"物"所共处的环境作为一个系统来研究，在人机工程学中将这个系统称为"人-机-环境"系统。在这个系统中人、机、环境三个要素之间相互作用、相互依存的关系决定着系统总体的性能。本学科的人机系统设计理论，就是科学地利用三个要素之间的有机联系来寻求系统的最佳参数。

系统设计的一般方法，通常是在明确系统总体要求的前提下，着重分析和研究人、机、环境三个要素对系统总体性能的影响、应具备的各自功能及其相互关系，如系统中机和人的职能如何分工、如何配合，环境如何适应人，机对环境有何影响等问题，经过不断修正和完善三要素的结构方式，最终确保系统最优组合方案的实现。这是人机工程学为工业设计开拓了新的设计思路，并提供了独特的设计方法和有关理论依据。

5. 为坚持以"人"为核心的设计思想提供工作程序

一项优良设计必然是人、环境、技术、经济、文化等因素巧妙平衡的产物。为此，要求设计师有能力在各种制约因素中，找到一个最佳平衡点。从人机工程学和工业设计两个学科的共同目标来评价，判断最佳平衡点的标准，就是在设计中坚持以"人"为核心的主导思想。

以"人"为核心的主导思想具体表现在各项设计均应以人为主线，将人机工程理论贯穿于设计的全过程。人机工程学研究指出，在产品设计全过程的各个阶段，都必须进行人机工程学设计，以保证产品使用功能得以充分发挥。表1-3是工业设计各阶段中人机工程设计工作程序。

表1-3　工业设计各阶段中人机工程设计工作程序

设计阶段	人机工程设计工作程序
规划阶段 （准备阶段）	1. 考虑产品与人及环境的全部联系，全面分析人在系统中的具体作用； 2. 明确人与产品的关系，确定人与产品关系中各部分的特性及人机工程要求的设计内容； 3. 根据人与产品的功能特性，确定人与产品功能的分配
方案设计	1. 从人与产品、人与环境方面进行分析，在提出的众多方案中按人机工程学原理进行分析比较； 2. 比较人与产品的功能特性、设计限度、人的能力限度、操作条件的可靠性以及效率预测，选出最佳方案； 3. 按最佳方案制作简易模型，进行模拟试验，将试验结果与人机工程学要求进行比较，并提出改进意见； 4. 对最佳方案写出详细说明：方案获得的结果、操作条件、操作内容、效率、维修的难易程度、经济效益、提出的改进意见
技术设计	1. 从人的生理、心理特性考虑产品的构形； 2. 从人体尺寸、人的能力限度考虑确定产品的零部件尺寸； 3. 从人的信息传递能力考虑信息显示与信息处理； 4. 根据技术设计确定的构形和零部件尺寸选定最佳方案，再次制作模型，进行试验； 5. 从操作者的身高、人体活动范围、操作方便程度等方面进行评价，并预测还可能出现的问题，进一步确定人机关系可行程度，提出改进意见

设计阶段	人 机 工 程 设 计 工 作 程 序
总体设计	对总体设计用人机工程学原理进行全面分析，反复论证，确保产品操作使用与维修方便、安全与舒适，有利于创造良好的环境条件，满足人的心理需要，并使经济效益、工作效率均佳
加工设计	检查加工图是否满足人机工程学要求，尤其是与人有关的零部件尺寸、显示与控制装置。对试制的样机全面进行人机工程学总评价，提出需要改进的意见，最后正式投产

　　社会发展、技术进步、产品更新、生活节奏紧张，这一切必然导致"物"的质量观的变化，人们将会更加注重"方便""舒适""可靠""价值""安全"和"效率"等指标方面的评价。人机工程学等新兴边缘学科的迅速发展和广泛应用，也必然会将工业设计的水准推到人们所追求的崭新的高度。

第 2 章 人体测量与数据应用

2.1 人体测量的基本知识

2.1.1 产品设计与人体尺度

为了使各种与人体尺度有关的设计对象能符合人的生理特点，让人在使用时处于舒适的状态和适宜的环境之中，就必须在设计中充分考虑人体的各种尺度，因而也就要求设计者能了解一些人体测量学方面的基本知识，并能熟悉有关设计所必需的人体测量基本数据的性质和使用条件。

人体测量学也是一门新兴的学科，它是通过测量人体各部位尺寸来确定个体之间和群体之间在人体尺寸上的差别，用以研究人的形态特征，从而为各种工业设计和工程设计提供人体测量数据。

人机工程学范围内的人体形态测量数据主要有两类，即人体构造尺寸和功能尺寸的测量数据。人体构造上的尺寸是指静态尺寸；人体功能上的尺寸是指动态尺寸，包括人在工作姿势下或在某种操作活动状态下测量的尺寸。此外，有些著作中，也将人体生理参数的测量包括在人体测量学内容中，但为了系统叙述的方便，本章仅介绍人体形态测量的有关内容。

各种机械、设备、设施和工具等设计对象在适合于人的使用方面，首先涉及的问题是如何适合于人的形态和功能范围的限度。例如，一切操作装置都应设在人的肢体活动所能及的范围之内，其高低位置必须与人体相应部位的高低位置相适应，而且其布置应尽可能设在人操作方便、反应最灵活的范围之内，如图 2-1（a）所示。其目的就是提高设计对象的宜人性，让使用者能够安全、健康、舒适地工作，从而有利于减少人体疲劳和提高人机系统的效率。在设计中所有涉及人体尺度参数的确定都需要应用大量人体构造和功能尺寸的测量数据。在设计时若不很好考虑这些人体参数，就很可能造成操作上的困难和不能充分发挥人机系统效率。图 2-1（b）所示的车床是一个突出的例子，其操作部位的高度与人的上肢舒适操作的高度相比过低或过高，人在操作时需要弯腰或

（a）

（b）

图 2-1 机床与人体尺度的关系

抬臂，这样不仅影响工作效率，人体将过早地产生疲劳，而且长期操作还会对操作者的身体健康带来不利影响。总之，这一明显的例子足以说明人体测量参数对各种与人体尺度有关的设计对象具有重要意义。

2.1.2 人体测量主要方法

人体测量方法主要有以下三种：普通测量法、三维数字化人体测量法、摄像法。下面介绍前两种方法。

1. 普通测量法

普通人体测量仪器可以采用一般的人体生理测量的有关仪器，包括人体测高仪、直角规、弯角规、三脚平行规、软尺、测齿规、立方定颅器、平行定点仪等，其数据处理采用人工处理或者人工输入与计算机处理相结合的方式。它主要用来测量人体构造尺寸，如图 2-2 所示。

此种测量方式耗时耗力，数据处理容易出错，数据应用不灵活，但成本低廉，具有一定的适用性。

图 2-2　人体各部位尺寸普通测量方法

2. 三维数字化人体测量法

三维数字化人体测量分为手动接触式、手动非接触式、自动接触式、自动非接触式等，最终可以根据所需速度、精度和价格确定合适的方式。

（1）手动接触式三维数字化测量仪　美国佛罗里达 Faro 技术公司的 FaroArm 是典型的手动接触式数字化测量仪。测量时，操作者手持 Faro 手臂，其末端的探针接触被测人体的表面时按下按钮，测量人体表面点的空间位置。三维数据信息记录下探针所测点的 X、Y、Z 坐标和探针手柄方向，并采用 DSP 技术通过 RS232 串口线连接到各种应用软件包上。

（2）非接触式三维数字化测量仪　非接触式测量是运用真实人体数据的技术，随着计算机技术和三维空间扫描仪技术的发展，高解析度的3D资料足以描述准确的人体模型，如图2-3所示。

VITUS全身3D人体扫描仪是德国Vitronic公司的最新一代产品，由于体积小，可以将它放在更衣室中。它能够提供足够的人体尺寸，以便进行量身定做和大规模定制，实现电子商务。

除了全身3D人体扫描仪之外，还有3D脚部扫描仪、3D头部扫描仪，目前这些仪器已经在大规模人体测量、汽车驾驶研究等方面得到了应用。

图2-3　3D全身人体扫描系统

2.1.3　人体测量的基本术语

《人体测量术语》（GB 3975—1983）规定了人机工程学使用的成年人和青少年的人体测量术语。该标准规定，只有在被测者姿势、测量基准面、测量方向、测点等符合下列要求的前提下，测量数据才是有效的。

1. 被测者姿势

（1）立姿　指被测者挺胸直立，头部以眼耳平面定位，眼睛平视前方，肩部放松，上肢自然下垂，手伸直，手掌朝向体侧，手指轻贴大腿侧面，自然伸直膝部，左、右足后跟并拢，前端分开，使两足大致呈45°夹角，体重均匀分布于两足。

（2）坐姿　指被测者挺胸坐在被调节到腓骨头高度的平面上，头部以眼耳平面定位，眼睛平视前方，左、右大腿大致平行，膝弯曲大致成直角，足平放在地面上，手轻放在大腿上。

2. 测量基准面

人体测量基准面的定位是由三个互为垂直的轴（铅垂轴、纵轴和横轴）来决定的。人体测量中设定的轴线和基准面如图2-4所示。

（1）矢状面　通过铅垂轴和纵轴的平面及与其平行的所有平面都称为矢状面。

（2）正中矢状面　在矢状面中，把通过人体正中线的矢状面称为正中矢状面。正中矢状面将人体分成左右对称的两部分。

（3）冠状面　通过铅垂轴和横轴的平面及与其平行的所有平面都称为冠状

图2-4　人体测量基准面和基准轴

面。冠状面将人体分成前、后两部分。

（4）横断面　与矢状面及冠状面同时垂直的所有平面都称为水平面。水平面将人体分成上、下两部分。

（5）眼耳平面　通过左、右耳屏点及右眼眶下点的水平面称为眼耳平面或法兰克福平面。

3. 测量方向

① 在人体上、下方向上，将上方称为头侧端，将下方称为足侧端。

② 在人体左、右方向上，将靠近正中矢状面的方向称为内侧，将远离正中矢状面的方向称为外侧。

③ 在四肢上，将靠近四肢附着部位的称为近位，将远离四肢附着部位的称为远位。

④ 对于上肢，将桡骨侧称为桡侧，将尺骨侧称为尺侧。

⑤ 对于下肢，将胫骨侧称为胫侧，将腓骨侧称为腓侧。

4. 支承面和衣着

立姿时站立的地面或平台以及坐姿时的椅平面应是水平的、稳固的、不可压缩的。

要求被测量者裸体或穿着尽量少的内衣（例如只穿内裤和背心）测量，在后者情况下，在测量胸围时，男性应撩起背心，女性应松开胸罩后进行测量。

5. 基本测点及测量项目

在《人体测量术语》（GB 3975—1983）中规定了人机工程学使用的有关人体测量参数的测点及测量项目，其中包括：头部测点 16 个和测量项目 12 项；躯干和四肢部位的测点共 22 个，测量项目共 69 项，其中分为：立姿 40 项，坐姿 22 项，手和足部 6 项以及体重 1 项。至于测点和测量项目的定义说明在此不作介绍，需要进行测量时，可参阅该标准的有关内容。

此外，《用于技术设计的人体测量基础项目》（GB/T 5703—2010）又规定了人机工程学使用的人体参数的测量方法，这些方法适用于成年人和青少年的人体参数测量，该标准对上述 81 个测量项目的具体测量方法和各个测量项目所使用的测量仪器作了详细的说明。凡需要进行测量时，按照该标准规定的测量方法进行测量，其测量结果方为有效。

2.1.4　人体测量的常用仪器

在人体尺寸参数的测量中，所采用的人体测量仪器有：人体测高仪、人体测量用直脚规、人体测量用弯脚规、人体测量用三脚平行规、坐高椅、量足仪、角度计、软卷尺以及医用磅秤等。我国对人体尺寸测量专用仪器已制定了标准，而通用的人体测量仪器可采用一般的人体测量的有关仪器。《人体测量仪器》（GB/T 5704—2008）是人体测量仪器的技术标准。

1. 人体测高仪

人体测高仪主要是用来测量身高、坐高、立姿和坐姿的眼高以及伸手向上所及的高度等立姿和坐姿的人体各部位高度尺寸。

如图 2-5（a）所示，该测高仪适用于读数值为 1 mm、测量范围为 0～1 996 mm 人体高度尺寸的测量。

若将两支弯尺分别插入固定尺座和活动尺座，与构成主尺杆的第一、二节金属管配合使用时，即构成圆杆弯脚规，可测量人体各种宽度和厚度。

2. 人体测量用直脚规

人体测量用直脚规是用来测量两点间的直线距离，特别适宜测量距离较短的不规则部位的宽度或直径，如测量耳、脸、手、足等部位的尺寸。

此种直脚规适用于读数值为 1 mm 和 0.1 mm，测量范围为 0～200 mm 和 0～250 mm 人体尺寸的测量。直脚规根据有无游标读数分Ⅰ型和Ⅱ型两种类型，而无游标读数的Ⅰ型直脚规根据测量范围的不同，又分为ⅠA 和ⅠB 两种型式。其结构如图2-5（b）所示。

图 2-5　人体测量的常用仪器

（a）人体测高仪；（b）人体测量用直脚规；（c）人体测量用弯脚规

3. 人体测量用弯脚规

人体测量用弯脚规是用于不能直接以直尺测量的两点间距离的测量，如测量肩宽、胸厚等部位的尺寸。

此种弯脚规适用于读数值为 1 mm，测量范围为 0～300 mm 的人体尺寸的测量。按其脚部形状的不同分为椭圆体形（Ⅰ型）和尖端型（Ⅱ型），图 2-5（c）为Ⅱ型弯脚规。

2.2　人体测量中的主要统计函数

由于群体中个体与个体之间存在着差异，一般来说，某一个体的测量尺寸不能作为设计的依据。为使产品适合于一个群体的使用，设计中需要的是一个群体的测量尺寸。然而，全面测量群体中每个个体的尺寸又是不现实的。通常是通过测量群体中较少量个体的尺寸，经数据处理后而获得较为精确的所需群体尺寸。

在人体测量中所得到的测量值都是离散的随机变量，因而可根据概率论与数理统计理论对测量数据进行统计分析，从而获得所需群体尺寸的统计规律和特征参数。

2.2.1 均值

表示样本的测量数据集中地趋向某一个值，该值称为平均值，简称均值。均值是描述测量数据位置特征的值，可用来衡量一定条件下的测量水平和概括地表现测量数据的集中情况。对于有 n 个样本的测量值：x_1，x_2，…，x_n，其均值为：

$$\overline{x} = \frac{x_1 + x_2 + \cdots + x_n}{n} = \frac{1}{n} \sum_{i=1}^{n} x_i \tag{2-1}$$

2.2.2 方差

描述测量数据在中心位置（均值）上下波动程度差异的值叫均方差，通常称为方差。方差表明样本的测量值是变量，既趋向均值而又在一定范围内波动。对于均值为 $\overline{x}$ 的 n 个样本测量值：x_1，x_2，…，x_n，其方差 S^2 的定义为：

$$S^2 = \frac{1}{n-1} \left[(x_1 - \overline{x})^2 + (x_2 - \overline{x})^2 + \cdots + (x_n - \overline{x})^2 \right]$$
$$= \frac{1}{n-1} \sum_{i=1}^{n} (x_i - \overline{x})^2 \tag{2-2}$$

用上式计算方差，其效率不高，因为它要用数据作两次计算，即首先用数据算出 $\overline{x}$，再用数据去算出 S^2。推荐一个在数学上与上式等价，计算起来又比较有效的公式，即：

$$S^2 = \frac{1}{n-1} (x_1^2 + x_2^2 + \cdots + x_n^2 - n\overline{x}^2)$$
$$= \frac{1}{n-1} \left(\sum_{i=1}^{n} x_i^2 - n\overline{x}^2 \right) \tag{2-3}$$

如果测量值 x_i 全部靠近均值 $\overline{x}$，则优先选用这个等价的计算式来计算方差。

2.2.3 标准差

由方差的计算公式可知，方差的量纲是测量值量纲的平方，为使其量纲和均值相一致，则取其均方根差值，即标准差来说明测量值对均值的波动情况。所以，方差的平方根 S_D 称为标准差。对于均值为 $\overline{x}$ 的 n 个样本测量值：x_1，x_2，…，x_n，其标准差 S_D 的一般计算式为：

$$S_D = \left[\frac{1}{n-1} \left(\sum_{i=1}^{n} x_i^2 - n\overline{x}^2 \right) \right]^{\frac{1}{2}} \tag{2-4}$$

2.2.4 抽样误差

抽样误差又称标准误差，即全部样本均值的标准差。在实际测量和统计分析中，总是以样本推测总体，而在一般情况下，样本与总体不可能完全相同，其差别就是由抽样引起的。抽样误差数值大，表明样本均值与总体均值的差别大；反之，说明其差别小，即均值的可靠性高。

概率论证明，当样本数据列的标准差为 S_D，样本容量为 n 时，则抽样误差 $S_{\bar{x}}$ 的计算式为：

$$S_{\bar{x}} = \frac{S_D}{\sqrt{n}} \qquad (2\text{-}5)$$

由上式可知，均值的标准差 $S_{\bar{x}}$ 要比测量数据列的标准差 S_D 小 $\sqrt{n}$ 倍。当测量方法一定，样本容量愈多，则测量结果精度愈高。因此，在可能范围内增加样本容量，可以提高测量结果的精度。

2.2.5 百分位数

人体测量的数据常以百分位数 P_K 作为一种位置指标、一个界值。一个百分位数将群体或样本的全部测量值分为两部分，有 $K\%$ 的测量值等于和小于它，有 $(100-K)\%$ 的测量值大于它。例如在设计中最常用的是 P_5、P_{50}、P_{95} 三种百分位数。其中第 5 百分位数代表"小"身材，是指有 5% 的人群身材尺寸小于此值，而有 95% 的人群身材尺寸均大于此值；第 50 百分位数表示"中"身材，是指大于和小于此人群身材尺寸的各为 50%；第 95 百分位数代表"大"身体，是指有 95% 的人群身材尺寸均小于此值，而有 5% 的人群身材尺寸大于此值。

在一般的统计方法中，并不一一罗列出所有百分位数的数据，而往往以均值 $\bar{x}$ 和标准差 S_D 来表示。虽然人体尺寸并不完全是正态分布，但通常仍可使用正态分布曲线来计算。因此，在人机工程学中可以根据均值 $\bar{x}$ 和标准差 S_D 来计算某百分位数人体尺寸，或计算某一人体尺寸所属的百分位数。

（1）求某百分位数人体尺寸　当已知某项人体测量尺寸的均值为 $\bar{x}$，标准差为 S_D，需要求任一百分位的人体测量尺寸 x 时，可用下式计算：

$$x = \bar{x} \pm (S_D \times K) \qquad (2\text{-}6)$$

式中 K 为变换系数，设计中常用的百分比值与变换系数 K 的关系见表 2-1。

表 2-1　百分比与变换系数

百分比/%	K	百分比/%	K
0.5	2.576	70	0.524
1.0	2.326	75	0.674
2.5	1.960	80	0.842
5	1.645	85	1.036
10	1.282	90	1.282
15	1.036	95	1.645
20	0.842	97.5	1.960
25	0.674	99.0	2.326
30	0.524	99.5	2.576
50	0.000	—	—

当求 1%～50% 之间的数据时，式中取"－"号；当求 50%～99% 之间的数据时，式中取"＋"号。

（2）求数据所属百分率　当已知某项人体测量尺寸为 x_i，其均值为 $\bar{x}$，标准差为 S_D 时，需要求该尺寸 x_i 所处的百分率 P 时，可按下列方法求得，即按 $z=(x_i-\bar{x})/S_D$ 计算出 z 值，根据 z 值在有关手册中的正态分布概率数值表上查得对应的概率数值 p，则百分率 P 按下式计算：

$$P=0.5+p \tag{2-7}$$

2.3　常用的人体测量数据

2.3.1　我国成年人人体结构尺寸

GB 10000—1988 是 1989 年 7 月开始实施的我国成年人人体尺寸国家标准。该标准根据人机工程学要求提供了我国成年人人体尺寸的基础数据，它适用于工业产品设计、建筑设计、军事工业以及工业的技术改造、设备更新及劳动安全保护。

该标准共提供了七类共 47 项人体尺寸基础数据，标准中所列出的数据是代表从事工业生产的法定中国成年人（男 18～60 岁，女 18～55 岁）人体尺寸，并按男、女性别分开列表。在各类人体尺寸数据表中，除了给出工业生产中法定成年人年龄范围内的人体尺寸，同时还将该年龄范围分为三个年龄段：18～25 岁（男、女）；26～35 岁（男、女）；36～60 岁（男）和 36～55 岁（女），且分别给出这些年龄段的各项人体尺寸数值。为了应用方便，各类数据表中的各项人体尺寸数值均列出其相应的百分位数。但限于篇幅，本章中仅引用了工业生产中法定成年人年龄范围内的人体尺寸，其他三个年龄段的人体尺寸从略。

1. 人体主要尺寸

GB 10000—1988 给出身高、体重、上臂长、前臂长、大腿长、小腿长共 6 项人体主要尺寸数据，除体重外，其余 5 项主要尺寸的部位见图 2-6（a），表 2-2 为我国成年人人体主要尺寸。

图 2-6　立姿人体尺寸

表 2-2　我国成年人人体主要尺寸

数据 项目	年龄分组 百分位数/%	男（18～60岁）							女（18～55岁）						
		1	5	10	50	90	95	99	1	5	10	50	90	95	99
1.1	身高/mm	1543	1583	1604	1678	1754	1775	1814	1449	1484	1503	1570	1640	1659	1697
1.2	体重/kg	44	48	50	59	70	75	83	39	42	44	52	63	66	71
1.3	上臂长/mm	279	289	294	313	333	338	349	252	262	267	284	303	302	319
1.4	前臂长/mm	206	216	220	237	253	258	268	185	193	198	213	229	234	242
1.5	大腿长/mm	413	428	436	465	496	505	523	387	402	410	438	467	476	494
1.6	小腿长/mm	324	338	344	369	396	403	419	300	313	319	344	370	375	390

2. 立姿人体尺寸

该标准中提供的成年人立姿人体尺寸有：眼高、肩高、肘高、手功能高、会阴高、胫骨点高，这六项立姿人体尺寸的部位见图 2-6（b），我国成年人立姿人体尺寸见表 2-3。

3. 坐姿人体尺寸

标准中的成年人坐姿人体尺寸包括坐高、坐姿颈椎点高、坐姿眼高、坐姿肩高、坐姿肘高、坐姿大腿厚、坐姿膝高、小腿加足高、坐深、臀膝距、坐姿下肢长共 11 项，坐姿尺寸部位见图 2-7，表 2-4 为我国成年人坐姿人体尺寸。

4. 人体水平尺寸

标准中提供的人体水平尺寸是指胸宽、胸厚、肩宽、最大肩宽、臀宽、坐姿臀宽、坐姿两肘间宽、胸围、腰围、臀围共十项，其部位如图 2-8 所示，我国成年人人体水平尺寸见表 2-5。

图 2-7　坐姿人体尺寸

表 2-3　立姿人体尺寸

数据 项目	年龄分组 百分位数/%	男（18～60岁）							女（18～55岁）						
		1	5	10	50	90	95	99	1	5	10	50	90	95	99
2.1	眼高/mm	1436	1474	1495	1568	1643	1664	1705	1337	1371	1388	1454	1522	1541	1579
2.2	肩高/mm	1244	1281	1299	1367	1435	1455	1494	1166	1195	1211	1271	1333	1350	1385
2.3	肘高/mm	925	954	968	1024	1079	1096	1128	873	899	913	960	1009	1023	1050
2.4	手功能高/mm	656	680	693	741	787	801	828	630	650	662	704	746	757	778
2.5	会阴高/mm	701	728	741	790	840	856	887	648	673	686	732	779	792	819
2.6	胫骨点高/mm	394	409	417	444	472	481	498	363	377	384	410	437	444	459

表 2-4　坐姿人体尺寸

数据 项目	年龄分组 百分位数/%	男（18～60岁）							女（18～55岁）						
		1	5	10	50	90	95	99	1	5	10	50	90	95	99
3.1	坐高/mm	836	858	870	908	947	958	979	789	809	819	855	891	901	920
3.2	坐姿颈椎点高/mm	599	615	624	657	691	701	719	563	579	587	617	648	657	675

年龄分组 数据 百分位数/% 项目	男（18～60岁）							女（18～55岁）						
	1	5	10	50	90	95	99	1	5	10	50	90	95	99
3.3 坐姿眼高/mm	729	749	761	798	836	847	868	678	695	704	739	773	783	803
3.4 坐姿肩高/mm	539	557	566	598	631	641	659	504	518	526	556	585	594	609
3.5 坐姿肘高/mm	214	228	235	263	291	298	312	201	215	223	251	277	284	299
3.6 坐姿大腿厚/mm	103	112	116	130	146	151	160	107	113	117	130	146	151	160
3.7 坐姿膝高/mm	441	456	461	493	523	532	549	410	424	431	458	485	493	507
3.8 小腿加足高/mm	372	383	389	413	439	448	463	331	342	350	382	399	405	417
3.9 坐深/mm	407	421	429	457	486	494	510	388	401	408	433	461	469	485
3.10 臀膝距/mm	499	515	524	554	585	595	613	481	495	502	529	561	570	587
3.11 坐姿下肢长/mm	892	921	937	992	1046	1063	1096	826	851	865	912	960	975	1005

表2-5 人体水平尺寸

年龄分组 数据 百分位数/% 项目	男（18～60岁）							女（18～55岁）						
	1	5	10	50	90	95	99	1	5	10	50	90	95	99
4.1 胸宽/mm	242	253	259	280	307	315	331	219	233	239	260	289	299	319
4.2 胸厚/mm	176	186	191	212	237	245	261	159	170	176	199	230	239	260
4.3 肩宽/mm	330	344	351	375	397	403	415	304	320	328	351	371	377	387
4.4 最大肩宽/mm	383	398	405	431	460	469	486	347	363	371	397	428	438	458
4.5 臀宽/mm	273	282	288	306	327	334	346	275	290	296	317	340	346	360
4.6 坐姿臀宽/mm	284	295	300	321	347	355	369	295	310	318	344	374	382	400
4.7 坐姿两肘间宽/mm	353	371	381	422	473	489	518	326	348	360	404	460	378	509
4.8 胸围/mm	762	791	806	867	944	970	1018	717	745	760	825	919	949	1005
4.9 腰围/mm	620	650	665	735	859	895	960	622	659	680	772	904	950	1025
4.10 臀围/mm	780	805	820	875	948	970	1009	795	824	840	900	975	1000	1044

图2-8 人体水平尺寸

5. 由身高计算各部分尺寸

对于设计中所需的人体数据，当无条件测量时，或直接测量有困难时，或者是为了简化人体测量的过程时，可根据人体的身高、体重等基础测量数据，利用经验公式计算出所需的其他各部分数据。图 2-9 是人体各个部位相对于身高的比例。

正常成年人人体各部分尺寸之间存在一定的比例关系，因而按正常人体结构关系，以站立平均身高为基数来推算各部分的结构尺寸，是比较符合实际情况的。而且，人体的身高是随着生活水平、健康水平等条件的提高而有所增长，如以平均身高为基数的推算公式来计算各部分的结构尺寸，能够适应人体结构尺寸的变化，而且应用也灵活方便。

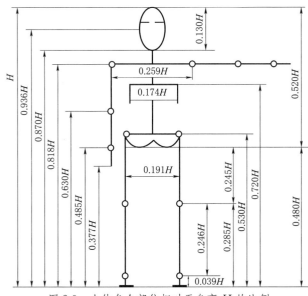

图 2-9 人体各个部位相对于身高 H 的比例

2.3.2 我国成年人人体功能尺寸

1. 人在工作位置上的活动空间尺度

人在各种工作时都需要有足够的活动空间。工作位置上的活动空间设计与人体的功能尺寸密切相关，为此，笔者根据 GB 10000—1988 标准中的人体测量基础数据，分析了几种主要作业姿势活动空间设计的人体尺度，以供设计参考。

由于活动空间应尽可能适应于绝大多数人的使用，设计时应以高百分位人体尺寸为依据。所以，在以下的分析中均以我国成年男子第 95 百分位身高（1 775 mm）为基准。

在工作中常取站、坐、跪（如设备安装作业中的单腿跪）、卧（如车辆检修作业中的仰卧）等作业姿势。现从各个角度对其活动空间进行分析说明，并给出人体尺度图。

（1）立姿的活动空间　立姿时人的活动空间不仅取决于身体的尺寸，而且也取决于保持身体平衡的微小平衡动作和肌肉松弛脚的站立平面不变时，为保持平衡必须限制上身和手臂能达到的活动空间。在此条件下，立姿活动空间的人体尺度如图 2-10 所示。

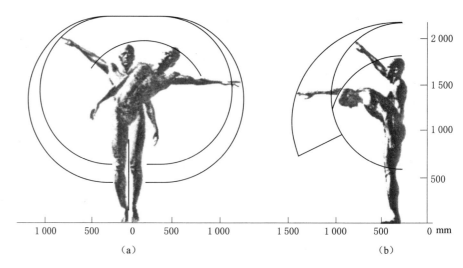

图 2-10　立姿活动空间

图 2-10（a）为正视图，零点位于正中矢状面上（从前向后通过身体中线的垂直平面）。图 2-10（b）为侧视图，零点位于人体背点的切线上，在贴墙站直时，背点与墙相接触。以垂直切线与站立平面的交点作为零点。

（2）坐姿的活动空间　根据立姿活动空间的条件，坐姿活动空间的人体尺度见图 2-11。

图 2-11（a）为正视图，零点在正中矢状面上。图 2-11（b）为侧视图，零点在经过臀点的垂直线上，并以该垂线与脚底平面的交点作为零点。

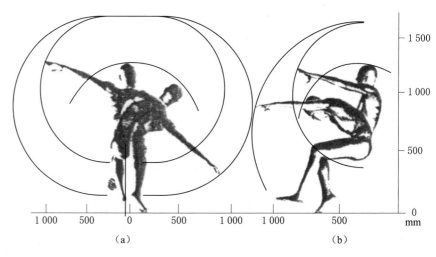

图 2-11　坐姿活动空间

（3）单腿跪姿的活动空间　根据立姿活动空间的条件，单腿跪姿活动空间的人体尺度如图 2-12 所示。

取跪姿时，承重膝常更换。由一膝换到另一膝时，为确保上身平衡，要求活动空间比基本位置大。

图 2-12（a）为正视图，其零点在正中矢状面上。图 2-12（b）为侧视图，其零点位于人体背点的切线上，以垂直切线与跪平面的交点作为零点。

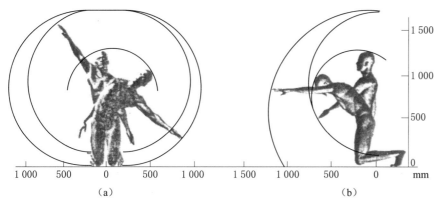

(a)　　　　　　　　　　　　　　　(b)

图 2-12　单腿跪姿活动空间

（4）仰卧姿的活动空间　仰卧姿活动空间的人体尺度如图 2-13 所示。

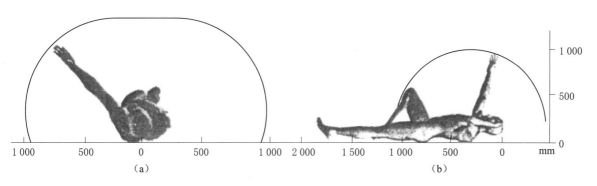

(a)　　　　　　　　　　　　　　　(b)

图 2-13　仰卧姿活动空间

图 2-13（a）为正视图，零点位于正中中垂平面上。图 2-13（b）为侧视图，零点位于经头顶的垂直切线上，垂直切线与仰卧平面的交点作为零点。

2. 常用的功能尺寸

前述常用的立、坐、跪、卧等作业姿势活动空间的人体尺度图，可满足人体一般作业空间概略设计的需要。但对于受限作业空间的设计，则需要应用各种作业姿势下人体功能尺寸测量数据。GB/T 13547—1992 标准提供了我国成年人立、坐、跪、卧、爬等常取姿势功能尺寸数据，经整理归纳后列于表 2-6。表 2-6 所列数据均为裸体测量结果，使用时应增加修正余量。

表 2-6　我国成人男女上肢功能尺寸　　　　　　　　　　　　mm

测　量　项　目	男（18～60 岁）			女（18～55 岁）		
	P_5	P_{50}	P_{95}	P_5	P_{50}	P_{95}
立姿双手上举高	1 971	2 108	2 245	1 845	1 968	2 089
立姿双手功能上举高	1 869	2 003	2 138	1 741	1 860	1 976
立姿双手左右平展宽	1 579	1 691	1 802	1 457	1 559	1 659
立姿双臂功能平展宽	1 374	1 483	1 593	1 248	1 344	1 438

测量项目	男（18～60岁）			女（18～55岁）		
	P_5	P_{50}	P_{95}	P_5	P_{50}	P_{95}
立姿双肘平展宽	816	875	936	756	811	869
坐姿前臂手前伸长	416	447	478	383	413	442
坐姿前臂手功能前伸长	310	343	376	277	306	333
坐姿上肢前伸长	777	834	892	712	764	818
坐姿上肢功能前伸长	673	730	789	607	657	707
坐姿双手上举高	1 249	1 339	1 426	1 173	1 251	1 328
跪姿体长	592	626	661	553	587	624
跪姿体高	1 190	1 260	1 330	1 137	1 196	1 258
俯卧体长	2 000	2 127	2 257	1 867	1 982	2 102
俯卧体高	364	372	383	359	369	384
爬姿体长	1 247	1 315	1 384	1 183	1 239	1 296
爬姿体高	761	798	836	694	738	783

2.4 人体测量数据的应用

只有在熟悉人体测量基本知识之后，才能选择和应用各种人体数据，否则有的数据可能被误解，如果使用不当，还可能导致严重的设计错误。另外，各种统计数据不能作为设计中的一般常识，也不能代替严谨的设计分析。因此，当设计中涉及人体尺度时，设计者必须熟悉数据测量定义、适用条件、百分位的选择等方面的知识，才能正确地应用有关的数据。

2.4.1 主要人体尺寸的应用原则

为了使人体测量数据能有效地为设计者利用，从以上各节所介绍的大量人体测量数据中，精选出部分工业设计常用的数据，如图2-14所示。将这些数据的定义、应用条件、选择依据等列于表2-7。

表 2-7　主要人体尺寸的应用原则

人体尺寸	应 用 条 件	百 分 位 选 择	注 意 事 项
身高	用于确定通道和门的最小高度。然而，一般建筑规范规定的和成批生产制作的门和门框高度都适用于99%以上的人，所以，这些数据可能对于确定人头顶上的障碍物高度更为重要	由于主要的功用是确定净空高度，所以应该选用高百分位数据。因为天花板高度一般不是关键尺寸，设计者应考虑尽可能地适应100%的人	身高一般是不穿鞋测量的，故在使用时应给予适当补偿

人体尺寸	应 用 条 件	百 分 位 选 择	注 意 事 项
立姿眼高	可用于确定在剧院、礼堂、会议室等处人的视线，用于布置广告和其他展品，用于确定屏风和开敞式大办公室内隔断的高度	百分位选择将取决于关键因素的变化。例如：如果设计中的问题是决定隔断或屏风的高度，以保证隔断后面人的私密性要求，那么隔离高度就与较高人的眼睛高度有关（第95百分位或更高）。其逻辑是假如高个子人不能越过隔断看过去，那么矮个子人也一定不能。反之，假如设计问题是允许人看到隔断里面，则逻辑是相反的，隔断高度应考虑较矮人的眼睛高度（第5百分位或更低）	由于这个尺寸是光脚测量的，所以还要加上鞋的高度，男子大约需加2.5 cm，女子大约需加7.6 cm。这些数据应该与脖子的弯曲和旋转以及视线角度资料结合使用，以确定不同状态、不同头部角度的视觉范围
肘部高度	对于确定柜台、梳妆台、厨房案台、工作台以及其他站着使用的工作表面的舒适高度，肘部高度数据是必不可少的。通常，这些表面的高度都是凭经验估计或是根据传统做法确定的。然而，通过科学研究发现最舒适的高度是低于人的肘部高度7.6 cm。另外，休息平面的高度应该低于肘部高度2.5～3.8 cm	假定工作面高度确定为低于肘部高度约7.6 cm，那么从96.5 cm（第5百分位数据）到111.8 cm（第95百分位数据）这样一个范围都将适合中间的90%的男性使用者。考虑到第5百分位的女性肘部高度较低，这个范围应为88.9～111.8 cm，才能对男女使用者都适应。由于其中包含许多其他因素，如存在特别的功能要求和每个人对舒适高度见解不同等，所以这些数值也只是假定推荐的	确定上述高度时必须考虑活动的性质，有时这一点比推荐的"低于肘部高度7.6 cm"还重要
挺直坐高	用于确定座椅上方障碍物的允许高度。在布置双层床时，搞创新的节约空间设计时，例如利用阁楼下面的空间吃饭或工作都要由这个关键的尺寸来确定其高度。确定办公室或其他场所的低隔断要用到这个尺寸，确定餐厅和酒吧里的火车座隔断也要用到这个尺寸	由于涉及间距问题，采用第95百分位的数据是比较合适的	座椅的倾斜、座椅软垫的弹性、衣服的厚度以及人坐下和站起来时的活动都是要考虑的重要因素
放松坐高	可用于确定座椅上方障碍物的最小高度。布置双层床时，搞创新的节约空间设计时，例如利用阁楼下面的空间吃饭或工作，都要根据这个关键尺寸来确定其高度。确定办公室和其他场合的低隔断要用到这个尺寸，确定餐厅和酒吧里的火车座隔断也要用到这个尺寸	由于涉及间距问题，采用第95百分位的数据比较合适	座椅的倾斜、座椅垫的弹性、衣服的厚度以及人坐下和站起来时的活动都是要考虑的重要因素
坐姿眼高	当视线是设计问题的中心时，确定视线和最佳视区要用到这个尺寸，这类设计对象包括剧院、礼堂、教室和其他需要有良好视听条件的室内空间	假如有适当的可调节性，就能适应从第5百分位到第95百分位或者更大的范围	应该考虑本书中其他地方所论述的头部和眼睛的转动范围、座椅软垫的弹性、座椅面距地面的高度和可调座椅的调节范围
坐姿的肩中部高度	大多数用于机动车辆中比较紧张的工作空间的设计中，很少被建筑师和室内设计师所使用。但是，在设计那些对视觉、听觉有要求的空间时，这个尺寸有助于确定出妨碍视线的障碍物，也许在确定火车座的高度以及类似的设计中有用	由于涉及间距问题，一般使用第95百分位的数据	要考虑座椅软垫的弹性

人体尺寸	应 用 条 件	百 分 位 选 择	注 意 事 项
肩宽	肩宽数据可用于确定环绕桌子的座椅间距和影剧院、礼堂中的排椅座位间距，也可用于确定公用和专用空间的通道间距	由于涉及间距问题，应使用第95百分位的数据	使用这些数据要注意可能涉及的变化。要考虑衣服的厚度，对薄衣服要附加7.9 mm，对厚衣服要附加7.6 cm。还要注意，由于躯干和肩的活动，两肩之间所需的空间会加大
两肘之间宽度	可用于确定会议桌、餐桌、柜台和牌桌周围座椅的位置	由于涉及间距问题，应使用第95百分位的数据	应该与肩宽尺寸结合使用
臀部宽度	这些数据对于确定座椅内侧尺寸和设计酒吧、柜台和办公座椅极为有用	由于涉及间距问题，应使用第95百分位的数据	根据具体条件，与两肘之间宽度和肩宽结合使用
肘部平放高度	与其他一些数据和考虑因素联系在一起，用于确定椅子扶手、工作台、书桌、餐桌和其他特殊设备的高度	肘部平放高度既不涉及间距问题也不涉及伸手够物的问题，其目的只是能使手臂得到舒适的休息即可。选择第50百分位左右的数据是合理的。在许多情况下，这个高度为14～27.9 cm，这样一个范围可以适合大部分使用者	座椅软垫的弹性、座椅表面的倾斜以及身体姿势都应予以注意
大腿厚度	是设计柜台、书桌、会议桌、家具及其他一些室内设备的关键尺寸，而这些设备都需要把腿放在工作面下面。特别是有直拉式抽屉的工作面，要使大腿与大腿上方的障碍物之间有适当的间隙，这些数据是必不可少的	由于涉及间距问题，应选用第95百分位的数据	在确定上述设备的尺寸时，其他一些因素也应该同时予以考虑，例如腿弯高度和座椅软垫的弹性
膝盖高度	是确定从地面到书桌、餐桌和柜台底面距离的关键尺寸，尤其适用于使用者需要把大腿部放在家具下面的场合。坐着的人与家具底面之间的靠近程度，决定了膝盖高度和大腿厚度是否是关键尺寸	要保证适当的间距，故应选用第95百分位的数据	要同时考虑座椅高度和坐垫的弹性
腿弯高度	是确定座椅面高度的关键尺寸，尤其对于确定座椅前缘的最大高度更为重要	确定座椅高度，应选用第5百分位的数据，因为如果座椅太高，大腿受到压力会使人感到不舒服。例如一个座椅高度能适应小个子人，也就能适应大个子人	选用这些数据时必须注意坐垫的弹性
臀部至腿弯长度	这个长度尺寸用于座椅的设计中，尤其适用于确定腿的位置、确定长凳和靠背椅等前面的垂直面以及确定椅面的长度	应该选用第5百分位的数据，这样能适应最多的使用者——臀部-膝腘部长度较长和较短的人。如果选用第95百分位的数据，则只能适合这个长度较长的人，而不适合这个长度较短的人	要考虑椅面的倾斜度
臀部至膝盖长度	用于确定椅背到膝盖前方的障碍物之间的适当距离，例如：用于影剧院、礼堂和作礼拜的固定排椅设计中	由于涉及间距问题，应选用第95百分位的数据	这个长度比臀部-足尖长度要短，如果座椅前面的家具或其他室内设施没有放置足尖的空间，就应该使用臀部-足尖长度

人体尺寸	应 用 条 件	百 分 位 选 择	注 意 事 项
臀部至足尖长度	用于确定椅背到膝盖前方的障碍物之间的适当距离，例如：用于影剧院、礼堂和作礼拜的固定排椅设计中	由于涉及间距问题，应选用第95百分位的数据	如果座椅前方的家具或其他室内设施有放脚的空间，而且间隔要求比较重要，就可以使用臀部膝盖长度来确定合适的间距
臀部至脚后跟长度	对于室内设计人员来说，使用是有限的，当然可以利用它们布置休息室座椅或不拘礼节地就坐座椅。另外，还可用于设计搁脚凳、理疗和健身设施等综合空间	由于涉及间距问题，应选用第95百分位的数据	在设计中，应该考虑鞋、袜对这个尺寸的影响，一般，对于男鞋要加上2.5 cm，对于女鞋则加上7.6 cm
坐姿垂直伸手高度	主要用于确定头顶上方的控制装置和开关等的位置，所以较多地被设备专业的设计人员所使用	选用第5百分位的数据是合理的，这样可以同时适应小个子人和大个子人	要考虑椅面的倾斜度和椅垫的弹性
立姿垂直手握高度	可用于确定开关、控制器、拉杆、把手、书架以及衣帽架等的最大高度	由于涉及伸手够东西的问题，如果采用高百分位的数据就不能适应小个子人，所以设计出发点应该基于适应小个子人，这样也同样能适应大个子人	尺寸是不穿鞋测量的，使用时要给予适当的补偿
立姿侧向手握距离	有助于设备设计人员确定控制开关等装置的位置，它们还可以为建筑师和室内设计师用于某些特定的场所，例如医院、实验室等。如果使用者是坐着的，这个尺寸可能会稍有变化，但仍能用于确定人侧面的书架位置	由于主要的功用是确定手握距离，这个距离应能适应大多数人，因此，选用第5百分位的数据是合理的	如果涉及的活动需要使用专门的手动装置、手套或其他某种特殊设备，这些都会延长使用者的一般手握距离，对于这个延长量应予以考虑
手臂平伸手握距离	有时人们需要越过某种障碍物去够一个物体或者操纵设备，这些数据可用来确定障碍物的最大尺寸。本书中列举的设计情况是在工作台上方安装搁板或在办公室工作桌前面的低隔断上安装小柜	选用第5百分位的数据，这样能适应大多数人	要考虑操作或工作的特点
人体最大厚度	尽管这个尺寸可能对设备设计人员更为有用，但它们也有助于建筑师在较紧张的空间里考虑间隙或在人们排队的场合下设计所需要的空间	应该选用第95百分位的数据	衣服的厚薄、使用者的性别以及一些不易察觉的因素都应予以考虑
人体最大宽度	可用于设计通道宽度、走廊宽度、门和出入口宽度以及公共集会场所等	应该选用第95百分位的数据	衣服的厚薄、人走路或做其他事情时的影响以及一些不易察觉的因素都应予以考虑

图 2-14　工业设计中常用的人体测量尺寸

2.4.2　人体尺寸的应用方法

1. 确定所设计产品的类型

在涉及人体尺寸的产品设计中，设定产品功能尺寸的主要依据是人体尺寸百分位数，而人体尺寸百分位数的选用又与所设计产品的类型密切相关。在GB/T 12985—1991 标准中，依据产品使用者人体尺寸的设计上限值（最大值）和下限值（最小值）对产品尺寸设计进行了分类，产品类型的名称及其定义列于表 2-8。凡涉及人体尺寸的产品设计，首先应按该分类方法确认所设计的对象是属于其中的哪一类型。

表 2-8　产品尺寸设计分类

产品类型	产品类型定义	说　明
Ⅰ型产品尺寸设计	需要两个人体尺寸百分位数作为尺寸上限值和下限值的依据	又称双限值设计

产品类型	产品类型定义	说　明
Ⅱ型产品尺寸设计	只需要一个人体尺寸百分位数作为尺寸上限值或下限值的依据	又称单限值设计
ⅡA型产品尺寸设计	只需要一个人体尺寸百分位数作为尺寸上限值的依据	又称大尺寸设计
ⅡB型产品尺寸设计	只需要一个人体尺寸百分位数作为尺寸下限值的依据	又称小尺寸设计
Ⅲ型产品尺寸设计	只需要第50百分位数（P_{50}）作为产品尺寸设计的依据	又称平均尺寸设计

2. 选择人体尺寸百分位数

表2-8中的产品尺寸设计类型，按产品的重要程度又分为涉及人的健康、安全的产品和一般工业产品两个等级。在确认所设计的产品类型及其等级之后，选择人体尺寸百分位数的依据是满足度。人机工程学设计中的满足度，是指所设计产品在尺寸上能满足多少人使用，通常以合适使用的人数占使用者群体的百分比表示。产品尺寸设计的类型、等级、满足度与人体尺寸百分位数的关系见表2-9。

表2-9　人体尺寸百分位数的选择

产品类型	产品重要程度	百分位数的选择	满足度
Ⅰ型产品	涉及人的健康、安全的产品	选用 P_{99} 和 P_1 作为尺寸上、下限值的依据	98%
	一般工业产品	选用 P_{95} 和 P_5 作为尺寸上、下限值的依据	90%
ⅡA型产品	涉及人的健康、安全的产品	选用 P_{99} 和 P_{95} 作为尺寸上限值的依据	99%或95%
	一般工业产品	选用 P_{90} 作为尺寸上限值的依据	90%
ⅡB型产品	涉及人的健康、安全的产品	选用 P_1 和 P_5 作为尺寸下限值的依据	99%或95%
	一般工业产品	选用 P_{10} 作为尺寸下限值的依据	90%
Ⅲ型产品	一般工业产品	选用 P_{50} 作为产品尺寸设计的依据	通用
成年男、女通用产品	一般工业产品	选用男性的 P_{99}、P_{95} 或 P_{90} 作为尺寸上限值的依据； 选用女性的 P_1、P_5 或 P_{10} 作为尺寸下限值的依据	通用

表2-9中给出的满足度指标是通常选用的指标，特殊要求的设计，其满足度指标可另行确定。设计者当然希望所设计的产品能满足特定使用者总体中所有的人使用，尽管这在技术上是可行的，但在经济上往往是不合理的。因此，满足度的确定应根据所设计产品使用者总体的人体尺寸差异性、制造该类产品技术上的可行性和经济上的合理性等因素进行综合优选。

还需要说明的是，在设计时虽然确定了某一满足度指标，但用一种尺寸规格的产品却无法达到这一要求，在这种情况下，可考虑采用产品尺寸系列化和产品尺寸可调节性设计解决。

3. 确定功能修正量

有关人体尺寸标准中所列的数据是在裸体或穿单薄内衣的条件下测得的，测量时不穿鞋或穿着纸拖鞋。而设计中所涉及的人体尺度应该是在穿衣服、穿鞋甚至戴帽条件下的人体尺寸。因此，考虑有关人体尺寸时，必须给衣服、鞋、帽留下适当的余量，也就是在人体尺寸上增加适当的着装修正量。

其次，在人体测量时要求躯干为挺直姿势，而人在正常作业时，躯干则为自然放松姿势，为此应考虑由于姿势不同而引起的变化量。此外，还需考虑实现产品不同操作功能所需的修正量。所有这些修正量的总计为功能修正量。功能修正量随产品不同而异，通常为正值，但有时也可能为负值。

通常用实验方法求得功能修正量，但也可以从统计数据中获得。对于着装和穿鞋修正量可参照表2-10中的数据确定。对姿势修正量的常用数据是，立姿时的身高、眼高减10 mm；坐姿时的坐高、眼高减44 mm。考虑操作功能修正量时，应以上肢前展长为依据，而上肢前展长是后背至中指尖点的距离，因而对操作不同功能的控制器应作不同的修正，如对按钮开关可减12 mm；对推滑板推钮、扳动扳钮开关则减25 mm。

表 2-10　正常人着装身材尺寸修正值　　　　　　　　mm

项　　目	尺寸修正量	修正原因	项　　目	尺寸修正量	修正原因
站姿高	25～38	鞋高	两肘间宽	20	
坐姿高	3	裤厚	肩-肘	8	手臂弯曲时，肩肘部衣物压紧
站姿眼高	36	鞋高	臂-手	5	
坐姿眼高	3	裤厚	叉腰	8	
肩　宽	13	衣	大腿厚	13	
胸　宽	8	衣	膝　宽	8	
胸　厚	18	衣	膝　高	33	
腹　厚	23	衣	臀-膝	5	
立姿臀宽	13	衣	足　宽	13～20	
坐姿臀宽	13	衣	足　长	30～38	
肩　高	10	衣（包括坐高3及肩7）	足后跟	25～38	

4. 确定心理修正量

为了克服人们心理上产生的"空间压抑感""高度恐惧感"等心理感受，或者为了满足人们"求美""求奇"等心理需求，在产品最小功能尺寸上附加一项增量，称为心理修正量。心理修正量也是用实验方法求得，一般是通过被试者主观评价表的评分结果进行统计分析，求得心理修正量。

5. 产品功能尺寸的设定

产品功能尺寸是指为确保实现产品某一功能而在设计时规定的产品尺寸。该尺寸通常是以设计界限值确定的人体尺寸为依据，再加上为确保产品某项功能实现所需的修正量。产品功能尺寸有最小功能尺寸和最佳功能尺寸两种，具体设定的通用公式如下：

① 最小功能尺寸＝人体尺寸百分位数＋功能修正量

② 最佳功能尺寸＝人体尺寸百分位数＋功能修正量＋心理修正量

2.4.3　人体身高在设计中的应用方法

人体尺度主要决定人机系统的操纵是否方便和舒适宜人。因此，各种工作面的高度和设备高度，如操纵台、仪表盘、操纵件的安装高度以及用具的设置高度等，都要根据人的身高来确定。以身高为基准确定工作面高度、设备和用具高度的方法，通常是把设计对象归为各种典型的类型，并建立设计对象的高度与人体身高的比例关系，以供设计时选择和查用。图2-15是以身高为基准的设备和用具的尺寸推算图，图中各代号的定义见表2-11。

图 2-15　以身高为基准的设备和用具尺寸推算图

表 2-11　设备及用具的高度与身高的关系

代号	定　　义	设备高与身高之比
1	举手达到的高度	4/3
2	可随意取放东西的搁板高度（上限值）	7/6
3	倾斜地面的顶棚高度（最小值，地面倾斜度为5°~15°）	8/7
4	楼梯的顶棚高度（最小值，地面倾斜度为25°~35°）	1/1
5	遮挡住直立姿势视线的隔板高度（下限值）	33/34
6	直立姿势眼高	11/12
7	抽屉高度（上限值）	10/11
8	使用方便的搁板高度（上限值）	6/7
9	斜坡大的楼梯的天棚高度（最小值，倾斜度为50°左右）	3/4
10	能发挥最大拉力的高度	3/5
11	人体重心高度	5/9

代号	定　义	设备高与身高之比
12	手提物的长度（最大值）	6/11
12*	坐高（坐姿）	6/11
13	灶台高度	10/19
14	洗脸盆高度	4/9
15	办公桌高度（不包括鞋）	7/17
16	垂直踏棍爬梯的空间尺寸（最小值，倾斜 80°～90°）	2/5
17	采取直立姿势时工作面的高度	3/8
17*	使用方便的搁板高度（下限值）	3/8
18	桌下空间（高度的最小值）	1/3
19	工作椅的高度	3/13
20	轻度工作的工作椅高度*	3/14
21	小憩用椅子高度*	1/6
22	桌椅高差	3/17
23	休息用的椅子高度*	1/6
24	椅子扶手高度	2/13
25	工作用椅子的椅面至靠背点的距离	3/20
*号为座位基准点的高度（不包括鞋）。		

第 3 章　人的智能与人机智能

3.1　人的智能生成的脑神经科学基础

进入 21 世纪以来，国内外对智能科学及其相关学科，如脑科学、神经科学、认知科学、思维科学以及人工智能的研究高度重视。智能科学的兴起和发展标志着以人为中心的认知和智能活动的研究已进入新的阶段。智能科学的研究将使人类自我了解和挖掘潜能，从而把人的知识和智能提高到空前未有的高度。

智能科学的发展推升了工程领域智能化的研究热潮。显然，人机系统智能化是传统人机系统的发展方向，人机智能系统将是人机工程学科中的一个重要的研究内容。由此，笔者率先将人的智能与人机智能及其相关内容引入人机工程学领域，让《人机工程学》（第 5 版）给读者传递更多新的信息。

3.1.1　人的神经系统

人的神经系统构成包括脑、脊髓以及与它们相连的周围神经。神经系统对身体其他器官系统的功能起着调节或主导的作用。机体的感觉、运动、消化、呼吸、泌尿、生殖、循环和代谢等功能都是在神经系统的控制和调节下进行的。神经系统借助于感受器接受内外环境的各种信息，通过周围神经传入脊髓和脑的各级中枢进行整合，然后一方面直接经周围神经的传出部分，另一方面间接经内分泌腺的作用到达身体各部的效应器，控制和调节全身各器官系统的活动，使它们协调一致，维持机体内环境的稳定并适应环境的变化，保证生命活动的进行。

人的神经系统结构如图 3-1 所示，为了便于叙述和理解，可将较为复杂的图 3-1 简化为工程上常见的框图，如图 3-2 所示。

神经系统按所在的位置和功能的不同区分为中枢部和周围部两大部分。中枢部即中枢神经系统，包括位于颅腔内的脑和椎管内的脊髓。周围部即周围神经系统的一端与脑或脊髓相连，另一端通过各种末梢装置与全身其他系统、器官相联系；其中与脑相连的，称脑神经，与脊髓相连的，称脊神经；按其分布的器官，可分为支配体表、骨、关节和骨骼肌的躯体神经和支配内脏、心血管、平滑肌和腺体的内脏神经。

3.1.2　大脑的结构

脑是人类意识和思维等高级神经活动的器官，也是人类智能的物质基础，要研究智能就首先要了解脑。大脑的解剖结构见图 3-3 和图 3-2 上框图。

脑可分为大脑、间脑、小脑和脑干四部分。大脑由结构大致对称的左、右两半球组成，包括大脑皮质（皮层）、皮质下白质和灰质（基底神经节）等，中间由胼胝体相连。大脑半球遮盖着间脑、中脑和小脑，间脑包括丘脑和下丘脑（丘脑下部），脑干包括中脑、桥脑和延髓。大脑半球的表面有很多深浅不等的沟或裂，沟或裂之间的隆起叫回，它们大大地增加了大脑的表面积。大脑半球表面重要的沟或裂有大脑外侧裂、中央沟和顶枕裂。大脑半球借外侧裂、中央沟及枕切迹至顶枕裂顶端之间的假想连线分为五个脑叶，即额叶、顶叶、颞叶、枕叶及岛叶。

覆盖在大脑半球表面的一层灰质结构称大脑皮层,约占中枢神经系统灰质的90%。

图 3-1 神经系统的结构

图 3-2 神经系统的结构框图

3.1.3 大脑皮层功能

大脑皮层是覆盖大脑半球外层的灰质,是物种进化的高级产物。从哺乳动物开始出现了高度发达的大脑皮层,并随着神经系统的进化而进化。新发展起来的大脑皮层在调节机能上起着主要作用;而皮层下各级脑部及脊髓虽也有发展,但在机能上已从属于大脑皮层。大脑皮层在人类身上发展到最高阶段,产生了新的飞跃,有了抽象思维能力,成为意识活动的物质基础。

大脑皮层是神经系统的最高级中枢。从人体各部经各种传入系统传来的神经冲动向大脑皮质集中,在此会通、整合后产生特定的感觉;或维持觉醒状态;或获得一定情调感受;或以易化的形式贮存为记忆;或影响其他的脑部功能状态;或转化为运动性冲动传向低位中枢,借以控制机体的活动,应答内外环境的刺激。大脑皮层的不同功能往往相对集中在某些特定部位,其主要的功能定位是：

图 3-3　大脑的解剖结构

1. 躯体感觉区

对侧半身外感觉和本体感觉，冲动传达此区，产生相应的感觉。身体各部分在此区更精细的代表区是倒置的，身体各部分代表区的大小，取决于功能上的重要性，见图 3-4（a）。

2. 躯体运动区

躯体运动区接受来自肌、腱和关节等处有关身体位置、姿势以及各部运动状态的本体感觉冲动，借以控制全身的运动。如图 3-4（b）所示，身体各部分在此区更精细的代表区基本上是倒置的，但头面部仍是正的，运动愈是精细的部位，如手、舌、唇等，代表区的面积愈大。

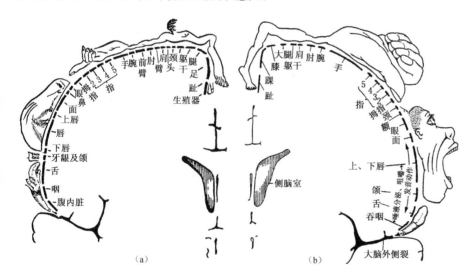

图 3-4　躯体感觉区和运动区
（a）躯体感觉区；（b）躯体运动区

3. 大脑皮层联络区

大脑皮层单项感觉区和运动区之外的部分，具有更广泛更复杂的联系，它们可将单项信息进行综合分析，形成复杂功能，且与情绪、意识、思维、语言等功能有密切关系，这些部位称为联络区。三个基本联络区是：

（1）第一区（保证调节紧张度或觉醒状态的联络区）　它的机能是保持大

脑皮层的清醒，使选择性活动能持久地进行。如果这一区域的器官（脑干网状结构、脑内侧皮层或边缘皮层）受到损伤，人的整个大脑皮层的觉醒程度就下降，人的选择性活动就不能进行或难以进行，记忆也变得毫无组织。

（2）第二区（接受、加工和储存信息的联络区）　如果这一区域的器官（如视觉区——枕叶、听觉区——颞叶和一般感觉区——顶叶）受到损伤，就会严重破坏接受和加工信息的条件。

（3）第三区（规划、调节和控制人复杂活动形式的联络区）　它是负责编制人在进行中的活动程度，并加以调整和控制。如果这一区域的器官（脑的额叶）受到损伤，人的行为就会失去主动性，难以形成意向，不能规划自己的行为，对行为进行严格的调节和控制也会遇到障碍。

可见，人脑是一个多输入、多输出、综合性很强的大系统。长期的进化发展，使人脑具有庞大无比的机能结构，很高的可靠性、多余度和容错能力。人脑所具有的功能特点，使人在人机系统中成为一个最重要的、主导的环节。

3.1.4　脑神经网络组成

大脑皮层的基本组成单位和功能单位是神经细胞，又称神经元，图 3-5 是其示意图。神经元的特点是能被输入刺激所激活，引起神经冲动，进行冲动传导，其功能就是信息传递。

神经细胞的大小、形状和它们的具体功能均有不同，可分为脑神经元、感觉神经元、运动神经元，其示意图分别见图 3-6（a）、（b）、（c）。它们在构造上基本由 3 部分组成：细胞体、树突和轴突，各部分功能特点分述如下：

图 3-5　神经元模型示意图

图 3-6　三种神经元示意图

（1）细胞体　由细胞核、细胞质和细胞膜组成。细胞体的外面是一层厚为 5～10 mm 的细胞膜，膜内有一个细胞核和细胞质。神经元的细胞膜具有选择性的通透性，因此会使细胞膜的内外液的成分保持差异，形成细胞膜内外之间有一定的电位差，这个电位差称为膜电位，其大小随细胞体输入信号强弱而变化，一般在 20～100 mV。

（2）树突　由细胞体向外伸出的许多树枝状较短的突起，长约 1 mm，它用于接受周围其他神经细胞传入的神经冲动。

（3）轴突　由细胞体向外伸出的最长的一条神经纤维，称轴突。远离细胞体一侧的轴突端部有许多分支，称轴突末梢，或称神经末梢，其上有许多扣结称突触扣结。轴突通过轴突末梢向其他神经元传出神经冲动。

（4）突触　一个神经元的轴突末梢和另一个神经元的树突或细胞体之间，通过微小间隙相联结，这样的联结称为突触。突触的直径为 0.5～2 μm，突触间隙有 200 Å 数量级。从信息传递过程看，一个神经元的树突，在突触处从其他神经元接收信号，这些信号可能是激励性的，也可能是抑制性的。突触有兴奋型和抑制型两种形式。

一个神经元有 10^3～10^4 个突触，人脑中大约有 10^{14} 个突触，神经细胞之间通过突触复杂地结合着，从而形成了大脑的神经（网络）系统，图 3-7 是其示意图。

图 3-7　神经网络示意图

突触是神经元之间传递信息的重要特殊"接口"，它包括突触前细胞（发出信号的神经细胞）、突触间隙和突触后细胞（接收信号的神经细胞）三部分。

由于神经细胞的兴奋而发出的电脉冲，沿轴突以每秒 100 m 左右速度传到和其他神经细胞结合的突触。轴突的末端每当脉冲到来时就放出某种化学物质，这种化学物质作用于接收脉冲信号的神经细胞的细胞膜，改变突触部分的细胞膜的膜电压，把这个部分的膜电位叫作突触后电位。

另外，这种化学物质由于神经细胞的种类不同而不同，既有提高膜电位的，也有减弱膜电位的。输出脉冲是把膜电位提高还是降低，由传送脉冲的神经细胞种类而定。把可以使之结合的其他神经细胞的膜电位提高的神经细胞，叫作兴奋性神经细胞；使之变弱的神经细胞，叫作抑制性神经细胞。

3.1.5　信息在人脑中的转化

人脑的处理信息和编码方式是一个十分复杂的问题。研究表明：人脑在处理信息方面，不是对单个的信息元素进行处理，而是对整个信息集合的层次关系进行处理。因此，人脑存储和处理信息的机制主要是以获取信息群的方式来对信息进行分类和处理的，这是一种群处理的过程。因此，视、听、触、嗅觉等感觉器官所接收的主要是外界信息图像的整个拓扑结构和与之对应的信息元素群所组成的混合物，而不是简单的互相独立的信息元素。这是生命在自然界中长期演化的结果。因此，人脑也对这种层次结构的图形和由这些图形所派生出的高级层次上的关系进行处理。在人脑中，信息是由一个不低于二级层次的结构来表述的：第一层次是外部信息的接收和转译结果，它包括外部信息原始的拓扑结构及与之相适应的神经元冲动（它使得神经元冲动与外部刺激之间有一个一一对应的关系）；第二层次是在第一层次基础上建立起来的。信息在高级层次中不断地抽取、交联、组合，并且参与与外界的信息交流，逐渐转化成一个统一的整体，并从这个整体中产生出较原始的高级因素——概念；概念进一步升华，即会产生出意识、情感等高级智能因素。信息在脑中的转化过程如图 3-8 所示。

图 3-8　信息在人脑中的转化过程

从图 3-8 中可以看到脑最基本的思维过程和思维方法。而概念和意识是整个思维的基础。

人脑是产生意识的器官，世界上除了人脑这种特殊物质外，任何东西都不能产生意识。人脑对外来信息不是简单地予以反应，在加工和保存信息过程中，还会产生意图、制订计划、执行程序、监督和控制活动，这就是人类高级的有意识的活动。研究表明，人的意识活动是复杂的机能系统，它们不是由脑的局部部位所决定，而是在大脑皮层的多个区和脑的多个机能系统的协同活动中实现的。

3.2 人的智能形成的认知科学机制

3.2.1 认知科学研究的意义

研究人脑的另一门重要科学是起源于 20 世纪 50 年代末的认知科学（Cognitive Science）。它研究人脑的认知过程和机制，包括意识、感情、思维等高级神经活动。作为一门交叉科学，它是在哲学（认识论）、心理科学、计算机科学、神经科学、科学语言学、比较人类学、进化生物学、动物行为学以及其他基础科学交界面上涌现出来的高度跨学科的新兴科学。

认知科学是 20 世纪世界科学标志性的新兴研究领域，它作为探究人脑或心智工作机制的前沿性尖端学科，已经引起全世界科学家的广泛关注。

认知科学的兴起和发展标志着对以人类为中心的认知和智能活动的研究已进入到新的阶段。认知科学研究是"国际人类前沿科学计划"的重点，认知科学及其信息处理方面的研究被列为整个计划的三大部分之一。近年来，认知科学的发展得到国际科技界尤其是发达国家政府的高度重视和大力支持：1979 年，美国的认知科学学会成立；美国和欧盟分别推出"脑的十年"计划和"欧盟脑的十年"；日本则推出"脑科学时代"计划。

认知科学的科学目标在于智力和智能的本质，建立认知科学和新型智能系统的计算理论，解决对认知科学和信息科学具有重大意义的若干基础理论和智能系统实现的关键技术问题。

3.2.2 人的智能形成宏观过程

在建模之前，先分析现实世界中，人在学习、工作中智能活动的宏观过程，可用图 3-9 来加以描述。

图 3-9 人的智能活动过程

在该过程中，感知器官为视觉、听觉、触觉、味觉等，完成对环境信息的感知。效应器官为手、腿、嘴和身体的其他动作部分，它根据反应系统的行为要求，实现所需的行为和动作完成对外界环境的作用。传导神经完成对感知信息和决策信息的传递。思维器官主要由中枢神经系统所构成。其中，"计算"实现对感知信息的预处理；"认知"实现由信息到知识的转换；"决策"根据目标，利用知识生成解决问题的方案；"动机"产生行为的内部动力。

从人的智能活动过程分析所获得的最重要启示是，人类的智能活动是一个完整而有机的过程，支持这种过程的是一个完整而有机的系统。这个过程中的任何一个子系统的失效都有可能使整个过程最终归于失败；这个系统中的任何一个子系统的损坏也有可能最终导致整个系统的失效或者是部分失效。这是一个整体论观点。当然，另一方面，这个宏观过程的分析也告诉我们，过程中的各个"子过程"及系统中的各个"子系统"又分别担负着各自不同的功能，这些不同功能之间相互联系、相互依存、相互作用、相辅相成、缺一不可。

3.2.3　人的智能形成过程模型

从上述分析所获得的重要启示可进一步归纳出几条能获得公认的建模基本假设，作为建模的重要基础。

① 所有的历史事实都表明，人类是一种具有"不断谋求更好生存与发展条件"的目的的物种。目的，是一只驾驭人类一切活动的"看不见然而又无时不在和无处不在"的手。

② 人类具有足够灵敏的感觉器官和发达的感知系统，能够适时地获得外部环境和自身内部各种变化的信息，并根据自己的目的来选择需要注意的信息，排除不需要的信息。

③ 人类具有庞大的传导神经系统，通过它可以把人体联系成为一个有机的整体，并能够把获得的各种环境信息传递给身体的各个部位，也可以把自己的决策传递到相应的部位。

④ 人类具有各种各样的信息处理系统，特别是其中的思维器官，它们具有强大的归纳、分析和演绎的能力，通过它们，人类可以从纷繁的信息现象中分析、归纳和演绎出经验和知识。

⑤ 人类拥有总体容量巨大的记忆系统，从而能够对所获得的各种信息和经过各种处理所获得的中间结果（包括经验知识）进行分门别类的存储，供此后随时随处检索应用。

⑥ 人类拥有必要的本能知识和大量而简明的常识知识，前者是他们在成为人类之前就通过进化逐步积累起来的求生避险知识，后者是在后天逐步学习和积累起来的实用性知识。

⑦ 人类具有发达的行动器官（也称为效应器官或执行器官），人类能够通过行动器官把自己的意志和集体的思想变为实际的行动，对外部环境的状态进行一定的干预、调整和改变。

⑧ 人类具有语言能力，能够通过语言表达自己的意愿和理解他人的思想，因此能够与同伴进行交流和协商，形成有效的合作和社会行为。

总的来说，具有上述各项基本能力要素的人类，能够利用自己的感觉器官感知外部环境变化的信息，能够通过神经系统把这些信息传递到身体的各个部位，特别是传递给思维器官，并根据大脑记忆系统中所存储的信息和知识（起初只有本能知识和初步的常识知识）对外来的信息进行各种程度的加工处理，这些处理的结果就成为人类对环境的某些新的认识（经验知识和规范知识），然后依据自身的目的和这些新旧知识对环境的变化进行评估，产生应对的策略，再通过行动器官按照策略对环境作出反应。

根据上述分析，可建立人的智能形成过程模型，如图 3-10 所示。

图 3-10　人的智能形成过程模型

该模型表明，人的智能是由人的整个信息系统支撑的：当人面对具体的问题、问题的环境和预期目标的时候，他首先通过自己的感觉器官获得关于问题-环境-目标的信息（称为"新信息"），并通过神经系统把这些信息传送给思维器官，在后者这里，这些信息首先经过非认知的预处理（如排序、分类、过滤、去除冗余以及进行某些必要的数值计算和简单的逻辑处理等）变成有序的便于利用的"旧信息"，然后通过认知把信息转换为相应的知识，在此基础上把知识激活成为能够满足约束、解决问题、达到目标的智能策略，进而通过神经系统把智能策略传送到效应器官，在这里把智能策略转换为相应的智能行为，通过这种智能行为的作用实现对问题的求解，在满足约束条件下达到预期的目标。

3.2.4　人的智能形成的转换机制

图 3-10 表明，在给定了问题、环境（即求解问题所必须遵循的约束条件，也就是先验知识）和目标的前提下，只要获得了相关的信息，只要能够完成相应的"信息到知识的转换"及"知识到智能策略的转换"，那么，生成智能的核心任务就完成了。为了简明，可以把智能生成的共性核心机制表述为：信息-知识-智能转换。甚至，还可以更加简明地把它表述为"信息转换"。在这个意义上可以认为，智能的生成机制就是信息转换。

既然智能的共性生成机制表现为"由信息到知识和由知识到智能的转换"，现在就逐一来考察其中所包含的各种重要的转换问题。由于篇幅所限，只介绍转换的基本原理。

（1）**转换一**　由本体论信息到认识论信息（信息获取）。

智能生成机制首先要解决"在给定条件下获得相关信息"的问题，即本体论信息（外部世界的问题信息与环境信息）转换为认识论信息（系统获得的信息）的问题。

（2）**转换二**　由认识论信息到知识（认知）。

智能生成共性机制的第二个转换是由信息提炼知识。我国智能科学学者钟义信在其"知识理论框架"研究中曾经探讨"把信息提炼为知识"和"把知识激活为智能策略"的原则方法。其中指出，某个事物的信息表现的是"该事物运动的状态及其变化的具体方式"；事物的知识表达的则是"该类事物运动的状态及其变化的抽象规律"。由"具体的变化方式"到"抽象的变化规律"的过程，正是从信息资源中提炼知识的过程。因此，由信息到知识的转换原理，本质上是一种归纳和抽象的处理过程。

（3）转换三 从知识到智能策略（决策）。

智能生成机制的第三个转换是由知识到策略的转换。由于策略比较集中地体现了求解问题的智能，因此也常常把它称为"智能策略"。当然，准确地说，完整的智能概念应当包含智能生成的过程以及智能应用的过程。所以，策略体现的其实只是狭义智能。

生成智能策略的重要条件是要具备相关问题及其环境的足够知识和信息；生成智能策略的另一个重要条件是要有明确的目标。前者为生成智能策略提供必要的基础，后者为生成智能策略提供引导的方向。基础和方向，两者缺一不可。可以认为，与其他问题不同，求解智能策略的一个重要特色就是"目标导引"。没有目标，就谈不上智能。因此，生成智能策略的过程实质上就是在给定"问题及其环境的知识和信息以及求解目标的信息"的约束条件下求解问题的过程。

（4）转换四 由智能策略到智能行为（执行）。

生成求解问题的智能策略之后，后续的过程就是要执行这个智能策略，即把智能策略转换为智能行为，使实际问题得到真正的解决。从功能的意义上说，控制系统就是完成由智能策略到智能行为转换的技术系统。

在人的大脑具有产生智能的物质基础上，通过感知、认知、学习等一系列转换过程，从而形成人的各种智能活动。前述四个转换过程，随着人和事的不同，转换的时间有长短之分，转换过程有难易之分，解决问题层次有高低之分，取得的成果也有等级之分。但是，在人的智能形成过程中，四个转换环节是缺一不可的。

3.3 人的智能涌现的思维科学探秘

3.3.1 关于思维科学的重要论述

著名科学家钱学森院士对科学发展的重要贡献之一，是他提出的科学技术体系。在该体系中，共有 11 个科学技术门类，思维科学是其中重要的门类之一，是关于认识论的科学。所以，科技界公认他是思维科学的倡导者。

在 20 世纪 80 年代，他提出开展思维科学的研究，并对思维科学作了界定。他指出，思维科学的任务是研究怎样处理从客观世界获得的信息。

1995 年，钱学森院士以信息处理的观点阐述了思维科学的基础科学——思维学包括三个部分："逻辑思维，微观法；形象思维，宏观法；创造思维，微观与宏观结合。创造思维才是智慧的源泉，逻辑思维和形象思维都是手段"，并再次强调了形象思维是突破口以及它的重要作用。并且，他还预言，有待创建的新学科是作为思维科学突破口的形象（直感）思维学，作为智能涌现的创造思维学，作为体现群体智能的社会思维学等。科学家的预言标志着一个新的研究领域的诞生。

对于自然界最高的物质活动——人类思维，钱学森院士的思维学将其清楚地划分为抽象（逻辑）思维、形象思维和灵感思维，并指出虽然划分为三种思维，但实际上人的每个思维活动过程都不会是单一的一种思维在起作用，往往是两种，甚至三种思维交错、混合地在起作用。该划分统一了学术界的观点。借鉴前人对思维的研究，将三种思维基本特点进行归纳，如表 3-1 所示。

表 3-1　思维的基本特点

思维形式	载体特点	特　　征
抽象思维	一些抽象的概念、理论和数字等	抽象性、逻辑性、规律性、严密性
形象思维	形象，如语言、图形、符号等	形象性、概括性、创造性、运动性
灵感思维	既可以是抽象的概念等，又可以是形象	突发性、偶然性、独创性、模糊性

3.3.2　抽象思维的特征

在感性认识的基础上，通过概念、判断、推理，反映事物的本质，揭示事物的内部联系的过程是抽象思维。概念是反映事物的本质和内部联系的思维形式，概念不仅是实践的产物，同时也是抽象思维的结果。通过对事物的属性进行分析、综合、比较的基础上，抽取出事物的本质属性，撇开非本质属性，从而形成对某一事物的概念。

任何一个科学的概念、范畴和一般原理，都是通过抽象和概括而形成的，一切正确的、科学的抽象和概括所形成的概念和思想，都更深刻、更全面、更正确地反映着客观事物的本质。

判断是对事物情况有所肯定或否定的思维形式。判断是展开了的概念，它表示概念之间的一定联系和关系。客观事物永远是具体的，因此，要作出恰当的判断，必须注意事物所处的时间、地点和条件。人们的实践和认识是不断发展的，与此相适应，判断的形式也不断变化，从低级到高级，即从单一判断向特殊判断，再向普遍判断转化。

由判断到推理是认识进一步深化的过程。判断是概念之间矛盾的展开，从而它更深刻地揭露了概念的实质。推理是判断之间矛盾的展开，它揭露了各个判断之间的必然联系，即从已有的判断（前提）逻辑地推论出新的判断（结论）。判断构成推理，在推理中又不断发展，这说明，推理同概念、判断是相互联系、相互促进的。

从抽象思维活动过程可反映出该思维形式具有抽象性、逻辑性、规律性和严密性。抽象思维深刻地反映着外部世界，使人能在认识客观规律的基础上科学地预见事物和现象的发展趋势，对科学研究具有重要意义。

3.3.3　形象思维的特征

形象思维是凭借头脑中储有的表象进行的思维，这种思维活动是右脑进行的，因为右脑主要负责直观的、综合的、几何的、绘画的思考认识和行为。有时形象思维或叫直感思维，主要采用典型化的方式进行概括，并用形象材料来思维。形象是形象思维的细胞。形象思维具有以下四个特征：

① 形象性。形象材料的最主要特征是形象性，亦即具体性、直观性，这同抽象思维所使用的概念、理论、数字等显然是不同的。

② 概括性。通过典型形象或概括性的形象把握同类事物的共同特征。科学研究中广泛使用的抽样试验、典型病例分析及各种科学模型等，均具有概括性的特点。

③ 创造性。创造性思维所使用的思维材料和思维产品绝大部分都是加工改造过或重新创造出来的形象，艺术家构思人物形象时和科学家设计新产品时的思维材料都具有这样的特点。既然一切有形物体的创新与改造，一般都表现在形象的变革上，那么设计者在进行这种构思时就必须对思维中的形象加以利用或创造。

④ 运动性。形象思维作为一种理性认识，它的思维材料不是静止的、孤立的、不变的。提供各种想象、联想与创造性构思，促进思维的运动，对形象进行深入的研究分析，获取所需的知识，这些特性使形象思维既超出了感性认识而进入了理性认识的范围，却又不同于抽象思维，而是另一种理性认识。形象思维对技术开发、创新设计具有重要意义。

3.3.4　灵感思维特征

灵感思维也称作顿悟。它是人们借助直觉启示所猝然迸发的一种领悟或理解的思维形式。诗人、文学家的"神来之笔"，军事指挥家的"出奇制胜"，思想战略家的"豁然贯通"，科学家、发明家的"茅塞顿开"等，都说明了灵感的这一特点。它是在经过长时间的思索，问题没有得到解决，但是突然受到某一事物的启发，问题却一下子解决的思维方法。"十月怀胎，一朝分娩"，就是这种方法的形象化的描写。灵感来自于信息的诱导、经验的积累、联想的升华、事业心的催化。

人类的顿悟是人脑反映客观现实的一种机能。爱因斯坦认为顿悟是大脑的特异功能，属于特异思维。灵感思维有下列特点：

① 新颖性或独创性。灵感是种爆发出来照亮思维困境的特殊光华和智慧闪电。世上没有两个完全相同的灵感。雕塑家罗丹说，拉斐尔（意大利画家）的色彩与伦勃朗（荷兰画家）的色彩完全不同，这正是拉斐尔的灵感所需要的色彩。灵感都是独创的。例如索海勒·伯沙拉用咖啡作画的灵感，就颇具独创性。

② 短暂性或易逝性。灵感的高潮期很短，稍现即逝，过后难以回忆，必须及时捕捉住。苏轼有著名诗句："作诗火急追亡逋，情景一失后难摹。"歌德每逢诗兴勃发时，马上跑到桌旁站着写起来，顾不得纸的正或斜。

③ 突然性或不确切性。灵感好像来无影去无踪，何时出现，难以预料。爱迪生研制电灯时遇到灯丝寿命太短的难题，先后试用碳、白金等1 600多种材料，耗时一年多仍毫无结果。但他毫不气馁，一天他看到一把芭蕉扇，突然来了灵感，用竹丝燃烧炭化制成了竹丝电灯，这就是最早的白炽灯丝。

④ 必然性与偶然性统一。不期而至和瞬时顿悟的灵感，往往在偶然机遇的情况下出现，却富有必然性。只有大脑储存的信息已经联系起来全线接通的前提下，才能一触开关，立即全部闪光。例如1830年奥斯特在指导学生实验时，瞥见电流能使电磁针偏转，从而导致电磁关系的发现。这事出偶然，却是

在他 10 年探索的基础上发现的。

⑤ 伴有高度兴奋。一旦灵感出现，抑制解除，就会热情迸发，欣喜若狂。古希腊阿基米德苦思多日未解决在不破坏皇冠的前提下辨别其是否纯金的问题，眼看期限将至，他去洗澡，终于从溢水中引起了他的顿悟。他兴奋得顾不上穿好衣服就跳了出来，大呼"尤里卡"（我发现了）！

3.3.5 人的思维机理探秘

脑科学正日益成为世界各国争相研究的重点科学领域之一。2000 年，3 位科学家就是因为在脑科学领域做出了杰出贡献而获得诺贝尔医学奖。这一领域频传喜讯，下面介绍其中一些较新的发现，以期读者了解一些当前脑科学研究领域的新成果。

① 2001 年 1 月，加拿大科学家发现了人解读声音的大脑部位。一见钟情已令人费解，但医学界发现，即使只闻其声而不见其人，也足以令人"一听倾情"。加拿大蒙特利尔神经病学院一项研究发现，人脑某一个特定部分，负责辨认人的声音，而这种辨认能力可以将人声所含的复杂情感解码，而这可能正是人们对歌星等的声音"一听倾情"的关键。

② 2001 年 5 月，科学家首次发现 70 岁人大脑仍会长出新的神经元（脑细胞）。他们在患者的一个小小区域——海马状突起处——发现了新生的神经元，能够使大脑恢复部分功能。这里处于大脑深层，对人的学习和记忆能力非常重要。这一发现否定了此前科学家关于成人脑细胞损伤后就不能再生的定论。

③ 2001 年 5 月 8 日，科学家发现控制"自我"的人脑区域。美国加利福尼亚旧金山大学神经学家布鲁斯·米勒说，他们在治疗患有一种罕见的脑叶萎缩症的病人时，发现了控制人的"自我"意识的脑部区域。这个位于人类大脑右额叶前部的某个区域，看来"储蓄"着人的自我意识。通俗点说，人的个性特质、信仰、喜好与厌憎之意，都是从那里产生的。

④ 2001 年 6 月，美国科学家进行的一项实验表明，进入人类视野的东西并不一定全都会被看到，大脑对于人看到的事物应该是什么样子，可能有一种先入为主的"成见"，即它只让我们看到部分事物。科学家把这一效果称为"运动致盲"。他们认为，大脑是从零散杂乱的视觉输入信号中选择信息来组织成图像的，在这个过程中大脑有时候会剔除某些信息。

⑤ 2001 年，我国科学家发现人脑记忆"新大陆"，不仅是近年来脑科学的重大进展之一，也是我国科学家取得的重大原创性成果。这是一块沉睡已久的"大陆"：比指甲盖略大，深藏脑中，不为人知。经过 10 多年的研究和实验，我国科学家发现了这个和学习、记忆功能有关的新区域，并得到国际科学界的承认。此前科学家已发现的分管记忆的海马、杏仁核等结构分散在大脑的不同部位，长期以来，人们一直在问：这些分散的结构之间是怎样联系的？"新大陆"的发现无疑为破解这一谜团提供了新线索。原来，"新大陆"正好位于几个结构之间，处于"枢纽"位置，与它们有着密切的功能联系。

⑥ 2003 年，德国科学家发现大脑协调工作机理。人的大脑左、右半脑有比较明确的分工，但面临某个具体问题时，大脑是如何决定让哪一半来进行工作，左、右半脑又是如何交流沟通的呢？德国科学家设计了一个独特的认字实验，发现了大脑内部协调左、右脑工作的"管理中心"和其中的控制机理。前带皮质作为大脑的"管理中心"首先负责对具体问题进行判断，之后按照问题

的不同性质"通知"相应负责的半脑，也就是将任务"分配"下去，它同时承担着左、右半脑之间互相交流沟通的任务。

⑦ 近来，科学家们的最新研究成果表明，灵感的秘密在脑电波上。人在觉醒状态下进行思维活动时，大脑中有两种脑波，一种叫作 α 波，一种叫作 β 波。α 波是有规则地调和振动，表明精神集中，大脑中有许多神经回路投入协调一致的工作。与此相反，β 波是不规则不调和的振动，表示大脑的活动分散，精神不集中。科学家们认为，当灵感出现时，脑电波中 α 波就占优势。此时大脑中的潜意识大门打开，大脑思维可以抓住潜意识中所储存的主观信息，使其上升到意识中来，这就产生了智慧火花一闪间的悟性——灵感。

⑧ 2004 年，美国科学家首次通过研究揭示出了大脑产生"顿悟"的独特机制。"顿悟"作为人类解决科学和其他问题的一种独特方式，基本得到广泛认可。它具有一些与常规解题方法不同的特征，比如说"顿悟"前常有百思不得其解的阶段；灵感突如其来的时候，自己往往并没有意识到在想问题，事后也无法说清究竟是怎么得到答案的。美国西北大学和德雷克塞尔大学科学家的一项最新研究表明，"顿悟"的产生有赖于大脑的活动机制，正是其独特的计算和神经中枢机制导致了灵感降临的那些"突破性时刻"。他们推断，前上颞回区域能促进大脑将看似不相关的信息进行集成，使人们在其中找到早先没有发现的联系，从而"顿悟"出答案。哈佛大学加德纳教授则认为，新研究结果有助于消除笼罩在人类创造性思维过程之外的神秘色彩。

3.4　人的智能扩展与智能科技进步

3.4.1　人的特殊能力

人类历史发展进程已证实，"认识世界与改造（优化）世界"的能力，是人类的基本功能，也是人类区别于其他生物物种的特殊能力，更是人类区别于机器系统的独特能力。由此，就自然地引出人的特殊能力的一般概念，具体如下：

$$人的特殊能力\begin{cases}人的体质能力＋体质工具能力\\人的体力能力＋体力工具能力\\人的智能能力＋智能工具能力\end{cases}$$

以下只讨论人的智能能力与智能工具能力，其他两种能力的介绍请参阅相关资料。

在现实世界中，无论你所面对的实际问题是简单或是复杂，都要求发挥人的智能，产生智能行为，去解决具体问题。这一过程必须包括以下一些基本程序。

① 具有明确的总体目的；

② 在特定环境下能够设定具体的目标和为此需要解决的问题；

③ 在给定的问题-环境-目标前提下，能够获得必要的相关信息；

④ 能够把所获得的相关信息提炼成为相应的知识，实现认知；

⑤ 针对面临的问题-环境-目标，能够把相应的知识激活成为智能策略；

⑥ 能够把智能策略转化为智能行为，最终解决问题，达到目标；

⑦ 进而根据总体目的和新环境去设定新目标和待解的新问题，循此继进以至无穷，形成螺旋式上升的生长系统。

上述过程可用图 3-11 来形象地说明该过程螺旋式上升的生长系统，表明了人的智能能力在不断扩展。

图 3-11　人的智能能力的生长系统

3.4.2　人的智能扩展与生存发展目标

按照科技发展规律，"人类自身能力扩展的实际需要"就是科学技术进步的第一要素，从根本的意义上说，科学技术发展方向取决于人类能力扩展的实际需求。这种关系可以用图 3-12 的模型来表示。

图 3-12　科学技术发展的导向力

该模型表明，不断追求"更高的生存发展目标"是人类社会进步的基本的也是永恒的动力，为此，就必然会对人类自身提出"更高的能力要求"，而当时人类所具备的"实际能力水平"与这种更高的要求之间就出现能力的"差距"。正是这种能力的差距，成为一种无形的然而又是巨大的导向力，它支配着人们朝着缩小差距的方向不断努力。科学技术发展的结果，不但缩小了原来存在的能力差距，而且也必然推动人类提出"更高的生存和发展目标"。于是，新的更高的能力又会成为新的需求，新的能力差距又出现，新一轮的实践摸索和科学技术进步又要在新的基础上展开。

3.4.3　人的智能扩展与科技发展规律

科技史研究表明，科学技术发展的根本规律——"辅人律""拟人律"和"共生律"是科学技术发展的宏观规律。

① 科学技术之所以会发生，根本原因是"辅人"的需要，否则，人类就根本不会创造科学技术。这就是科学技术的"辅人律"。

② 科学技术之所以会发展，根本原因是"辅人"的需求在不断地深化，因此，科学技术发展的根本的轨迹必然沿着"拟人"的路线前进。这就是科学技术的"拟人律"。

③ 科学技术发展的结果，必然是以"拟人"的成果为"辅人"服务，因此，前景必然是"人为主、机为辅的人机共生合作"。这就是人与科学技术的"共生律"。

由此导出的，便是科学技术发展的第三定律：共生律。它的意思是：科学技术既然是为辅人的目的而发生，按照拟人的规律、为辅人的目的而发展，那么发展的结果就必然回到它的原始宗旨——辅人。于是，人的特殊能力就应当是自身的能力加上科学技术产物（各类工具）的能力，即

人的特殊能力＝人的三种能力＋各类工具能力

其中，人的全部智能能力＝人的智能能力＋智能工具能力。

这就是"共生律"的一个表述。也就是其后讨论的人机智能系统概念的高度概括。

3.4.4 人的智能扩展与智能信息网络

智能工具是扩展人的智力功能的工具，它的原型是人的智力系统。图3-13所示为人的智力系统和智能工具的信息模型以及它们所执行的信息功能过程。

图 3-13 智能信息网络的功能模型

图 3-13 中的椭圆部分表示人们面对的外部世界的各种问题，方框部分表示与这些问题打交道（认识问题、分析问题、解决问题）的智能活动过程。各个方框内横线以下的部分分别表示人的智能活动功能器官（感觉器官、输入神经网络、思维器官、输出神经网络、效应器官），横线以上的部分分别表示与那些器官相应的技术系统（传感-获取、通信-存储、计算-智能、控制-显示），其间的箭头表示这些功能器官（技术系统）之间的功能联系。

模型清楚地表明：如果把传感系统、获取系统、通信系统、存储系统、计算系统、智能系统、控制系统、显示系统按照上述方式组织起来，就可能"以类似于人的方式"（当然不可能完全和人一样）完成各种智能任务。这就是完整意义上的"智能化机器体系"。人们所熟悉的传感、通信、存储、计算、智能、控制和显示系统在这个体系中各有各的位置，各有各的作用。由于智能信息网络在一定程度上能够以"类似于人的方式"完成各种智能任务，因此它可以执行"完整的生产流程"——针对问题获取信息，传递/存储信息，加工信

息提炼知识，激活知识生成智能策略，把智能策略转换成为智能行为，解决问题达到目的。

显然，"智能信息网络"的实质就是一个智能化的生产工具，面对给定的问题和目标，能够以类似于人的方式去获得信息，从中提炼有用的知识，生成解决问题的智能策略，并把智能策略转化为智能行为，解决问题，达到目标。我们把这种面对特定问题的"智能信息网络"称为"专用智能工具"。

依据给定问题的不同，"专用智能工具"的信息内容、知识内容、策略和行为方式也随之不同，但是认识问题、分析问题、解决问题的机制是通用的。以各种各样的"专用智能工具"为基础，通过覆盖整个社会的公用通信网络平台的集成，就可以构成面向整个社会的大规模的"智能信息网络"体系，它就是信息时代智能化生产工具的模型。

另外还需要指出的是，"智能信息网络"特别是"大规模智能信息网络体系"代表宏观范畴（一个区域、一个省市以至一个国家）普遍的智能应用，"智能机器人"则代表微观场合（一个车间、一条流水线或一个个体岗位）的具体智能应用。智能机器人和智能信息网络是智能技术在微观（局部空间）应用领域和宏观（全部空间）应用领域的两种实现形态，是人类智能的两种具体物化形态，具有无比广阔的应用空间和无比美好的应用前景。

3.4.5　人的智能扩展与创造思维工具

1. 思维导图与软件工具

思维导图（Mind Mapping）由英国学者托尼·巴赞（Tony Buzan）在 20 世纪 60 年代初期所创。它是一种将放射性思维具体化的方法。放射性思维是将进入大脑的资料集结成为一个思维中心，并由此中心向外发散出成千上万的分支，每一个分枝代表与中心主题的一个联结，而每一个联结又可以成为另一个中心主题，再向外发散出成千上万的分支。思维导图提供了一个图文并茂的有效工具，开启了人类大脑的无限潜能。

Mindjet 公司开发的一款实现思维导图的可视化的软件工具，以该公司注册商标命名为 MindManager 软件（以下简称为 Mind 软件），是一种可激发和扩展人的创造思维的工具。

它提供给用户一个更有效的、电子化的手段来进行捕捉、组织和联系信息与想法。它还是一种能协助用户组织构想及内容大纲，并且能展示说明的专案规划工具。使用该软件，可以快捷地进行"头脑风暴"等，建立问题分析的分枝，快速产生、组织、传播资讯与知识。该软件中提供各种图例、图形、颜色、线形等表现形式，丰富思维导图的外观，提高注意力。

Mind 软件的基本原理就是形象思维。形象思维的概念产生于人类对大脑工作机理深入探索的过程中。形象思维方法通过刺激视觉、触觉和感觉来达到增进创造力和理解力的目的。软件设计中运用形象思维的方法，使信息同时刺激大脑两个半球，其编辑界面使得用户可以通过"形象速记法"创建并相互交流各种想法和信息。它设计了一个与人的思考方式一致的自然、直接的工作环境，因此能够减少所花费的时间、精力，减轻压力，从而提高工作效率。

2. Mind 软件的应用

首次启动 Mind 软件，用户会看到图 3-14 所示界面。

图 3-14　Mind 软件的启动界面

下面以"可持续发展问题"研究为例，介绍该软件的使用方法。

① 运行 Mind 软件。

② 在菜单栏选择 File→New 命令，新建一张思维导图。

③ 单击新建的思维导图中的 Central Topic，输入相应的内容——"可持续发展研究"。

④ 向外扩张分支，从主题的中心向外扩张。中心主题为"可持续发展研究"；次主题有四个，分别为：可持续发展问题及理论研究，绿色 GDP 核算，可持续发展评价指标及体系，提出制造业绿色发展战略。

⑤ 添加更低层次的问题。以"可持续发展问题及理论研究"为例，添加该子问题的更低层次问题。重复以上操作可以添加该子问题的五个更低层次的问题。

⑥ 重复操作⑤，可以添加更低级别的概念和问题。

⑦ 保存已经完成的思维导图，如图 3-15 所示。

图 3-15　子问题更低层次的问题添加

Mind 软件功能齐全，可以快捷、直观地辅助、支持头脑风暴等创造性技术方法，建立起相应的图景，提供必要的信息。另外，该软件还拥有强大的超链接功能，让思维导图活跃起来，系统分析人员等可以随时在相关概念上点击，提取其详细内容，获取与解决系统问题方案直接相关的各种信息。

将 Mind 软件介绍给读者，是因为其开发思路能够对未来设计者的学习、工作提供极为有益的启示。该软件的开发是从形象思维为切入口，利用发散思维，激活创造思维，从而有助于扩展人的智能，达到挖掘人的潜能的目的。这就是人利用智能工具的目的。

3.5 人机智能系统研究概览

3.5.1 人机智能系统研究论述

在国内，马希文是第一个将人看作是智能系统中不可缺少的一部分的人工智能研究者，钱学森院士曾多次肯定马希文的这个观点。

钱学森院士曾经在早期指出智能计算机是非常重要的事，是国家大事，关系到下一个世纪我们国家的地位。如在这个问题有所突破，将有深远的影响。但后来他提出新的看法：

我们要研究的问题不是智能机，而是人与机器相结合的智能系统。不能把人排除在外，是一个人-机智能系统。

计算机也是一个巨系统，再加上情报、资料、信息库……，而成为一个人-机智能系统。我们的目的就是构造这样一个系统，它就成为'总体设计部'的不可缺少的支撑了。因此，我们才称它为尖端技术。

目前机器还没法解决的事，先让人来干。等机器能做的事慢慢多起来时，人也就被解放得多一些了，人就能发挥更大的作用了。

并且他还强调人的作用的意义，归纳而言：

① 人的意识活动是很丰富的，包括自觉的意识、潜意识、下意识，人是靠这些来认识世界的。

② 为了认识世界和改造世界，人始终发挥着主导的作用，我们要研究的是人和机器相结合的智能系统。

③ 现在还不可能很快实现这种人-机智能系统，目前只能做些"妥协"，实事求是，尽量开拓当前计算机的科学技术，使计算机尽可能地多帮助人来做些工作。最终实现人-机智能系统。搞人-机结合的智能系统，就是叫电子计算机及信息系统干它们能干的"理性"的事，把人留在只有人脑这个复杂巨系统才能干的"非理性"的事，并让两者有机地结合起来。这至少是个技术革命！所以我们的奋斗目标不是中国智能计算机，而是人-机结合的智能系统。

另外中国科学院自动化研究所戴汝为院士等人提出的人机综合集成思想，浙江大学路甬祥、陈鹰教授等人提出的人机一体化理论等，都是关于人机智能系统的。

我国哲学家熊十力教授认为人的智慧，通常叫作心智，而心智又可以分成两部分，一部分叫作"性智"，一部分叫作"量智"。性智是一个人把握全局，定性进行预测、判断的能力，是通过文学、艺术等方面的培养与训练而形成的。性智可以说是形象思维的结果，人们对艺术、音乐、绘画等方面的创作与鉴赏能力等都是形象思维的体现。心智的另一部分称为量智，是通过对问题的分析、计算，通过科学的训练而形成的智慧。人们对理论的掌握与推导，用系统的方法解决问题的能力都属于量智，是逻辑思维的体现。分析现在的电脑的体系结构，用电脑对量智进行模拟是有效的。人工智能的研究表明了模拟逻辑思维可以取得成功，电脑毕竟是人研制出来的，是死的不是活的，我们用不着非得死心眼，一定要电脑做它做不到的事。总而言之，明智的方法是人脑与电脑相结合，性智由人来创造与实现，而与量智有关的则由电脑来实现，这样是合理而又有实效的途径。

在国外，也有类似的看法。美国的德瑞福斯兄弟和德福雷斯早已指出用计算机来实现人工智能的局限性：对于那些非形式化的领域，包括有规律但无规则支持的，那些不能形式化的问题，看上去似乎很简单，但计算机却无能为力，而人善于处理的是这一领域的问题，否则人就无法进行下去。实际上，人具有意识与思维能力，计算机没有；电脑（计算机）是"死"的，人脑是"活"的。在国外，莱纳特（Lenat）与费根包姆（Feigenbaum）在 1991 年也明确提出"人机结合做预测"是知识系统的"第二个纪元"。他们写道："系统"将使智能计算机与智能人之间形成一种同事关系，人与计算机各自都完成自己擅长的任务，系统智能是这种合作的产物。人与计算机的这种交互可能天衣无缝并极其自然，以至于技能、知识及想法在人脑中或在计算机的知识结构中都是没有什么关系的，断定智能在程序之中是不准确的。从这样的人机系统中将出现超人的智能和能力。在这阈值之外，有着我们如今无法想象的奇迹。百科全书计划（CYC）的研究者在 1991 年文章的最后，提到了一个新的智能系统的目标，他们认为"……（系统）的知识在哪儿（在人的头脑中或在计算机的知识结构里）都没有关系，断定智能在程序中是不准确的"。

伴随着计算机技术的迅猛发展，机器智能的研究不但在一些传统领域中获得很大的成功，并且在一些新兴的领域也取得很大的发展。但是机器智能的研究却由单纯追求机器智能的目的，发展为追求人-机结合智能的系统。这已经逐步成为中国、外国机器智能界的共识。

从体系上讲，人作为一个成员，综合到整个系统中去，利用并发挥人类和计算机各自的长处，把人和计算机结合起来形成新的体系。强调人在未来智能系统中的作用，是对传统人工智能研究，也是对传统自动化研究目标的革命，这将带来一系列在研究方向及研究课题上的变革。同样，也给人机工程学研究增加新活力。

3.5.2　人机智能系统概念

实现人-机智能结合，一方面，通过智能集成提高人-机系统的综合智能水平；另一方面，通过智能开发促进人的智能的发展和机器智能的开发，达到人-机系统的高度智能化、协调化，如图 3-16 所示。

图 3-16　人-机智能结合的概念

人机智能结合是指人的智能与机器智能（人工智能）的结合，有两方面的含义：

（1）智能集成　人的智能与人工智能相结合，取长补短，产生集成智能。可表示为：

$$HI+AI \rightarrow II$$

式中，HI 为人的智能（Human Intelligence）；AI 为人工智能（Artificial Intelligence）；II 为集成智能（Integrated Intelligence）；＋为集成。

例如，人的创造才能与计算机的逻辑运算能力相结合，设计启发式智能系统。

（2）智能开发　人的智能与人工智能相结合，相互促进，开发智能，可表示为：

$$HI \times AI \rightarrow DI$$

式中，HI 为人的智能；AI 为人工智能；DI 为开发智能（Developing Intelligence）；×为促进。

例如，利用人工智能知识工程技术，集中多个专家的知识和经验，构成群体专家系统，可具有高于个别专家的智能水平。利用人的智能，加入启发信息，可提高专家系统知识推理效率。

系统的"智能化"，不仅意味着人工智能的应用，机器智能水平的提高，而且需要在人机合理分工的条件下，进行人机智能集成，提高系统的集成智能水平。为了实现人机智能集成，首先，需要应用人机系统和工程心理学方法，进行人机合理分工。如人为主导，进行需要主动性、创造性、灵活性的工作，机为辅助，进行需要精确计算、重复操作、海量存储的工作。其次，需要通过多媒体智能界面（MII），进行交互式友好通信，协同合作解题，才能实现人机智能结合，组成具有集成智能的智能化系统。

3.5.3　人机智能系统的开发应用示例

人类对科技的执着向往矢志不渝。创造一种自动装置进行劳作和服务，提升生产效率，改善生活质量，是各国科技工作者的夙愿。从简单的工具到复杂的机器，再到全面交互和智能感知于一体，机器人的发展凝聚着全人类的匠心智慧和无限想象。

机器人是各种先进技术的深度融合，是提高生产效率和产品质量、提升生活水平的重要工具，也将是智能社会、智慧地球发展中不可或缺的重要支撑。人工智能将赋予机器人自主决策、自我控制能力，甚至使其像人一样思考和想象，进而成为人类未来生产和生活中的重要伙伴。

机器人技术及产业将深刻影响全球制造业的形态与格局。以机器人带动社会要素创新、增加就业岗位、拉动经济增长，是世界各国的共同战略与目标。例如，美国先进制造伙伴计划、德国"工业 4.0"战略、日本"机器人新战略"及"中国制造 2025"，都将机器人产业作为发展的重要方向，折射出各国在新的机遇中争夺竞争新优势的决心。

基于上述原因，此处用了较多篇幅介绍由人和机器人组成的人机智能系统的开发应用概貌。

1. 人与服务机器人智能系统

2013年8月3日，东京大学与丰田共同研制的陪护机器人KIROBO被发射到了太空（图3-17）。KIROBO的使命是与在空间站工作的宇航员聊天，缓解他们的孤独感。KIROBO身高约34 cm，体重约1 kg，具备面部识别和语音通信功能。成功完成任务的KIROBO已于2015年2月10日返回地球。

图3-17　机器人KIROBO

2013年8月19日，交互式城市管理机器人Jurek现身波兰卢布林街头（图3-18）。Jurek能够为民众提供监管、指路、信息咨询等多种服务，也能做出多个不同的表情。同时，Jurek还是欧洲机器与人互动研究的公共平台。

图3-18　机器人Jurek

2. 人与协作机器人智能系统

Rethink Robotics公司也推出了它们的智能协作机器人Sawyer，见图3-19。该机器人身高约1 m，自重19 kg，具备7个自由度，能够进入非常狭窄和拥挤的空间。友好的人机交互风格、独特的柔顺控制技术能保证Sawyer和人类并肩进行安全、高效的工作。此外，Sawyer还能独立完成许多工作，如机器操控、电路板测试等，有望将人们从重复性工作中解放出来。

图 3-19　Sawyer 机器人

机器人巨头 ABB 也宣布推出新型双臂协作机器人 YuMi，见图 3-20。该款机器人双臂宽度不足一米，全身以软性材料包裹，配备全新的力学传感技术，以保障操作人员的安全。YuMi 机器人具有工作范围大、操作灵活敏捷、操控精度高的特点，能够轻松应对各种小件的组装任务，如机械手表的精密部件、手机、平板电脑和台式电脑零件的处理等。

图 3-20　ABB 的 YuMi 协作机器人

3. 人与人性化机器人智能系统

ASIMO 是本田公司开发的目前世界上最先进的类人型机器人。ASIMO 名字象征着 Advanced（新纪元）、Step in（进入）、Innovative（创新）、Mobility（移动工具）的含义。本田希望能创造出一个可以在人的生活空间里自由移动、具有人一样的极高移动能力和高智能的类人型机器人，它能够在未来社会中与人们和谐共存，为人们提供服务，而 ASIMO 就是这个未来梦想的结晶。图 3-21 所示为 ASIMO（高级步行智能人性化机器人）在走路的情景，边上的小姑娘与人工制作的机器人的互动，构成了人类实际生活中一个奇特的场景。

ASIMO 的外形是刻意设计的，它小巧的造型和有意降低的身高尺寸在办公室或家里给人一种非常乖巧、温良听话的感觉，但这种高度也非常适合，ASIMO 能够触摸到开关和门把手，也足够在桌椅边工作，当人坐着的时候，ASIMO 的高度正好能跟人的视线平齐，如图 3-22 所示。它对人类行为的成功模仿使得人们开始相信梦想的力量并不断地追逐梦想。

图 3-21　ASIMO 高级步行智能人性化机器人　　图 3-22　本田总裁和 ASIMO 对话

　　ASIMO 是最出色的步行机器人的代表，是日本本田公司开发的目前世界上最先进的步行机器人，也是目前世界上唯一能够上下楼梯，慢速奔跑的双足机器人，见图 3-23。ASIMO 的智能也同样出色，具有语音识别功能、人脸识别功能，甚至可以使用手势来进行交流。不仅如此，ASIMO 的手臂还能够开电灯、开门、拿东西、拖盘子甚至推车，见图 3-24。

图 3-23　本田公司最新型的 ASIMO　　　　　图 3-24　ASIMO 在推车

第4章 人的心理与创造性行为

4.1 心理活动与行为构成

4.1.1 心理活动

心理学是研究人的心理活动及其行为规律的科学。心理是人的感觉、知觉、注意、记忆、思维、情感、意志、性格、意识倾向等心理现象的总称。人的心理活动是很复杂的，为了研究的方便，心理学把人的心理活动区分为不同方面，如图4-1所示。

心理学把心理活动区分为不同方面是为了研究的需要。实际上，人的心理活动是一个整体，各种心理活动之间是相互联系、相互影响的，并且在特定的情境中综合地表现为一定的心理状态，并在行为上得到体现。

从哲学上讲，人的心理是客观世界在人头脑中主观能动的反映，即人的心理活动的内容来源于我们的客观现实和周围的环境。每一个具体的人所想、所作、所为均有两个方面，即心理和行为。两者在范围上有所区别，又有不可分割的联系。心理和行为都是用来描述人的内外活动，但习惯上把"心理"的概念主要用来描述人的内部活动（但心理活动要涉及外部活动），而将"行为"概念主要用来描述人的外部活动（但人的任何行为都是发自内部的心理活动）。所以人的行为是心理活动的外在表现，是活动空间的状态推移。因此，心理学除了分门别类地研究上述心理活动外，还要研究心理状态和行为。

图 4-1 心理活动的组成

4.1.2 行为构成

著名的社会心理学家列文（K. Lewin），将密不可分的人与环境的相互关系用函数关系来表示，认为行为决定于个体本身与其所处的环境。即：

$$B = f(P \cdot E) \tag{4-1}$$

式中，B 为行为；P 为人；E 为环境。

也就是行为（B）是人（P）及环境（E）的函数（f）。表现出人与其所处的环境在相互依存中影响行为的产生与变化。

就个体人而言，"遗传""成熟""学习"是构成行为的基础因素。遗传因素在受精卵形成时即已被决定，其以后的发展都受所处的环境因素影响，故前述公式可简化为：

$$B = f(H \cdot E) \tag{4-2}$$

式中，H 为遗传。

展开来分析行为的发展，其基本模式可概括为：

$$B = H \times M \times E \times L \tag{4-3}$$

式中，B 为行为；H 为遗传；M 为成熟；E 为环境；L 为学习。

在这里说明行为受遗传、成熟、环境、学习四个因素的相互作用、相互影响。遗传因素一经形成，即已被决定，后天无法对其发生影响。

成熟因素受到遗传和环境两种因素的共同作用、共同影响。一般来说，个体成熟遵循一定的自然规律，先后顺序是固定的，婴儿先会爬后会站立，先会走后会跑。但是在自然成熟过程中，其所处环境的诱导刺激因素的作用是不能低估的。

学习因素是个体发展中必经的不可缺少的历程。个体经过尝试与练习，或接受专门的训练培养或个体自身主动地探求追索，使行为有所改变，逐渐丰富了知识和经验。学习与成熟是个体发展过程中两个互相关联的因素，两者相辅相成。成熟提供学习的基本条件和行为发展的先后顺序，学习的效果往往受成熟的限制。常有这种现象，有些孩子到了某一年龄段，智慧"开窍"了，功课突飞猛进，表现十分突出，这就是因为成熟而将潜在学习能力发挥出来的结果。

环境因素是人与环境系统中的客观侧面。上面我们讨论了构成人的主观侧面的遗传、成熟、学习各因素，其中在成熟与学习因素中已经含有环境因素。只是已经涉及的环境是近距离的、近身的，而我们行为模式中单独提出的环境因素则是广义的。既可是微观的近距离的，又可是宏观的远距离的；既有自然环境，又有社会环境；既可以是利用自然的环境，又可以是加工改造或人们创造的人工环境。

4.1.3　行为反应

行为是有机体对于所处情境的反应形式。心理学家将行为的产生分解为刺激、生物体、反应三个方面来讨论，即：

$$S \rightarrow O \rightarrow R \tag{4-4}$$

式中，S 为外在、内在刺激；O 为有机体人；R 为行为反应。

1. 刺激

刺激一词在心理学上是使用频率很高的词汇，它的含义十分广泛。围绕机体的一切外界因素，都可以看成是环境刺激因素，同时也可以把刺激理解为信息，人们对接收的外界信息会自动处理，做出各种反应。构成刺激的源泉十分复杂，图 4-2 将刺激源做了归纳分类。

图 4-2　刺激分析示意

就刺激来源，可分成来自体外和来自体内两个方面，前者称为外在刺激，后者称为内在刺激。外在刺激又可分为物理刺激和心理刺激；内在刺激可分为生理刺激与心理刺激。

① 外在物理性刺激，在生活中随处存在，可以通过人的感觉器官而感受到。皮肤可以感受到环境温度的冷热；眼睛可以看到色彩和光的明暗；耳朵可

以听到悦耳的音乐也可以听到喧闹的噪声；鼻子则可以区分空气中的气味或香或臭；舌头则可以品尝入口食物饮料的苦辣酸甜咸以及其他美味。这些外在环境物理刺激通过人们的感觉器官，经过传入神经纤维，到达中枢神经系统，产生各种感觉。

② 内在刺激是不依赖于身体外表感觉器官而产生的刺激。其中生理性刺激虽不直接借助于身体外表感觉器官，但需借助于体外刺激因素，如化学刺激，人们日常饮食消化过程中营养物被身体吸收，废物被排出体外，内分泌激素的变化等，既表现为生物化学过程，也属于生理化学刺激。这种刺激表现为自律性，人的主观意识是不能控制的自动过程。

内在生理刺激有时也会借助于外在物理刺激，但其途径并不借助于身体外表感觉器官，而是借助于物理手段，如在医疗过程中对神经系统的电刺激、电震颤、电疗等，均属于生理物理刺激。

内在刺激不仅产生于生理，也产生于心理活动。日常生活中每个人都会经历过独自思索、冥想，或者回忆过去，或者幻想未来，或者在梦境中遨游世界。这一些思维活动，并非直接现实的感知活动，然而会在心理精神世界产生情感上的影响。

上述一切刺激现象都可以理解为环境对人体的直接或间接影响，处于核心地位的人体，在接受刺激后都会做出相应的行为反应。

2. 人体

人的中枢神经系统是接受外界刺激及做出相应反应的指挥中心，它既负责接受刺激，又负责对刺激进行判断后做出必要的相应反应，所以称为中枢神经系统。在此系统中，脑处于中心地位，处于协调指挥地位。而这一切都是自动进行的，属于自律行为。

就机体来看，围绕中枢神经系统，还存在负责接受刺激的传入神经系统，也存在指挥反应的传出神经系统。有些反应并不都需经过中枢神经系统，在机体外围还存在周围神经系统，可将环境刺激经传入神经系统直接传递给传出神经系统，如图 4-3 中虚线所示。

图 4-3　刺激与行为关系示意

机体的神经系统外观是看不到的，而机体接受环境刺激需要借助于感觉器官，健康的正常人感觉器官，包括眼、耳、鼻、舌、皮肤、内脏，直接同外界环境相接触，成为接受外界刺激的桥梁。机体同时存在复杂的反应器官，由肌肉、腺体完成反应动作，做出明确的反应。

3. 反应

行为既包括内在蕴含的动机情绪，也包括外在显现的动作表现。机体接受刺激必然要做出反应，这种反应不论属于内在的或者是外在的，都是行为的表现形式。

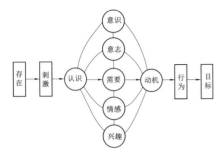

图 4-4 行为的基本模式

人们由于外界的刺激而产生某种需要和欲望，驱使人们做出某种行为去达到一定的目标。这一过程可用图 4-4 描述。当外界的刺激产生需要，需要未得到满足时，就出现心理紧张，产生某种动机，在动机的支配下，采取目标导向行动和目标行动。倘若目标达到了，当前的需要就满足了，就会有新的需要产生，进入新的循环；如果目标没有达到，就出现积极行动或对抗行动，并反馈回来，开始新的循环。故满足人的需要是相对的、暂时的。行为和需要的共同作用将推动人类社会的发展。

4.2　人的感知心理过程与特征

4.2.1　感觉的基本特征

感觉是一种最简单而又最基本的心理过程，在人的各种活动过程中起着极其重要的作用。人除了通过感觉分辨外界事物的个别属性和了解自身器官的工作状况外，一切较高级的、较复杂的心理活动，如思维、情绪、意志等都是在感觉的基础上产生的。所以说，感觉是人了解自身状态和认识客观世界的开端。

1. 适宜刺激

人体的各种感觉器官都有各自最敏感的刺激形式，这种刺激形式称为相应感觉器的适宜刺激。人体各主要感觉器官的适宜刺激及其识别特征如表 4-1 所示。

表 4-1　适宜刺激和识别特征

感觉类型	感觉器官	适宜刺激	刺激来源	识别外界的特征
视觉	眼	一定频率范围的电磁波	外部	形状、大小、位置、远近、色彩、明暗、运动方向等
听觉	耳	一定频率范围的声波	外部	声音的强弱和高低，声源的方向和远近等
嗅觉	鼻	挥发的和飞散的性质	外部	辣气、香气、臭气等
味觉	舌	被唾液溶解的物质	接触表面	甜、咸、酸、辣、苦等
皮肤感觉	皮肤及皮下组织	物理和化学物质对皮肤的作用	直接和间接接触	触压觉、温度觉、痛觉等
深部感觉	肌体神经和关节	物质对肌体的作用	外部和内部	撞击、重力、姿势等
平衡感觉	半规管	运动和位置变化	内部和外部	旋转运动、直线运动、摆动等

2. 感觉阈限

刺激必须达到一定强度方能对感觉器官发生作用。刚刚能引起感觉的最小刺激量，称为感觉阈下限；能产生正常感觉的最大刺激量，称为感觉阈上限。刺激强度不允许超过上限，否则不但无效，而且还会引起相应感觉器官的损伤。能被感觉器官所感受的刺激强度范围，称为绝对感觉阈值。

感觉器官不仅能感觉刺激的有无，而且能感受刺激的变化或差别。刚刚能引起差别感觉的刺激最小差别量，称为差别感觉阈限。不同感觉器官的差别感觉阈限不是一个绝对数值，而是随最初刺激强度变化而变化，且与最初刺激强度之比是个常数。对于中等强度的刺激，其关系可用韦伯定律表示，即：

$$\frac{\Delta I}{I} = K \qquad (4\text{-}5)$$

式中，I 为最初刺激强度；ΔI 为引起差别感觉的刺激增量；K 为常数，又称韦伯分数。

3. 适应

感觉器官经持续刺激一段时间后，在刺激不变的情况下，感觉会逐渐减小以致消失，这种现象称为"适应"。通常所说的"久而不闻其臭"就是嗅觉器官产生适应的典型例子。

4. 相互作用

在一定条件下，各种感觉器官对其适宜刺激的感受能力都将受到其他刺激的干扰影响而降低，由此使感受性发生变化的现象称为感觉的相互作用。例如，同时输入两个视觉信息，人往往只倾向于注意其中一个而忽视另一个；同时输入两个相等强度的听觉信息，对其中一个信息的辨别能力将降低 50%；当视觉信息与听觉信息同时输入时，听觉信息对视觉信息的干扰较大，视觉信息对听觉信息的干扰较小。此外，味觉、嗅觉、平衡觉等都会受其他感觉刺激的影响而发生不同程度的变化。

利用感觉相互作用规律来改善劳动环境和劳动条件，以适应操作者的主观状态，对提高生产率具有积极的作用。因此，对感觉相互作用的研究在人机工程学设计中具有重要意义。

5. 对比

同一感觉器官接受两种完全不同但属同一类的刺激物的作用，而使感受性发生变化的现象称为对比。感觉的对比分为同时对比和继时对比两种。

几种刺激物同时作用于同一感受器官时产生的对比称为同时对比。例如，同样一个灰色的图形，在白色的背景上看起来显得颜色深一些，在黑色背景上则显得颜色浅一些，这是无彩色对比；而灰色图形放在红色背景上呈绿色，放在绿色背景上则呈红色，这种图形在彩色背景上产生向背景的补色方向变化的现象叫彩色对比。

几个刺激物先后作用于同一感受器官时，将产生继时对比现象。例如，吃了糖以后接着吃带有酸味的食品，会觉得更酸；又如，左手放在冷水里，右手放在热水里，过一会以后，再同时将两手放在温水里，则左手感到热，右手会感到冷，这都是继时对比现象。

6. 余觉

刺激取消以后，感觉可以存在一极短时间，这种现象叫"余觉"。例如，在暗室里急速转动一根燃烧着的火柴，可以看到一圈火花，这就是由许多火点留下的余觉组成的。

4.2.2 知觉的基本特性

知觉是人脑对直接作用于感觉器官的客观事物和主观状况整体的反映。人脑中产生的具体事物的印象总是由各种感觉综合而成的，没有反映个别属性的知觉，也就不可能有反映事物整体的感觉。所以，知觉是在感觉的基础上产生的。感觉到的事物个别属性越丰富、越精确，对事物的知觉也就越完整、越正确。

虽然感觉和知觉都是客观事物直接作用于感觉器官而在大脑中产生对所作用事物的反映，但感觉和知觉又是有区别的，感觉反映客观事物的个别属性，而知觉反映客观事物的整体。以人的听觉为例，作为听知觉反映的是一段曲子，一首歌或一种语言，而作为听觉所反映的只是一个个高高低低的声音。所以，感觉和知觉是人对客观事物的两种不同水平的反映。

在生活或生产活动中，人都是以知觉的形式直接反映事物，而感觉只作为知觉的组成部分而存在于知觉之中，很少有孤立的感觉存在。由于感觉和知觉关系如此密切，所以，在心理学中就把感觉和知觉统称为"感知觉"。

1. 整体性

在知觉时，把由许多部分或多种属性组成的对象看作具有一定结构的统一整体，这一特性称为知觉的整体性。例如，观察图 4-5 时，不是把它感知为不规则的黑色斑点，而会感知为由黑色斑点组成的一只可爱的小狗形象。同样，在观察图 4-6 时，最初感知到一些深淡不同的黑灰斑点，而很快会从其浅色背景中感知到一个长方形。

图 4-5　知觉的整体性例一　　　图 4-6　知觉的整体性例二

2. 选择性

在知觉时，把某些对象从某背景中优先地区分出来，并予以清晰反映的特征，叫知觉选择性。从知觉背景中区分出对象来，一般取决于下列条件：

（1）对象和背景的差别　对象和背景的差别越大（包括颜色、形态、刺激强度等方面），对象越容易从背景中区分出来，并优先突出，给予清晰的反映；反之，就难于区分。例如，重要新闻用红色套印或用特别的字体排印就非常醒目，特别容易区分。

（2）对象的运动　在固定不变的背景上，活动的刺激物容易成为知觉对象。例如，航道的航标用闪光作信号，更能引人注意，提高知觉效率。

（3）主观因素　人的主观因素对于选择知觉对象相当重要，当任务、目的、知识、经验、兴趣、情绪等因素不同时，选择的知觉对象便不同。例如，情绪良好、兴致高涨时，知觉的选择面就广泛；而在抑郁的心境状态下，知觉的选择面就狭窄，会出现视而不见，听而不闻的现象。

知觉对象和背景的关系不是固定不变的，而是可以相互转换的。如

图 4-7 （a）所示，这是一张双关图形。在知觉这种图形时，既可知觉为黑色背景上的白花瓶，又可知觉为白色背景上的两个黑色侧面人像。

3. 理解性

在知觉时，用以往所获得的知识经验来理解当前的知觉对象的特征，称为知觉的理解性。正因为知觉具有理解性，所以在知觉一个事物时，同这个事物有关的知识、经验越丰富，对该事物的知觉就越丰富，对其认识也就越深刻。例如，同样一幅画，艺术欣赏水平高的人，不但能了解画的内容和寓意，而且还能根据自己的知识、经验感知到画的许多细节；而缺乏艺术欣赏能力的人，则无法知觉到画中的细节问题。

语言的指导能唤起人们已有的知识和过去的经验，使人对知觉对象的理解更迅速、完整。例如，图 4-7 （b）也是一张双关图形，提示者可以把它提示为立体的东西，而这个立体随着提示者的语言可以形成向内凹或向外凸的立体。

对于图 4-8 （a）所示的简单图形，当提示者提示为小动物时，观察者注视左侧，看到是鸭子；观察者如果再注意右侧，则看到是兔子。在观察 4-8 （b）所示图形时，未得到语言提示的情况下，观察者仅在黑点几何图形上找答案，当提示者提示为英语字母时，观察者迅速从背景中区分出"DYL"字母。

（a）

（b）

图 4-7 双关图

（a） （b）

图 4-8 语言提示对知觉的影响

4. 恒常性

知觉的条件在一定范围内发生变化，而知觉的印象却保持相对不变的特性，叫知觉的恒常性。知觉恒常性是经验在知觉中起作用的结果，也就是说，人总是根据记忆中的印象、知识、经验去知觉事物的。在视知觉中，恒常性表现得特别明显。关于视知觉对象的大小、形状、亮度、颜色等的印象与客观刺激的关系并不完全服从于物理学的规律，尽管外界条件发生了一定变化，但观察同一事物时，知觉的印象仍相当恒定。

5. 错觉

错觉是对外界事物不正确的知觉。总的来说，错觉是知觉恒常性的颠倒。例如，在大小恒常性中，尽管视网膜上的映像在变化，而人的知觉经验却完全忠实地把物体的大小和形状等反映出来。反之，错觉表明的另一种情况是，尽管视网膜上的映像没有变化，而人知觉的刺激却不相同，图 4-9 中列举了一些众所周知的几何图形错觉。

错觉产生的原因目前还不很清楚，但它已被人们大量地利用来为工业设计服务。例如，表面颜色不同而造成同一物品轻重有别的错觉，早被工业设计师所利用。小巧轻便的产品涂着浅色，使产品显得更加轻便灵巧；而机器设备的基础部分则采用深色，可以使人产生稳固之感。从远处看，圆形比同等面积的三角形或正方形要大出约 1/10，交通上利用这种错觉规定圆形为表示"禁止"或"强制"的标志等。

同样长度的线，感觉垂直线比水平线长

同样长度的线，感觉上短下长

同样长度的线，感觉左长右短

同样大小的形，感觉上大下小

由于色彩的深浅，浅色因反射光线而显大，深色因吸收光线而显小

由竖线或横线组成方形，因线的视惯性，方形不方了

同样大小的方形，在不同的底色中，显得有大有小

水平线由于平行线的干扰，水平的直线显得不直了

正几何形，由于受不同方向、不同曲率、不同形状的线形干扰，使形变扭曲

具有方向感、动感的线

(a)　　　　　(b)

图 4-9　几何图形错觉

4.3　人的认知心理过程与特征

4.3.1　注意的过程

注意是一种常见的心理现象。它是指一个人的心理活动对一定对象的指向和集中。这里的"一定对象"，既可以是外界的客观事物，也可以是人体自身的行动和观念。

英国剑桥大学布罗德本特对注意的生理机制作了理论解释。他认为，人对外界刺激的心理反应，实质上是人对信息的处理过程，其一般模式为：外界刺激→感知→选择→判断→决策→执行。"注意"就相当于其中的"选择"。由此他建立了一个选择注意模型，见图 4-10。

图 4-10　选择注意模型

由图 4-10 可见，各种外界刺激通过多种感觉器官并行输入，感知的信息首先通过短时记忆存储体系（S体系）保持下来，但能否被中枢神经系统清晰地感知，要受到选择过滤器的制约。该过滤器相当于一个开关，且按"全或无"规律工作，其结果只使得一部分信息能到达大脑，而另一部分信息不能进

入中枢，以免中枢的接受量太多，负担过重。由此造成注意具有选择性和注意广度等特性。也就是说，并不是所有的外界刺激都能被注意到，不被注意也就相当于"没注意"或"不注意"。过滤器的"开关"动作是受中枢信息处理能力的限定，而哪些信息通过，哪些不能通过，则和人的需要、经验等主观因素相关。

4.3.2 注意的特点

人的各种心理活动均有一定的指向性和集中性，心理学上称之为"注意"。当一个人对某一事物发生注意时，他的大脑两半球内的有关部分就会形成最优越的兴奋中心。同时这种最优越的兴奋中心，会对周围的其他部分发生负诱导的作用，从而对于这种事物就会具有高度的意识性。

注意分无意注意和有意注意两种类型。

无意注意是指没有预定的目的，也不需要作意志努力的注意，它是由于周围环境的变化而引起的。

影响注意的因素有两个方面，一是人的自身努力和生理因素，二是客观环境。注意力是有限的，被注意的事物也有一定的范围，这就是注意的广度。它是指人在同一时间内能清楚地注意到的对象的数量。心理学家通过研究证实，人们在瞬间的注意广度一般为 7 个单位。如果是数字或没有联系的外文字母的话，可以注意到 6 个；如果是黑色圆点，可以注意到 8～9 个，这是注意的极限。

在多数情况下，如果受注意的事物个性明显、与周围事物反差较大，或本身面积或体积较大、形状较显著、色彩明亮艳丽，则容易吸引人们的注意。因此在室内环境设计时，为引起人们的注意，应加强相对的刺激量，常用的方法有三种：加强环境刺激的强度，加强环境刺激的变化性，采用新颖突出的形象刺激。

有意注意是指有预定目的，必要时还需要做出一定意志努力的注意。这种注意主要取决于自身的努力和需要，也受客观事物刺激效应的影响。如有意要购买某一物品，则会注意选择哪一家商店最合适。而有关商店就要将商品陈列在使顾客容易注意的地方，这就形成了橱窗设计。

4.3.3 记忆的过程

1. 记忆的内涵

记忆是一个复杂的心理过程，它可以具体划分为识记、保持、再认、再现等阶段。其生理心理学解释和信息论的解释可归纳为表 4-2 所列。

表 4-2 记忆的解释

记忆的不同阶段	识记	保持	再认	再现
经典的生理心理学解释	大脑皮层中暂时神经联系（条件反射）的建立	暂时神经联系的巩固	暂时神经联系的再活动	暂时神经联系的再活动（或接通）
信息论的观点	信息的获取	信息的储存	信息的辨识	信息的提取和运用

2. 记忆的种类

记忆，按其目的性的程度或采用的方法，可以分为不同种类。掌握不同类型记忆的特点，可以增强记忆的效果。

（1）有意记忆与无意记忆　按在记忆中意志的参与程度，分为有意记忆和无意记忆。两者的特点可归纳为表4-3所列。

表4-3　有意记忆与无意记忆的特点

有意记忆	无意记忆
1. 有明确目的	1. 无明确目的
2. 有意志的参与，需经努力	2. 意志的参与较少，一般没经过特别努力
3. 有计划性	3. 随机的，无计划性
4. 记忆效果好	4. 记忆效果差
5. 记忆内容专一	5. 记忆内容广泛而不专一
6. 对完成特定任务有利	6. 对储存多种经验有益

（2）机械记忆与意义记忆　以记忆的方法分，记忆可分为机械记忆与意义记忆。两者的区别与特点见表4-4所列。

表4-4　机械记忆与意义记忆的特点

机械记忆	意义记忆
1. 对内容不理解情况下的记忆	1. 以对内容的理解为基础的记忆
2. 死记硬背	2. 灵活记忆
3. 对不熟悉的事物多采用此法	3. 对较熟悉的事物多采用此法
4. 方式简单	4. 方式较为复杂
5. 记忆效果不巩固	5. 记忆较牢固
6. 容易遗忘，需经常复习	6. 不易遗忘，保持较持久

（3）瞬时记忆、短时记忆与长时记忆　以时间特性分，记忆可分为瞬时记忆、短时记忆与长时记忆。瞬时记忆又叫感觉记忆、感觉储存和感觉登记。它是记忆的最初阶段，对材料保持的时间极短。在视觉范围内，材料保持的时间不超过1 s，信息完全依据它们具有的物理特征编码，有鲜明的形象性。在听觉范围内，材料保持的时间在0.25～2 s之间，这种听觉信息的储存，也叫回声记忆。瞬时可以储存大量的潜在信息，其容量比短时记忆大得多，但由于其记忆持续的时间极短，储存的内容往往意识不到，因此易于消失。如果受到注意，则会转入短时记忆。

短时记忆一般是指保持1 min以内的记忆。短时记忆对内容已进行了一定程度的加工编码，因而对内容能意识到，但如不加以复述，大约1 min内将消退，且不能再恢复。短时记忆的容量有限，通常认为是7±2组块，现代研究指出可能是5个组块。

如果对短时记忆的内容加以复述或编码，可以转入长时记忆。长时记忆一般是指保持1 min以上以至终生不忘的记忆。从信息来源说，它是对短时记忆加工复述的结果，但也有些是由于印象深刻而一次形成的。在长时记忆中，信息的编码以意义为主，是极其复杂的过程。长时记忆的广度几乎是无限的。

瞬时记忆、短时记忆、长时记忆是记忆过程的三个不同阶段，三者相互联系、相互补充，各有特点，也各有用途。瞬时记忆作为对内容的全景式扫描，为记忆的选择提供基础，且为潜意识充实了信息；短时记忆作为工作记忆，对当时的认知活动具有重要意义；长时记忆将有意义和有价值的材料长期保存下来，有利于经验的积累和日后对信息的提取。三种记忆的特点比较见表4-5。

表 4-5　瞬时、短时和长时记忆的特点

瞬时记忆	短时记忆	长时记忆
单纯存储	有一定程度的加工	有较深的加工
保持 1 s	保持 1 min	大于 1 min 以至终生
容量受感受器生理特点决定较大	容量有限，一般为 7±2 个组块	容量很大
属活动痕迹，易消失	属活动痕迹，可自动消失	属结构痕迹，神经组织发生了变化
形象鲜明	形象鲜明，但有歪曲	形象加工、简化、概括

（4）形象记忆、听觉记忆与动作记忆　记忆还可以按记忆内容获得的方式来加以区分。例如，人的大部分记忆内容是通过视觉而获得的视觉形象，因而对此可称为形象记忆；与此相类似，还有听觉记忆。这种以单一感官为主而进行的记忆，相对于以综合运用感官或动作来获取记忆内容的方式，其保持的时间要短，记忆的深刻性要差些。对于职业记忆来说，除运用视觉形象和听觉形象，更主要也更多采用的是动作记忆或动作操作记忆。它比单靠言语或直观形象、抽象概念等的记忆更为持久和深刻。所谓"百闻不如一见"，"看十遍不如做一遍"，这体现了实践对记忆的重要影响。在安全工作中，单纯背诵安全操作规程、安全生产条例的效果远不如熟练掌握，即依靠动作操练来记忆其内容更为理想。

4.3.4　想象过程

认识事物的过程，除了感知觉、注意、记忆和思维外，还包括想象。

想象就是利用原有的形象在人脑中形成新形象的过程。

想象可以分为无意想象和有意想象两种。无意想象是指没有目的，也不需要努力的想象；有意想象则指再造想象、创造想象和幻想。再造想象就是根据一定的文字或图形等描述所进行的想象；创造想象是在头脑中构造出前所未有的想象；幻想是对未来的一种想象，它包括人们根据自己的愿望，对自己或其他事物的远景的想象。

工业设计需要想象，每一个作品的创造活动，都是创造想象的结果。科学研究和科学创作大体上可以分为三个阶段：第一阶段是准备阶段，其中包括问题的提出、假设和研究方法的制定；第二阶段是研究、创作活动的进行阶段，其中包括实验、假设条件的检查和修正；第三阶段是对创作研究成果的分析、综合、概括以及问题的解决，并用各种形式来验证、比较其创作研究成果的质量和结论。

4.3.5　思维过程

思维是人脑对客观现实的间接和概括的反映，是认识过程的高级阶段。人们通过思维才能获得知识和经验，才能适应和改造环境。因此，思维是心灵的中枢。

思维的基本过程是分析、综合、比较、抽象和概括。

分析，就是在头脑中把事物整体分解为各个部分进行思考的过程。如室内设计包含的内容很多，但在思维过程中可将各种因素，如室内空间、室内环境中的色彩、光影等分解为各个部分来思考其特点。

综合，就是在头脑中把事物的各个部分联系起来的思考过程。如室内设计的各种因素，既有本身的特性和设计要求，又受到其他因素的影响，故设计时要综合考虑。

比较，就是在头脑中把事物加以对比，确定它们的相同点和不同点的过程。如室内的光和色彩，就是很多相互共同的特点和不同的地方，需要加以比较。

抽象，就是在头脑中把事物的本质特征和非本质特征区别开来的过程。如室内的墙面是米色的，天棚是白色的，地面是棕色的，通过抽象思考，从中抽出它们的本质特征，如墙面、顶棚和地面是组成室内空间的界面，这是本质特征；而它们的颜色不同，就是非本质的特征了。

概括，就是把事物和现象中共同的和一般的东西分离出来，并以此为基础，在头脑中把它们联系起来的过程。

按照思维的指向不同，思维可以区分为发散思维与集中思维。这种区分是美国心理学家吉尔福特首先提出来的。

发散思维又称辐射思维、求异思维或分殊思维。它是指思维者根据问题提供的信息，从多方面或多角度寻求问题的各种可能答案的一种思维方式。其模式如图 4-11（a）所示。

发散思维无论在日常生活还是生产活动中都是一种常见的思维方式。一般来说，有"果"求"因"的问题，首先采用的就是发散思维。

发散思维还是一种重要的创造性思维方式。吉尔福特认为，发散思维在人们的言语或行为表达上具有三个明显的特征，即流畅、灵活和独特。所谓流畅，就是在思维中反应敏捷，能在较短时间内想出多种答案。所谓灵活，是指在思维中能触类旁通、随机应变，不受心理定式的消极影响，可以将问题转换角度，使自己的经验迁移到新的情境之中，从而提出不同于一般人的新构想、新办法。所谓独特，是指所提出的解决方案或方法能打破常规，有特色。利用上述三个基本特征可以衡量一个人发散思维能力的大小。

与发散思维相对立的是集中思维。集中思维也称辐合思维、聚合思维、求同思维、收敛思维等。它是一种在大量设想或方案的基础上，引出一两个正确答案或引出一种大家认为是最好答案的思维方式。其模式如图 4-11（b）所示。

集中思维的特性是来自各方面的知识和信息都指向同一问题。其目的在于通过对各相关知识和不同方案的分析、比较、综合、筛选，从中引出答案。如果说发散思维是"从一到多"的思维，集中思维则是"从多到一"的思维。

发散思维和集中思维作为两种不同的思维方式，在一个完整的解决问题的过程中是相互补充、相辅相成的。发散思维是集中思维的前提，集中思维是发散思维的归宿；发散思维都运用于提方案阶段，集中思维都运用于做决定阶段。只有将两者结合起来，才能使问题的解决既有新意、不落俗套，又便于执行。

图 4-11　发散思维与集中思维
（a）发散思维模式；（b）集中思维模式

4.4　人的创造性心理过程与特征

4.4.1　创造性形成机理

人的创造才能正是区别于其他动物的本能，其物质基础存在于人脑的结构之中。人脑在劳动和创造实践中得到了进化，一般高等动物的脑子都有一些"剩余"空间，而人脑有大得多的"剩余"空间。这种"超剩余性"允许人脑存储、转移、改造和重新组合更大量的信息，这就形成了人人都具备的一些创造性思维能力，诸如逻辑推理、联想、侧向思维、形象思维和直觉等。

1. 创造力五要素

创造的成功还受知识、经验、才能、心理素质以及机遇等因素的影响。一个人做100件事，上述五种因素都适合的也许只有几件。一百个人各自做同一件事，成功的概率也受上述五种因素的影响。

2. 创造性的三个推动力

一个人即使具备了上述五个创造力要素，还不一定能发挥出创造性来，还需要具备发挥创造力的三个推动力：创造性欲望、创造性思维和创造性实践。

3. 创造性素质

人们从事创造性工作，成功的可能决不像解一道数学难题那样，只要努力，大家都可以得到同样的结果。有人把求解功能原理这样的创造性活动比作在茫茫大海中寻找一座宝岛，最后的成功者只能属于那些最有事业心、自信心、毅力并且机敏和勇于进取的人们。这些因素再加上好奇心强、富于想象、洞察力强、合作精神好、幽默乐观、不怕失败等，形成一个人的创造性"心理素质"。图4-12表示了人的创造性本能和影响成功的因素。图4-13表明了创造性形成的机理：心理素质是核心；知识、经验、能力是基础；灵活的思维不断探索方向；实践是成功之路；如果在前进的道路上遇到了成功的机会，就有可能抓住机会取得成功。

图 4-12　人的创造性本能

图 4-13　创造性形成的机理

4.4.2　创造性形成条件

1. 知识和经验

创造的首要条件应该具有很广的知识面和较坚实的知识基础。为了扩大人们在求解过程中搜索的眼界，人们编制了一些知识库供参考。最典型的是德国学者洛特（Roth）编制的"设计目录"。其中列举了各种已知的物理效应、技术结构等。有些德国学者还提出一种系统化（Systematic）思想，他们力图把各种技术上问题的解法分类排序系统地编排成表格，以供设计人员查阅。这些都属于知识系统化的工作。

创造活动肯定是需要知识的，而且更需要高科技知识。但是，书本知识如果不和实际相结合，确实很难说是有了真正的知识。相反，有丰富实践经验的人如果不掌握现代科学技术知识，也很难取得有较高科技含量的创造性成果。对于从事创造活动的人来说，必须要有清楚的物理概念，这就要学习和掌握现代科学知识。

对于设计人员来说，最宝贵的还是在不断参加设计和制造实践中积累起来的知识和经验，特别是那些失败的经验。

2. 敏锐的反应能力

（1）**想象力**　发明创造需要有丰富的想象力。虽然，并不是所有想象得到的东西都能做得到，但是想象不到的东西肯定是不会做到的。

人的实践可以启发想象力，在实践中，经常会出现很多原来不曾想象到的现象，它补充了人们想象力的不足。有很多发明创造往往是人们在某种实践中受到意外的启发，而发明了另一种东西。

脱离科学性的想象或离当前科技发展水平过远的想象力，是不可能实现的，或者说是今天难以实现的，这是人们在选择发明创造的目标时应该注意的。

（2）**敏感和洞察力**　创造性思维的一个重要能力是要善于抓住一闪即逝的思想火花。一个好的构思，它的基本点在开始时是不成熟的，大多数人往往会把它轻易放过，只有思想敏感的人才会抓住它，看出其与众不同的特点并发展成为一个很好的解法。"机会只偏爱那些有准备的头脑。"丰富的知识和敏锐的洞察力才能使人们不致放过那些偶然出现、一瞬即逝的机遇。

（3）**联想，侧向思维，转移经验**　创造性思维要求"发散"，尽可能把思维的触角伸到很多陌生的领域，以探索那些尚未被发现的、更有前途的解法、原理。这类思维方法中最典型的是"仿生法"，但这只是发散思维的一个方面，还应向更广的方向去联想，侧向思维和转移经验则是联想的另一些方式。

3. 创造性思维

（1）**直觉和灵感**　直觉（Intuition）是创造性思维的一种重要形式，几乎没有任何一种创造性活动能离开直觉思维活动。直觉和灵感并不是唯心的东西，它的基础是平时积累的"思维元素"和"经验"。直觉和灵感不过是它们的升华。由于直觉往往出现在无意识的思维过程中（如散步时、睡梦中），而不是在集中注意力思维的时候，因此常常给人们一种神秘感。

爱因斯坦说："我相信直觉和灵感。"他还画了一个模式图来描绘直觉产生的机理。他认为直觉起源于创造性的想象，通过反复的想象和构思并激发起潜意识，然后就可能在某种环境条件下飞跃、升华为直觉或灵感，见图4-14。

（2）**潜意识**　有些心理学家认为在人脑的思维活动中，存在着无意识的思维。所谓"无意识"和"下意识"的行为就和这种思维活动有关。这些心理学家强调这种"无意识"思维的重要性并称之为"潜意识"。他们把它看得比有意识的思考更重要。在他们看来，创造性思维活动过程可以分为四个意识阶段，即：有意识活动（准备）阶段、无意识活动（潜伏、酝酿）阶段、过渡（产生灵感）阶段和有意识活动（发展、完善）阶段。其中第二、三阶段就是潜意识活动的过程。

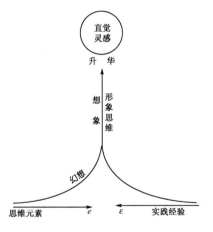

图 4-14　爱因斯坦描述的
直觉产生的机理

（3）形象思维和思维实验　形象思维是指头脑里产生实物形象的思维方式，这种形象是介于实物和抽象概念之间的一种图形，爱因斯坦认为直觉思维必须借助于这种"智力图像"。只有这种形象思维才能使人对空间状态和变化过程进行思维。

思维实验则是指在头脑里对所构思的过程进行模拟性的实验。

（4）视觉思维和感觉思维　这是一种强化认识、强化联想和诱发灵感的重要手段，都属于动作思维的范畴。视觉的重要性在于它能从形象上修正人们的主观臆测，从形象上启发人的想象力，从而进一步引发人的灵感。工业设计强调视觉思维，机械设计强调实验和模型试验。模型试验可以给人以视觉以外的更多的感觉，因为它可以使人们从形象思维的基础上，通过视觉和感觉得到更真切的思维判断。

4.5　人的创造性行为产生与特征

4.5.1　创客行为产生的社会特征

长尾理论创始人克里斯·安德森在出版的著作《创客》中提出"创客"的概念，创客就是指那些利用互联网把各种创意变成实际产品的人。由创客个体的主动行为与其所处的社会环境之间相互影响而产生的群体创新现象，被称为创客运动。因此，创客行为产生与发展必然具有特定的社会环境。

2003年，墨西哥总统文森特·福克斯（Vicente Fox）在第五届联合国创造力及品质年会上宣称21世纪应该被命名为"创造力和创新发展的世纪"。福克斯总统的讲话提出了两个概念——创造力和创新，传递了一个信息，即创新已成为21世纪人们的共识，也标志一个格外令人兴奋的新时代的诞生。

国际上，创新型国家高度重视对创新方法的研究，推广创新方法的普遍做法是将科技创新提升至国家战略层面，美国总统卡特倡导实施的美国技术创新政策评估代表了西方国家在这方面的最初努力。2009年，美国政府制定了"美国创新战略（Strategy for American Innovation）"，从国家战略高度推动创新。2011年1月，美国总统奥巴马两次强调，"赢得未来的第一步是鼓励美国创新"，并进一步完善"美国创新战略"。

对此动向，我国也作出快速反应，2006年1月9日，胡锦涛主席在全国科学技术大会上提出了建设创新型国家的号召，部署实施《国家中长期科学和技术发展规划纲要（2006—2020年）》。纲要提出新时期我国科技工作必须坚持"自主创新，重点跨越，支撑发展，引领未来"的指导方针，其核心是自主创新。2014年夏季，李克强总理在达沃斯论坛上提出"大众创业，万众创新"构想。几个月后，又将此构想前所未有地写入了2015年政府工作报告，以推动其构想。2015年秋，李克强总理邀请了几十位不同时期的创客，一同开启了双创周，全力推动我国创客运动的发展。2016年5月全国科技创新大会上，习近平总书记发表重要讲话强调，在我国发展新的历史起点上，把科技创新摆在更加重要的位置，吹响建设世界科技强国的号角。李克强总理在此大会上更具体强调，要大力推动协同创新，依托互联网打造开放共享的创新机制和创新平台，推动企业、科研机构、高校、创客等创新主体协同；人才、技术、资金等创新要素协同；大众创业、万众创新与科技创新协同以及区域创新协同，加速释放创新潜能。国家领导人的重要讲话，传递了重要信息，即加速优化我国创客运动的社会环境。

4.5.2　创客行为与技术工具

计算机技术、互联网技术以及3D打印技术是创客行为产生的三项必备的技术工具。从"创客"概念中，已涵盖了前两项技术工具，但并未涉及3D打印技术。由于3D打印是创客行为产生的必备技术工具，加之3D打印这一技术工具对工业设计专业特别实用，故作重点介绍。

1. 3D打印机的分类

3D打印是以计算机三维设计模型为蓝本，通过软件分层离散和数控成型系统，利用激光束、电子束等方式将金属粉末、陶瓷粉末、塑料、细胞组织等特殊材料进行逐层堆积黏结，最终叠加成型，制造出实体产品。

总体看来，3D打印机分为三大类。一是大众消费级（桌面级），多用于工业设计、工艺设计、珠宝、玩具、文化创意等领域。二是工业级，一方面是原型制造，主要用于模具、模型等行业；另一方面则是产品直接制造，包括大型金属结构件的直接制造和精密金属零部件的直接制造。三是生物工程级，如打印牙齿、骨骼修复、细胞、器官、软组织等。

2. 3D打印的优势

应用3D打印技术可以将产品设计与制造融为一体，设计方案能很快变成实物样品，可以更快、更准确地进行验证、定型。

3D打印技术是产品设计与制造领域的一场革命，它对传统的设计与制造产生了重大冲击，这主要体现在产品的设计和制造过程可以完全实现数字化和自动化，降低了产品开发的成本，缩短了产品开发的时间。如开发一款家用电器，采用传统的数控加工方法，由于设计的反复造成的整个产品定型过程甚至达数个月，成本需要数万元甚至数十万元，而采用3D打印技术，可以把时间缩短到一周以内，成本仅需要数千元！

3D打印技术对制造产品的公司正在产生重大的影响。将来，许多机构将会利用3D打印技术进行成批生产或者限量版生产，企业还可以用3D打印技术生产数量在1~1000范围内的限量系列产品。如图4-15所示，与传统加工比较，无论在设计时间成本上，还是在设计费用上，3D打印技术的优势都是显而易见的。

图4-15　3D打印技术与传统加工比较

3D打印技术最大的优势在于能拓展设计师的想象空间。只要能在计算机上设计成3D图形的东西，无论是造型各异的服装、精美的工艺品，还是个性化的车子，如果材料问题解决了，都可以打印！图4-16和图4-17是轻工业与机械工业中采用3D打印的产品。

图 4-16　3D 打印的鞋子

粉末输送槽　　　　汽车零部件　　　　微调装置

波音系统　　　电动　　　开关外壳　　　运动
冷却管道　　　五金工具　　　　　　　　休闲品

图 4-17　国外一些 3D 打印企业生产加工的产品

3. 3D 打印技术的应用

3D打印技术在文化创意、工业、医药科学领域均有成熟的应用案例和广阔的市场。

在文化创意方面，通过3D打印技术制作个性化礼品、小饰品和人体模型，已经成为一股潮流。世博会、奥运会等重要活动的纪念品、工艺品、吉祥物的开发，都有3D打印的影子。有了3D打印技术，文物修复、文物复制、工艺品开发中遇到的一些困难有望迎刃而解，我们的文化创意将变得更为简单便捷和丰富多彩。例如，图4-18是比利时 Materialise 公司开发生产的3D打印吊灯，图4-19是设计师 Theresa Burger 设计的3D打印饰品。仅列举的两个应用案例，对未来的设计师或创业者们都将带来有益的启示。

4. 3D 打印带来的机遇

桌面级3D打印机的普及将带动文化创意产业的发展，激发更多3D打印爱好者和创客对3D打印的热情。

3D打印技术给了人们无穷的创新动力，很多人，尤其年轻人纷纷在3D打印领域寻找创业和创新的机会，3D打印改造社会进程的过程开始了。3D打印技术为个人制造创造了可能，利用3D打印技术开始创业是一个捷径，这也是

图4-18 比利时 Materialise 公司开发
生产的 3D 打印吊灯

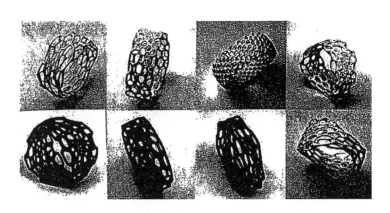

图4-19 设计师 Theresa Burger 设计的 3D 打印饰品

目前创客思想获得广泛接受的技术基础。3D 打印让新型的作坊成为可能。这也为那些具有创意、具有激情，但没有资金来工厂化生产的年轻人提供了一个全新的创业途径，3D 打印能够让创业变得容易。

3D 打印直接制造技术的发展，将会为制造业的创客运动提供全新的动力。3D 打印直接制造技术让制造不再依赖于工厂，让个体生产成为可能。如果说早期的创客运动还强调个人的技术性的话，那么 3D 打印就是一个普惠的创客制造革命。有了 3D 打印，个人就具有了专有的生产工具，3D 打印与人的结合构成了创客的基本条件。

创客既是生产者也是客户，他站在人群中间，他最知道自己需要什么，他也可以通过社交知道别人需要什么。因为这种生产与客户的一体化，未来的价值链将是众多由客户到客户的价值环，这个环通过网络大连接产生价值，这就是未来的神奇之处。

创客中有一群人，他们极具智慧、想象力、精力和创造力，并且对新技术极端狂热，这类人在互联网上被称为极客（geek，怪才）。

现在信息技术的核心推动者就是一群极客，亨利·福特、比尔·盖茨、扎克伯格、乔布斯、李彦宏、马云、马化腾都是这群人中的一员。

极客的重要性在于，他们永远在发现世界的可重塑之处，并努力去实现颠覆。他们能够敏锐地洞察到技术变革带来的变化，并用一切努力去抓住这种变化带来的机会。

极客们改造世界的速度超出了我们的想象，而善用新技术、把握新环境一直是极客的成功法宝。让每个人都成为极客，是一种理想。但更重要的是，在变革的重要时刻，愿读者与极客们站得最近。

第5章 人体生物力学与施力特征

5.1 人体运动与肌骨系统

运动系统是人体完成各种动作和从事生产劳动的器官系统。它由骨、关节和肌肉三部分组成。全身的骨借关节连接构成骨骼。肌肉附着于骨，且跨过关节。由于肌肉的收缩与舒张牵动骨，通过关节的活动而能产生各种运动。所以，在运动过程中，骨是运动的杠杆，关节是运动的枢纽，肌肉是运动的动力。三者在神经系统的支配和调节下协调一致，随着人的意志，共同准确地完成各种动作。

5.1.1 肌系统

人体之所以能产生运动，是由于体内有一个复杂的肌肉和骨骼系统，称为肌骨系统。

人体内有3种类型的肌肉：附着在骨头上的骨骼肌或横纹肌、心脏内的心肌以及组成内部器官和血管壁的平滑肌。这里我们只讨论与运动有关的骨骼肌（人体内大约有500块骨骼肌）。

每块肌肉是由许多直径约0.004 in（即0.1 mm）、长度0.2~5.5 in（即5~140 mm）的肌纤维组成的，具体取决于肌肉的大小。这些肌纤维通常由肌肉两端的结缔组织捆绑成束，并使肌肉和肌纤维稳固地黏附在骨头上见图5-1。氧和营养物质通过毛细血管输送到肌纤维束，来自脊髓和大脑的电脉冲也经由微小的神经末梢传送给肌纤维束。

每块肌纤维还可以更进一步地细分成更小的肌原纤维，直到最后的提供收缩机制的蛋白质丝。这些蛋白质丝可以分为两类，一种是有分子头的粗长蛋白质丝，称为肌球蛋白；一种是有球状蛋白质的细长丝，称为肌动蛋白。

5.1.2 骨杠杆

人体有206块骨头，它们组成坚实的骨骼框架，从而可以支撑和保护肌体。骨骼系统的组成使得它可以容纳人体的其他组成部分并将其连接在一起。有的骨骼主要负责保护内部器官，如头骨覆盖着大脑起保护大脑的作用，胸骨将肺和心脏与外界隔绝起来保护心肺。而有的骨头，如长骨的上下末端，可以和其连接的肌肉产生肌体运动和活动。

附着于骨的肌肉收缩时，牵动着骨绕关节运动，使人体形成各种活动姿势和操作动作。因此，骨是人体运动的杠杆。人机工程学中的动作分析都与这一功能密切相关。

肌肉的收缩是运动的基础，但是，单有肌肉的收缩并不能产生运动，必须借助于骨杠杆的作用，方能产生运动。人体骨杠杆的原理和参数与机械杠杆完全一样。在骨杠杆中，关节是支点，肌肉是动力源，肌肉与骨的附着点称为力点，而作用于骨上的阻力（如自重、操纵力等）的作用点称为重点（阻力点）。人体的活动，主要有下述三种骨杠杆的形式：

肌肉

肌纤维组　纤维束

肌原纤维

肌丝

肌球蛋白

肌动蛋白

图5-1 肌肉的结构

图 5-2 人体骨杠杆
(a) 平衡杠杆；(b) 省力杠杆；(c) 速度杠杆

（1）平衡杠杆　支点位于重点与力点之间，类似天平秤的原理，例如通过寰枕关节调节头的姿势的运动，见图 5-2（a）。

（2）省力杠杆　重点位于力点与支点之间，类似撬棒撬重物的原理，例如支撑腿起步抬足跟时踝关节的运动，见图 5-2（b）。

（3）速度杠杆　力点在重点和支点之间，阻力臂大于力臂，例如手执重物时肘部的运动，见图 5-2（c）。此类杠杆的运动在人体中较为普遍，虽用力较大，但其运动速度较快。

由机械学中的等功原理可知，利用杠杆省力不省功，得之于力则失之于速度（或幅度），即产生的运动力量大而范围就小；反之，得之于速度（或幅度）则失之于力，即产生的运动力量小，但运动的范围大。因此，最大的力量和最大的运动范围两者是相矛盾的，在设计操纵动作时，必须考虑这一原理。

5.2　人体生物力学模型

5.2.1　人体生物力学建模原理

生物力学模型是用数学表达式表示人体机械组成部分之间的关系。在这个模型中，肌肉骨骼系统被看作机械系统中的联结，骨骼和肌肉是一系列功能不同的杠杆。生物力学模型可以采用物理学和人体工程学的方法来计算人体肌肉和骨骼所受的力，通过这样的分析就能帮助设计者在设计时清楚工作环境中的危险并尽量避免这些危险。

生物力学模型的基本原理建立在牛顿的三大定律上：

① 物体在无外力作用下会保持匀速直线运动或静止状态；

② 物体的加速度跟所受的合外力大小成正比；

③ 两个物体之间的作用力和反作用力总是大小相等，方向相反，作用在一条直线上。

当身体及身体的各个部位没有运动时，可认为它们处于静止状态。处于静止状态的物体受力必须满足以下条件：作用在这个物体上的外力大小之和为零；作用在该物体上的外力的力矩之和为零。这两个条件在生物力学模型中起着至关重要的作用。

单一部位的静止平面模型（又称为二维模型），通常指的是在一个平面上分析身体的受力情况。静止模型认为身体或身体的各个部分如果没有运动就处于静止状态。单一物体的静止平面模型是最基础的模型，它体现了生物力学模型最基本的研究方法。复杂的三维模型和全身模型都建立在这个基本模型上。

5.2.2　前臂和手的生物力学模型

单一部位模型根据机械学中的基本原理孤立地分析身体的各个部位，从而能分析出相关关节和肌肉的受力情况。举例来说，一个人前臂平举、双手拿起 20 kg 的物体，此时两手受力相等。

如图 5-3 所示，物体到肘部的距离为 36 cm。因为两手受力相同，图中只画出右手、右前臂和右肘的受力。

图 5-3　抓握物体时前臂和手的生物力学简化模型

可以根据机械原理分析肘部的力和转矩。首先，物体重力可根据以下公式计算：

$$W = mg$$

式中，W 为物体的重力，单位为牛顿（N）；m 为物体的质量，单位为千克（kg）；g 为重力加速度，一般按 $9.8\ \mathrm{m/s^2}$ 计。

在这里，物体的重力是：

$$W = 20\ \mathrm{kg} \times 9.8\ \mathrm{m/s^2} = 196\ \mathrm{N}$$

如果物体的重心在两手之间，那么两手受力相等，每只手承受该物体一半的重力，故：

$$W_{每只手} = 98\ \mathrm{N}$$

另外，通常情况下，一个成年工人的前臂重力为 16 N，前臂的重心到肘部的距离为 18 cm，见图 5-3。

肘部所用的力 $R_{肘部用力}$ 可通过以下公式计算。该公式意味着 $R_{肘部用力}$ 必须是垂直方向并且大小足以对抗重物向下的力和前臂的重力。

$$\sum (肘部受力) = 0$$

$$-16 - 98 + R_{肘部用力} = 0$$

$$R_{肘部用力} = 114\ \mathrm{N}$$

肘部力矩可用以下公式计算，即肘部产生的逆时针力矩要和物体及前臂在肘部产生的顺时针的力矩相等。

$$\sum (肘部总力矩) = 0$$

$$(-16\ \mathrm{N}) \times (0.18\ \mathrm{m}) + (-98\ \mathrm{N}) \times (0.36\ \mathrm{m}) + M_{肘部力矩} = 0$$

$$M_{肘部力矩} = 38.16\ \mathrm{N \cdot m}$$

肩部受力是不同于肘部的。如果要比较这两部分的受力，必须采用双部位模型。

5.2.3　举物时腰部生物力学模型

有研究者估计因为职业原因及其他不明原因，腰部疼痛问题可能会影响 50%～60% 的人口。

引起腰部疼痛的主要原因是用手进行的一些操作，如抬起重物、折弯物体、拧转物体等，这些动作造成的疾病也是最严重的。除此之外，长时间保持一个静止的姿势也是引起腰部问题的主要原因。因此，生物力学模型应该详细分析这两个问题的原因。

如图 5-4 所示，腰部距离双手最远，因而成为人体中最薄弱的杠杆。躯干的体重和货物重量都会对腰部产生明显的压力，尤其是第五腰椎和第一骶椎之间的椎间盘（又称 L5/S1 腰骶间盘）。

如果想对 L5/S1 腰骶间盘的反作用力和力矩进行精确的分析，需要采用多维模型，这种分析可参见肩部的反作用力和力矩的分析。同时还应该考虑横膈膜和腹腔壁对腰部的作用力。不过可以用单部位模型简单快速地估计腰部的受力情况。

如果某人的躯干重力为 $W_{躯干}$，抬起的重物重力为 $W_{重物}$，这两个重力结合起来产生的顺时针力矩为：

$$M_{货物和躯干重力} = W_{重物} \times h + W_{躯干} \times b$$

式中，h 是重物到 L5/S1 腰骶间盘的水平上的距离；b 是躯干重心到 L5/S1 腰骶间盘的水平上的距离。

图 5-4　举物时腰部的生物力学静止
平面模型

这个顺时针力矩必须由相应的逆时针力矩来平衡。这个逆时针力矩是由背部肌肉产生的，其力臂通常为 5 cm。这样，

$$M_{背部肌肉} = F_{背部肌肉} \times 5(\text{N} \cdot \text{cm})$$

因为要达到静力平衡，所以：

$$\sum(\text{L5/S1 腰骶间盘力矩}) = 0$$

即：

$$F_{背部肌肉} \times 5 = W_{重物} \times h + W_{躯干} \times b$$
$$F_{背部肌肉} = W_{重物} \times h/5 + W_{躯干} \times b/5$$

因为 h 和 b 通常都大于 5，所以 $F_{背部肌肉}$ 都远远大于 $W_{重物}$ 与 $W_{躯干}$ 之和。比如，假设 $h = 40$ cm，$b = 20$ cm，则有：

$$F_{背部肌肉} = W_{重物} \times 40/5 + W_{躯干} \times 20/5$$
$$= W_{重物} \times 8 + W_{躯干} \times 4$$

这个公式意味着在这个典型的举重情境中，背部受力是重物重力的 8 倍和躯干重力的 5 倍之和。假设某人躯干重力为 350 N，抬起 300 N 的重物，根据刚才的公式可以计算出背部的作用力为 3 800 N，这个力可能会大于人们可以承受的力。同样，如果这个人抬起 450 N 的重物，则背部的作用力会达到 5 000 N，这个力是人们能承受的上限。Farfan（1973）估计正常人腰部的竖立肌可承受的力为 2 200~5 500 N。

除了考虑背部受力之外，还必须考虑 L5/S1 腰骶间盘的受力。它的作用力和反作用力之和也必须为零，即：

$$\sum(\text{L5/S1 腰骶间盘受力}) = 0$$

将实际受力进行简化，如不考虑腹腔的力，则有以下公式：

$$F_{压力} = W_{重物} \cos\alpha + W_{躯干} \sin\alpha + F_{背部肌肉}$$

其中 α 是水平线和骶骨切线的夹角（见图 5-3），骶骨切线和腰骶间盘所受的压力互相垂直。这个公式表明腰骶间盘所受的压力可能比肌肉的作用力更大。例如，假设 $\alpha = 55°$，某人的躯干重力为 350 N，抬起 450 N 的重物，则有：

$$F_{压力} = 450 \times \cos 55° + 350 \times \sin 55° + 5\ 000$$
$$= 258 + 200 + 5\ 000 = 5\ 458\ (\text{N})$$

大多数工人的腰骶间盘都无法承受这个压力水平。

在举起重物这个工作中，脊柱的作用力大小受很多因素的影响。分析主要考虑影响最显著的两个因素——货物的重力和货物的位置到脊柱重心的距离。其他比较重要的因素还有躯体扭转的角度、货物的大小和形状、货物移动的距离等。对腰部受力情况建立比较全面和精确的生物力学模型，应该考虑到所有这些因素。

5.3 人体的施力特征

5.3.1 主要关节的活动范围

骨与骨之间除了由关节相连外，还由肌肉和韧带联结在一起。因韧带除了有连接两骨、增加关节的稳固性的作用以外，它还有限制关节运动的作用。因此，人体各关节的活动有一定的限度，超过限度，将会造成损伤。另外，人体处于各种舒适姿势时，关节必然处在一定的舒适调节范围内。表5-1为人体重要活动范围和身体各部舒适姿势调节范围，该表中的身体部位及关节名称可参考相应的示意图，见图5-5。

表 5-1　重要活动范围和身体各部舒适姿势的调节范围

身体部位	关节	活动	最大角度/（°）	最大范围/（°）	舒适调节范围/（°）
头至躯干	颈关节	1. 低头，仰头	+40，−35①	75	+12～25
		2. 左歪，右歪	+55，−55①	110	0
		3. 左转，右转	+55，−55①	110	0
躯干	胸关节 腰关节	4. 前弯，后弯	+100，−50①	150	0
		5. 左弯，右弯	+50，−50①	100	0
		6. 左转，右转	+50，−50①	100	0
大腿至髋关节	髋关节	7. 前弯，后弯	+120，−15	135	0（+85～+100）②
		8. 外拐，内拐	+30，−15	45	0
小腿对大腿	膝关节	9. 前摆，后摆	+0，−135	135	0（−95～−120）②
脚至小腿	脚关节	10. 上摆，下摆	+110，+55	55	+85～+95
脚至躯干	髋关节 小腿关节 脚关节	11. 外转，内转	+110，−70①	180	+0～+15
上臂至躯干	肩关节（锁骨）	12. 外摆，内摆	+180，−30①	210	0
		13. 上摆，下摆	+180，−45①	225	（+15～+35）③
		14. 前摆，后摆	+140，−40①	180	+40～+90
下臂至上臂	肘关节	15. 弯曲，伸展	+145，0	145	+85～+110
手至下臂	腕关节	16. 外摆，内摆	+30，−20	50	0③
		17. 弯曲，伸展	+75，−60	135	0
手至躯干	肩关节，下臂	18. 左转，右转	+130，−120①④	250	−30～−60

注：给出的最大角度适于一般情况。年纪较高的人大多低于此值。此外，在穿厚衣服时角度要小一些。

有多个关节的一串骨骼中若干角度相叠加产生更大的总活运范围（例如低头、弯腰）。

① 得自给出关节活动的叠加值。　② 括号内为坐姿值。
③ 括号内为在身体前方的操作。　④ 开始的姿势为手与躯干侧面平行。

图 5-5 人体各部位活动范围示意图

5.3.2 肢体的出力范围

肢体的力量来自肌肉收缩,肌肉收缩时所产生的力称为肌力。肌力的大小取决于以下几个生理因素:单个肌纤维的收缩力;肌肉中肌纤维的数量与体积;肌肉收缩前的初长度;中枢神经系统的机能状态;肌肉对骨骼发生作用的机械条件。研究表明,一条肌纤维能产生 $10^{-3} \sim 2 \times 10^{-3}$ N 的力量,因而有些肌肉群产生的肌力可达上千牛顿。表 5-2 为中等体力的 20～30 岁青年男女工作时身体主要部位肌肉所产生的力。

表 5-2 身体主要部位肌肉所产生的力 N

肌肉的部位		力的大小	
		男	女
手臂肌肉	左	370	200
	右	390	220
肱二头肌	左	280	130
	右	290	130
手臂弯曲时的肌肉	左	280	200
	右	290	210
手臂伸直时的肌肉	左	210	170
	右	230	180
拇指肌肉	左	100	80
	右	120	90
背部肌肉(躯干屈伸的肌肉)		1 220	710

在操作活动中,肢体所能发挥的力量大小除了取决于上述人体肌肉的生理特征外,还与施力姿势、施力部位、施力方式和施力方向有密切关系。只有在这些综合条件下的肌肉出力的能力和限度才是操纵力设计的依据。

在直立姿势下弯臂时，不同角度时的力量分布如图5-6所示。可知大约在70°处可达最大值，即产生相当于体重的力量。这正是许多操纵机构（例如方向盘）置于人体正前上方的原因所在。

在直立姿势下臂伸直时，不同角度位置上拉力和推力的分布如图5-7所示。可见最大拉力产生在180°位置上，而最大推力产生在0°位置上。

图5-6　立姿弯臂时的力量分布

图5-7　立姿直臂时的拉力与推力分布

在坐姿下手臂在不同角度和方向上的推力和拉力如表5-3所示。该表中的数据表明，左手弱于右手；向上用力大于向下用力；向内用力大于向外用力。

表5-3　手臂在坐姿下对不同角度和方向的操纵力

手臂的角度/（°）	拉力/N		推力/N	
	左　手	右　手	左　手	右　手
	向　　后		向　　前	
180（向前平伸臂）	230	240	190	230
150	190	250	140	190
120	160	190	120	160
90（垂臂）	150	170	100	160
60	110	120	100	160
	向　　上		向　　下	
180	40	60	60	80
150	70	80	80	90
120	80	110	100	120
90	80	90	100	120
60	70	90	80	90
	向　内　侧		向　外　侧	
180	60	90	40	60
150	70	90	40	70
120	90	100	50	70
90	70	80	50	70
60	80	90	60	80

坐姿时下肢不同位置上的蹬力大小见图5-8（a），图中的外围曲线就是足蹬力的界限，箭头表示用力方向。可知最大蹬力一般在膝部屈曲160°时产生。脚产生的蹬力也与体位有关，蹬力的大小与下肢离开人体中心对称线向外偏转的

角度大小有关，下肢向外偏转约 10°时的蹬力最大，如图 5-8（b）所示。

图 5-8 不同体位下的蹬力

应该注意的是，肢体所有力量的大小，都与持续时间有关。随着持续时间延长，人的力量很快衰减。例如，拉力由最大值衰减到四分之一数值时，只需要 4 min。而且任何人劳动到力量衰减到一半的持续时间是差不多的。

5.3.3 人体不同姿势的施力

肌力的大小因人而异，男性的力量比女性平均大 30％～35％。年龄是影响肌力的显著因素，男性的力量在 20 岁之前是不断增长的，20 岁左右达到顶峰，这种最佳状态大约可以保持 10～15 年，随后开始下降，40 岁时下降 5％～10％，50 岁时下降 15％，60 岁时下降 20％，65 岁时下降 25％。腿部肌力下降比上肢更明显，60 岁的人手的力量下降 16％，而胳膊和腿的力量下降高达 50％。

此外，人体所处的姿势是影响施力的重要因素，作业姿势设计时，必须考虑这一要素。图 5-9 表示人体在不同姿势下的施力状态，图中（a）为常见的操作姿态，其对应的施力数值见表 5-4，施力时对应的移动距离见表 5-5；图中（b）为常见的活动姿态，其对应的施力大小见表 5-6，施力时相应的移动距离已标在该图中。

表 5-4 人体在各种状态时的力量　　　　　　　　N

施力	强壮男性	强壮女性	瘦弱男性	瘦弱女性
A	1 494	969	591	382
B	1 868	1 214	778	502
C	1 997	1 298	800	520
D_1	502	324	53	35
D_2	422	275	80	53
F_1	418	249	32	21
F_2	373	244	71	44
G_1	814	529	173	111
G_2	1 000	649	151	97
H_1	641	382	120	75
H_2	707	458	137	97
I_1	809	524	155	102
I_2	676	404	137	89
J_1	177	177	53	35
J_2	146	146	80	53

施　力	强壮男性	强壮女性	瘦弱男性	瘦弱女性
K_1	80	80	32	21
K_2	146	146	71	44
L_1	129	129	129	71
L_2	177	177	151	97
M_1	133	133	75	48
M_2	133	133	133	88
N_1	564	369	115	75
N_2	556	360	102	66
O_1	222	142	20	13
O_2	218	142	44	30
P_1	484	315	84	53
P_2	578	373	62	42
Q_1	435	280	44	31
Q_2	280	182	53	36

图 5-9　人体在不同姿势下的施力状态

（a）操作姿态；（b）活动姿态

表 5-5　人体发力时所移动的距离　　　　　　　cm

距离	强壮男性	强壮女性	瘦弱男性	瘦弱女性
a	64	62	58	57
b	94	90	83	81
c	36	33	30	28
d	122	113	104	95
e	151	141	131	119
f	65	61	57	53

表 5-6　人体在各种状态时的力量　　　　　　　N

施力	强壮男性	强壮女性	瘦弱男性	瘦弱女性
A	42	27	19	12
B	134	87	57	37
C	67	43	23	14
D	40	25	11	7

5.4　合理施力的设计思路

5.4.1　避免静态肌肉施力

（a）

（b）

图 5-10　不良的作业姿势

提高人体作业的效率，一方面要合理使用肌力，降低肌肉的实际负荷；另一方面要避免静态肌肉施力。无论是设计机器设备、仪器、工具，还是进行作业设计和工作空间设计，都应遵循避免静态肌肉施力这一人机工程学的基本设计原则。例如，应避免使操作者在控制机器时长时间地抓握物体。当静态施力无法避免时，肌肉施力的大小应低于该肌肉最大肌力的15%。在这一动态作业中，如果作业动作是简单的重复性动作，则肌肉施力的大小也不得超过该肌肉最大肌力的30%。

避免静态肌肉施力的几个设计要点如下：

① 避免弯腰或其他不自然的身体姿势，见图 5-10（a）。当身体和头向两侧弯曲造成多块肌肉静态受力时，其危害性大于身体和头向前弯曲所造成的危害性。

② 避免长时间地抬手作业，抬手过高不仅引起疲劳，而且降低操作精度和影响人的技能的发挥，在图 5-10（b）中，操作者的右手和右肩的肌肉静态受力容易疲劳，操作精度降低，工作效率受到影响。只有重新设计，使作业面降到肘关节以下，才能提高作业效率，保证操作者的健康。

③ 坐着工作比立着工作省力。工作椅的座面高度应调到使操作者能十分容易地改变立和坐的姿势的高度，这就可以减少立起和坐下时造成的疲劳，尤其对于需要频繁走动的工作，更应如此设计工作椅。

④ 双手同时操作时，手的运动方向应相反或者对称运动，单手作业本身就造成背部肌肉静态施力。另外，双手做对称运动有利于神经控制。

⑤ 作业位置（座台的台面或作业的空间）高度应按工作者的眼睛和观察时所需的距离来设计。观察时所需要的距离越近，作业位置应越高，见图5-11。由图可见，作业位置的高度应保证工作者的姿势自然，身体稍微前倾，眼睛正好处在观察时要求的距离。图中还采用了手臂支撑，以避免手臂肌肉静态施力。

⑥ 常用工具，如钳子、手柄、工具和其他零部件、材料等，都应按其使用的频率或操作频率安放在人的附近。最频繁的操作动作，应该在肘关节弯曲的情况下就可以完成。为了保证手的用力和发挥技能，操作时手最好距眼睛25～30 cm，肘关节呈直角，手臂自然放下。

图 5-11 适应视觉的姿势

⑦ 当手不得不在较高位置作业时，应使用支撑物来托住肘关节、前臂或者手。支撑物的表面应为毛布或其他较柔软而且不凉的材料。支撑物应可调，以适合不同体格的人。脚的支撑物不仅应能托住脚的重量，而且应允许脚做适当的移动。

⑧ 利用重力作用。当一个重物被举起时，肌肉必须举起手和臂本身的重量。所以，应当尽量在水平方向上移动重物，并考虑到利用重力作用。有时身体重量能够用于增加杠杆或脚踏器的力量。在有些工作中，如油漆和焊接，重力起着比较明显的作用。在顶棚上旋螺钉要比在地板上旋螺钉难得多，这也是重力作用的原因。

当要从高到低改变物体的位置时，可以采用自由下落的方法。如是易碎物品，可采用软垫。也可以使用滑道，把物体的势能改变为动能，同时在垂直和水平两个方向上改变物体的位置，以代替人工搬移，见图5-12。

图 5-12 保持从高向低的方向装卸货物示意图

5.4.2 避免弯腰提起重物

人的脊柱为"S"曲线形，12块胸椎骨组成稍向后凹的曲线，5块腰椎骨连接成向前凸的曲线，每两块脊椎骨之间是一块椎间盘。由于脊柱的曲线形态和椎间盘的作用，使整个脊柱富有一定的弹性，人体跳跃、奔跑时完全依靠这种曲线结构来吸收受到的冲击能量。

脊柱承受的重量负荷由上至下逐渐增加，第5块腰椎处负荷最大。人体本身就有负荷加在腰椎上，在作业时，尤其在提起重物时，加在腰椎上的负荷与人体本身负荷共同作用，使腰椎承受了极大的负担，因此人们的腰椎病发病率极高。

用不同的方法来提起重物，对腰部负荷的影响不同。如图5-13（a）所示，直腰弯膝提起重物时椎间盘内压力较小，而弯腰直膝提起超重物会导致椎间盘内压力突然增大，尤其是椎间盘的纤维环受力极大。如果椎间盘已有退化现象，则这种压力急剧增加最易引起突发性腰部剧痛。所以，在提起重物时必须掌握正确的方法。

因为弯腰改变了腰脊柱的自然曲线形态，不仅加大了椎间盘的负荷，而且改变了压力分布，使椎间盘受压不均，前缘压力大，向后缘方向压力逐渐减小，见图5-13（b），这就进一步恶化了纤维环的受力情况，成为损伤椎间盘的主要原因之一。另外，椎间盘内的黏液被挤压到压力小的一端，液体可能渗漏到脊神经束上去。总之，提起重物时必须保持直腰姿势。人们经过长期的劳动实践和科学研究总结了一套正确的提重方法，即直腰弯膝。

(a)

(b)

图 5-13　弯腰与直腰提起重物示意图

（a）直腰弯膝；（b）弯腰直膝

5.4.3　设计合理的工作台

放在地上或比较接近地面的大型货物通常危害性最大，因为工人在搬运这些货物时，躯体必须向前弯曲，这样会明显增大腰部椎间盘的压力。所以，大型货物的高度不应低于工人大腿中部，图 5-14 举例说明了可以采用可升降的工作台帮助工人搬运大型货物。升降平台不仅可以减少工人举起货物过程中的竖直距离，而且还可以减少水平距离的影响。

(a) (b)

图 5-14　采用可升降的工作台可避免抬起重物时的弯腰动作

（a）可升降并倾斜的工作台；（b）可升降的托台

设计者在设计时应尽量减少躯体扭转的角度。图 5-15 表明，一个非常简单但又是经过精心修改过的工作台设计，可以消除工人在操作过程中不必要的躯体扭转，从而可以明显减少工人的不适和受伤的可能性。为减少躯体扭转角度，举重物任务在设计时应该使工人在正前方可以充分使用双手并且双手用力平衡。

对于小件物品的仓库或超市，工作人员的主要工作是对小件物品进行移动、举高和堆放。反复的操作易引起躯体不适和损伤。为解决这类问题，Crown 公司开发了 Wave 升降车，见图 5-16。

(a) (b)

图 5-16　Crown 公司 Wave 升降车

（a）Wave 升降车；（b）Wave 升降车的使用

图 5-15　工作场所设计

（a）在传统的工作场所中，工人需要把物体搬起来并且躯体需要扭转；（b）重新设计的工作台最大限度地减少了这些操作

这种人性化的升降车，不仅具有平移和升降功能，而且还配置了计数器，方便统计物品的数量。升降车的使用，既提供了舒适、健康的工作条件，又提高了工作效率和安全性。

第 6 章　人的信息传递与界面设计

6.1　人机信息界面的形成

人机系统一旦建立，人机界面便随之形成。人机系统的人机界面是指系统中的人、机、环境之间相互作用的区域。通常人机界面有信息性界面、工具性界面和环境性界面等。就人机系统效能而言，以信息性界面最为重要。

6.1.1　人机信息交换系统模型

在人机间信息、物质及能量的交换中，一般是以人为主动的一方。首先是人感受到机器及环境作用于人感受器官上的信息，由体内的传入神经并经丘脑传达到大脑皮层，在大脑分析器中经过综合、分析、判断，最后做出决策，由传出神经再经丘脑将决策的信息传送到骨骼肌，使人体的执行器官向机器发出人的指挥信息或伴随操作的能量。机器被输入人的操作信息（或操作能量）之后，将按照自己的规律做出相应的调整或输出，并将其工作状况用一定的方式显示出来，再反作用于人。在这样的循环过程中，整个系统将完成人所希望的功能。人机信息交换系统的一般模型如图 6-1 所示。

图 6-1　人机信息交换系统模型

由图 6-1 可见，人的感觉器官、中枢神经系统、运动器官等人体子系统控制着人体对外界刺激的反应。从人体神经系统活动机制来看，人体对外界刺激的反应过程就是信息在体内的循环过程。对于人机系统中人的这个"环节"，除了感知能力、决策能力对系统操作效率有很大影响之外，环境信息、机器信息的显示和机器接受信息的控制装置对系统操作效率也有一定影响。

6.1.2　人机信息交换方式

机器传递给人信息的显示装置，它们共同的特征是能够把机器设备的有关信息以人能接受的形式显示给人。在人机系统中，按人接受信息的感觉通道不同，可将显示装置分为视觉显示、听觉显示和触觉显示。其中以视觉和听觉显示应用最为广泛，触觉显示是利用人的皮肤受到触压或运动刺激后产生的感觉，而向人们传递信息的一种方式，除特殊环境外，一般较少使用。这三种显示方式传递的信息特征如表 6-1 所示。

表 6-1　视觉、听觉、触觉三种显示方式传递的信息特征

显示方式	传递的信息特征	显示方式	传递的信息特征
视觉显示	1. 比较复杂、抽象的信息或含有科学技术术语的信息、文字、图表、公式等； 2. 传的信息很长或需要延迟者； 3. 需用方位、距离等空间状态说明的信息； 4. 以后有被引用可能的信息； 5. 所处环境不适合听觉传递的信息； 6. 适合听觉传递，但听觉负荷已很重的场合； 7. 不需要急迫传递的信息； 8. 传递的信息常须同时显示、监控	听觉显示	1. 较短或无须延迟的信息； 2. 简单且要求快速传递的信息； 3. 视觉通道负荷过重的场合； 4. 所处环境不适合视觉通道传递的信息
		触觉显示	1. 视觉、听觉通道负荷过重的场合； 2. 使用视觉、听觉通道传递信息有困难的场合； 3. 简单并要求快速传递的信息

在人机系统中，人通过信息显示器获得关于机械的信息之后，利用效应器官操纵控制器，通过控制器调整和改变机器系统的工作状态，使它按人预定的目标工作。因此，控制器是把人的输出信息转换为机器输入信息的装置，也即在生产过程中，人是通过操纵控制器完成对机器的指挥和控制的。

6.1.3　人的信息处理系统模型

在人和机器发生关系并相互作用的过程中，最本质的联系是信息交换。因而必须对人的功能从信息理论的角度来加以分析。人在人机系统中特定的操作活动上所起的作用，可以类比为是一种信息传递和处理过程。因而从人机工程学的观点出发，可以把人视为一个单通道的有限输送容量的信息处理系统来研究。该系统模型如图 6-2 所示。

图 6-2　人的信息处理系统模型

有关机器状态的信息，通过各种显示设备（视、听、触等显示器）传送给

人。人依靠眼、耳和其他感官接收这些信息，这些感官构成了一个感觉子系统。感觉子系统将获得的这些信息通过神经信号传送给人脑中枢。在中枢的信息处理子系统中，将传入的信息加以识别，做出相应的决策，产生某些高级适应过程并组织到某种时间系列之中。这些功能都需要有储存子系统中的长时记忆和短时记忆参加。被处理加工后的信息也可以储入长时和短时记忆中。最后，信息处理系统可以发放输出信息，通过反应子系统中的手脚、姿势控制装置、语言器官等，产生各种运动和语言反应。后者将信息送入机器的各种输入装置，改变机器的状态，开始新的信息循环。

6.2　视觉机能及其特征

6.2.1　视觉系统

视觉是由眼睛、视神经和视觉中枢的共同活动完成的。人的视觉系统如图6-3所示。视觉系统主要是一对眼睛，它们各由一支视神经与大脑视神经表层相连。连接两眼的两支视神经在大脑底部视觉交叉处相遇，在交叉处视神经部分交叠，然后再终止到和眼睛相反方向的大脑视神经表层上。这样，可使两眼左边的视神经纤维终止到大脑左边的视神经皮层上；而两眼右边的视神经纤维终止到大脑右视神经皮层上。由于大脑两半球对于处理各种不同信息的功能并不都相同，就视觉系统的信息而言，在分析文字上，左半球较强，而对于数字的分辨，右半球较强。而且视觉信息的性质不同，在大脑左、右半球上所产生的效应也不同。因此，当信息发生在极短时间内或者要求做出非常迅速的反应时，上述视神经的交叉就起了很重要的互补作用。

1. 视觉刺激

视觉的适宜刺激是光。光是放射的电磁波，呈波形的放射电磁波组成电磁光谱。人类视力所能接收的光波只占整个电磁光谱的一小部分，即不到1/70。在正常情况下，人的两眼所能感觉到的波长大约是 380 nm（1 nm＝10^{-9} m）到 780 nm。如果照射两眼的光波波长在可见光谱上短的一端，人就知觉到紫色；如光波波长在可见光谱上长的一端，人则知觉到红色。在可见光谱两端之间的波长将产生蓝、绿、黄各色的知觉；将各种不同波长的光混合起来，可以产生各种不同颜色的知觉，将所有可见的波长的光混合起来则产生白色。

2. 视觉器官

眼睛是视觉的感受器官，人眼是直径为 21～25 mm 的球体，其基本构造与照相机相类似，见图6-4。光线由瞳孔进入眼中，瞳孔的直径大小由有色的虹膜控制，使眼睛在更大范围内适应光强的变化。进入的光线通过起"透镜"作用的晶状体聚集在视网膜上，眼睛的焦距是依靠眼周肌肉来调整晶状体的曲率实现的，同时因视网膜感光层是个曲面，能用以补偿晶状体曲光率的调整，从而使聚集更为迅速而有效。在眼球内约有 2/3 的内表面覆盖着视网膜，它具有感光作用，但视网膜各部位的感光灵敏度并不完全相同，其中央部位灵敏度较高，越到边缘就越差。落在中央部位的映像清晰可辨，而落在边缘部分则不甚清晰。眼睛还有上、下、左、右共 6 块肌肉能对此做补救，因而转动眼球便可审视全部视野，使不同的映像可迅速依次落在视网膜中灵敏度最高处。两眼同时视物，可以得到在两眼中间同时产生的映像，它能反映出物体与环境间相对的空间位置，因而眼睛能分辨出三度空间。形成视觉的过程如图 6-5 所示。

图 6-3 人的视觉系统

图 6-4 人眼结构示意图

图 6-5 形成视觉的过程

6.2.2 视觉机能

1. 视角与视力

视角是确定被看物尺寸范围的两端点光线射入眼球的相交角度，见图 6-5。视角的大小与观察距离及被看物体上两端点的直线距离有关，可用下式表示：

$$\alpha = 2\arctan\frac{D}{2L} \tag{6-1}$$

式中，α 为视角；D 为被看物体上两端点的直线距离；L 为眼睛到被看物体的距离。

眼睛能分辨被看物体最近两点的视角，称为临界视角。

视力是眼睛分辨物体细微结构能力的一个生理尺度，以临界视角的倒数来表示，即：

$$视力 = \frac{1}{能够分辨的最小物体的视角}$$

检查人眼视力的标准规定，当临界视角为 1 分时，视力等于 1.0，此时视力为正常，当视力下降时，临界视角必然要大于 1 分，于是视力用相应的小于 1.0 的数值表示。视力的大小还随年龄、观察对象的亮度、背景的亮度以及两者之间亮度对比度等条件的变化而变化。

2. 视野与视距

视野是指人的头部和眼球固定不动的情况下，眼睛观看正前方物体时所能看得见的空间范围，常以角度来表示。视野的大小和形状与视网膜上感觉细胞的分布状况有关，可以用视野计来测定视野的范围。正常人两眼的视野如图6-6所示。

在水平面内的视野是：双眼视区大约在左右60℃以内的区域，在这个区域里还包括字、字母和颜色的辨别范围，辨别字的视线角度为10°～20°；辨别字母的视线角度为5°～30°，在各自的视线范围以外，字和字母趋于消失。对于特定的颜色的辨别，视线角度为30°～60°。人的最敏锐的视力是在标准视线每侧1°的范围内；单眼视野界限为标准视线每侧94°～104°，见图6-6（a）。

在垂直平面的视野是：假定标准视线是水平的，定为0°，则最大视区为视平线以上50°和视平线以下70°。颜色辨别界限为视平线以上30°，视平线以下40°。实际上人的自然视线是低于标准视线的，在一般状态下，站立时自然视线低于水平线10°，坐着时低于水平线15°；在很松弛的状态中，站着和坐着的自然视线偏离标准线分别为30°和38°。观看展示物的最佳视区在低于标准视线30°的区域里，见图6-6（b）。

视距是指人在操作系统中正常的观察距离。一般操作的视距范围在38～76 cm之间。视距过远或过近都会影响认读的速度和准确性，而且观察距离与工作的精确程度密切相关，因而应根据具体任务的要求来选择最佳的视距。表6-2给出了推荐采用的几种工作任务的视距。

图 6-6 人的水平视野和垂直视野

（a）水平面内视野；（b）垂直面内视野

表 6-2 几种工作任务视距的推荐值

任务要求	举例	视距离（眼至视觉对象）/cm	固定视野直径/cm	备注
最精细的工作	安装最小部件（表、电子元件）	12～25	20～40	完全坐着，部分地依靠视觉辅助手段（小型放大镜、显微镜）
精细工作	安装收音机、电视机	25～35（多为30～32）	40～60	坐着或站着
中等粗活	在印刷机、钻井机、机床旁工作	50 以下	至 80	坐或站
粗活	包装、粗磨	50～150	30～250	多为站着
远看	看黑板、开汽车	150 以上	250 以上	坐或站

3. 中央视觉和周围视觉

在视网膜上分布着视锥细胞多的中央部位，其感色力强，同时能清晰地分辨物体，用这个部位视物的称为中央视觉。视网膜上视杆细胞多的边缘部位感受多彩的能力较差或不能感受，故分辨物体的能力差。但由于这部分的视野范围广，故能用于观察空间范围和正在运动的物体，称其为周围视觉。

在一般情况下，既要求操作者的中央视觉良好，同时也要求其周围视觉正常。而对视野各方面都缩小到 10°以内者称为工业盲。两眼中心视力正常而有工业盲视野缺陷者，不宜从事驾驶飞机、车、船、工程机械等要求具有较大视野范围的工作。

4. 双眼视觉和立体视觉

当用单眼视物时，只能看到物体的平面，即只能看到物体的高度和宽度。若用双眼视物时，具有分辨物体深浅、远近等相对位置的能力，形成所谓立体视觉。立体视觉产生的原因主要是同一物体在两视网膜上所形成的像并不完全相同，右眼看到物体的右侧面较多，左眼看到物体的左侧面较多，其位置虽略有不同，但又在对称点的附近。最后，经过中枢神经系统的综合，而得到一个完整的立体视觉。

立体视觉的效果并不全靠双眼视觉，如物体表面的光线反射情况和阴影等，都会加强立体视觉的效果。此外，生活经验在产生立体视觉效果上也起一定作用。例如，近物色调鲜明，远物色调变淡，极远物似乎是蓝灰色。工业设计与工艺美术中的许多平面造型设计颇有立体感，就是运用这种生活经验的结果。

5. 色觉与色视野

视网膜除能辨别光的明暗外，还有很强的辨色能力，可以分辨出 180 多种颜色。人眼的视网膜可以辨别波长不同的光波，在波长为 380～780 nm 的可见光谱中，光波波长只相差 3 nm，人眼即可分辨，但主要是红、橙、黄、绿、青、蓝、紫等七色。人眼区别不同颜色的机理，常用光的"三原色学说"来解释，该学说认为红、绿、蓝（或紫）为三种基本色，其余的颜色都可由这三种基本色混合而成；并认为在视网膜中有三种视锥细胞，含有三种不同的感光色素分别感受三种基本颜色。当红光、绿光、蓝光（或紫光）分别入眼后，将引起三种视锥细胞对应的光化学反应，每种视锥细胞发生兴奋后，神经冲动分别由三种视神经纤维传入大脑皮层视区的不同神经细胞，即引起三种不同的颜色感觉。当三种视锥细胞受到同等刺激时，引起白色的感觉。

缺乏辨别某种颜色的能力，称为色盲。辨别某种颜色的能力较弱，则称色弱。有色盲或色弱的人，不能正确地辨别各种颜色的信号，不宜从事驾驶飞机、车辆以及各种辨色能力要求高的工作。

由于各种颜色对人眼的刺激不同，人眼的色觉视野也就不同，见图 6-7。图中角度数值是在正常亮度条件下对人眼的实验结果，表明人眼对白色的视野最大，对黄色、蓝色、红色的视野依次减小，而对绿色的视野最小。

6. 暗适应和明适应

当光和亮度不同时，视觉器官的感受性也不同，亮度有较大变化时，感受性也随之变化。视觉器官的感受性对光刺激变化的相顺应性称为适应。人眼的适应性分为暗适应和明适应两种。

当人从亮处进入暗处时，刚开始看不清物体，而需要经过一段适应的时间

图 6-7 人的色视野

后，才能看清物体，这种适应过程称为暗适应。暗适应过程开始时，瞳孔逐渐放大，进入眼睛的光能量增加。同时对弱刺激敏感的视杆细胞也逐渐转入工作状态，由于视杆细胞转入工作状态的过程较慢，因而整个暗适应过程大约需30 min才能趋于完成。与暗适应情况相反的过程称为明适应。明适应过程开始时，瞳孔缩小，使进入眼中的光通量减少；同时转入工作状态的视锥细胞数量迅速增加，因为对较强刺激敏感的视锥细胞反应较快，因而明适应过程一开始，人眼感受性迅速降低，30 s后变化很缓慢，大约1 min后明适应过程就趋于完成。暗适应和明适应曲线见图6-8。

图6-8　暗适应与明适应

人眼虽具有适应性的特点，但当视野内明暗急剧变化时，眼睛却不能很好适应，从而会引起视力下降。另外，如果眼睛需要频繁地适应各种不同亮度时，不但容易产生视觉疲劳，影响工作效率，而且也容易引起事故。为了满足人眼适应性的特点，要求工作面的光亮度均匀而且不产生阴影；对于必须频繁改变亮度的工作场所，可采用缓和照明或佩戴一段时间有色眼镜，以避免眼睛频繁地适应亮度变化而引起视力下降和视觉过早疲劳。

6.2.3　视觉特征

① 眼睛沿水平方向运动比沿垂直方向运动快而且不易疲劳；一般先看到水平方向的物体，后看到垂直方向的物体。因此，很多仪表外形都设计成横向长方形。

② 视线的变化习惯于从左到右，从上到下的顺时针方向运动。所以，仪表的刻度方向设计应遵循这一规律。

③ 人眼对水平方向尺寸和比例的估计比对垂直方向尺寸和比例的估计要准确得多，因而水平式仪表的误读率（28%）比垂直式仪表的误读率（35%）低。

④ 当眼睛偏离视中心时，在偏离距离相等的情况下，人眼对左上限的观察最优，依次为右上限、左下限，而右下限最差。视区内的仪表布置必须考虑这一特点。

⑤ 两眼的运动总是协调的、同步的，在正常情况下不可能一只眼睛转动而另一只眼睛不动；在一般操作中，不可能一只眼睛视物，而另一只眼睛不视物。因而通常都以双眼视野为设计依据。

⑥ 人眼对直线轮廓比对曲线轮廓更易于接受。

⑦ 颜色对比与人眼辨色能力有一定关系。当人从远处辨认前方的多种不同颜色时，其易辨认的顺序是红、绿、黄、白，即红色最先被看到。所以，停车、危险等信号标志都采用红色。当两种颜色相配在一起时，则易辨认的顺序是：黄底黑字、黑底白字、蓝底白字、白底黑字等。因而公路两旁的交通标志常用黄底黑字（或黑色图形）。

根据上述视觉特征，人机工程学专家对眼睛的使用归纳了图6-9所述原则。

图6-9 人机工程学的视觉原则

6.3 听觉机能及其特征

6.3.1 听觉刺激

听觉是仅次于视觉的重要感觉，其适宜的刺激是声音。振动的物体是声音的声源，振动在弹性介质（气体、液体、固体）中以波的方式进行传播，所产生的弹性波称为声波，一定频率范围的声波作用于人耳就产生了声音的感觉。对于人来说，只有频率为20~20 000 Hz的振动，才能产生声音的感觉。低于20 Hz的声波称为次声；高于20 000 Hz的声波称为超声。次声和超声人耳都听不见。

6.3.2 听觉系统

人耳为听觉器官，严格地说，只有内耳的耳蜗起司听作用，外耳、中耳以及内耳的其他部分是听觉的辅助部分。人耳的基本结构如图6-10（a）所示，外耳包括耳郭及外耳道，是外界声波传入耳和内耳的通路。中耳包括鼓膜和鼓室，鼓室中有锤骨、砧骨、镫骨三块听小骨以及与其相连的听小肌构成一杠杆系统；还有一条通向喉部的耳咽管，其主要功能是维持中耳内部和外界气压的平衡及保持正常的听力。内耳中的耳蜗是感音器官，它是个盘旋的管道系统，有前庭阶、蜗管及鼓阶三个并排盘旋的管道，见图6-10（b）。

图 6-10　人耳的构造

（a）人耳基本结构；（b）耳蜗

外界的声波通过外耳道传到鼓膜，引起鼓膜的振动，然后经杠杆系统的传递，引起耳蜗中淋巴液及其底膜的振动，使基底膜表面的科蒂氏器中的毛细胞产生兴奋。科蒂氏器和其中所含的毛细胞，是真正的声音感受装置，听神经纤维就分布在毛细胞下方的基底膜中，机械能形式的声波就在此处转变为听神经纤维上的神经冲动，并以神经冲动的不同频率和组合形式对声音信息进行编码，然后被传送到大脑皮层听觉中枢，从而产生听觉。

6.3.3　听觉的物理特征

人耳在某些方面类似于声学换能器，也就是通常所说的传声器。听觉可用以下特性描述。

1. 频率响应

可听声主要取决于声音的频率，具有正常听力的青少年（年龄在 12～25 岁之间）能够觉察到的频率范围大约是 16～20 000 Hz。而一般人的最佳听闻频率范围是 20～20 000 Hz，可见人耳能听闻的频率比为：

$$\frac{f_{\min}}{f_{\max}} = 1 : 1\,000 \tag{6-2}$$

人到 25 岁左右时，开始对 15 000 Hz 以上频率的灵敏度显著降低，当频率高于 15 000 Hz 时，听阈开始向下移动，而且随着年龄的增长，频率感受的上限逐年连续降低。但是，对 $f < 1\,000$ Hz 的低频率范围，听觉灵敏度几乎不受年龄的影响，见图 6-11。听觉的频率响应特性对听觉传示装置的设计是很重要的。

2. 动态范围

可听声除取决于声音的频率外，还取决于声音的强度。听觉的声强动态范围可用下列比值表示：

$$声强动态范围 = \frac{正好可忍受的声强}{正好能听见的声强}$$

（1）听阈　在最佳的听闻频率范围内，一个听力正常的人刚刚能听到给定各频率的正弦式纯音的最低声强 $I_{\min}$，称为相应频率下的"听阈值"。可根据各个频率 f 与最低声强 $I_{\min}$ 绘出标准听阈曲线，见图 6-12。由该曲线可以得出以下几点结论：

① 在 800～1 500 Hz 这段频率范围内，听阈无明显变化。

② 低于 800 Hz 时，可听响度随着频率的降低而明显减小。例如，在 400 Hz 时，只有在 1 000 Hz 时测得的"标准灵敏度"的 1/10；在 90 Hz 时，只有"标准灵敏度"的 1/10 000；而在 40 Hz 时，只有"标准灵敏度"的 1/1 000 000。

图 6-11　听力损失曲线

图 6-12　听阈、痛阈与听觉区域

③ 在 3 000～4 000 Hz 之间达到最大的听觉灵敏度，在该频率范围内，灵敏度高达标准值的 10 倍。

④ 超过 6 000 Hz 时，灵敏度再次下降，大约在 17 000 Hz 时，减至标准值的 1/10。

（2）**痛阈** 对于感受给定各频率的正弦式纯音，开始产生疼痛感的极限声强 I_{max}，称为相应频率下的"痛阈值"。可根据各频率 f 与极限声强 I_{max} 绘出标准痛阈曲线，见图 6-12。由图可见，除了 2 000～5 000 Hz 之间有一段谷值外，开始感到疼痛的极限声强几乎与频率无关。

（3）**听觉区域** 图 6-12 还绘出了由听阈与痛阈两条曲线所包围的"听觉区"（影线部分）。由人耳的感音机构所决定的这个"听觉区"中包括了标有"音乐"与"语言"标志的两个区域。

由图 6-12 可见，在 1 000 Hz 时的平均听阈值 I_0 约为 10^{-12} W/m²，在同一频率条件下痛阈 $I_{max}=10$ W/m²，由此可以得出，人耳能够处理的声强比为：

$$\frac{I_0}{I_{max}}=\frac{1}{10^{13}} \tag{6-3}$$

这种阈值虽然是一种"天赋"，却非常接近于适合人类交换信息的有用极限。

3. 方向敏感度

人耳的听觉本领，绝大部分都涉及所谓"双耳效应"，或称"立体声效应"，这是正常的双耳听闻所具有的特性。当通常的听闻声压级为 50～70 dB 时，这种效应基本上取决于下列条件：

① 时差 $\Delta t = t_2 - t_1$，式中 t_1 为声信号从声源到达其相距较近的那个耳朵所需的时间，t_2 为同一信号到达距离较远的那只耳朵所需的时间。实验结果指出，从听觉上刚刚可觉察到的声信号入射的最小偏角为 3°，在此情况下的时差 $\Delta t \approx 30$ μs。根据声音到达两耳的时间先后和响度差别可判定声源的方向。

② 由于头部的掩蔽效应，结果造成声音频谱的改变。靠近声源的那只耳朵几乎接收到形成完整声音的各频率成分；而到达较远那个耳朵的是被"畸变"了的声音，特别是中频与高频部分或多或少地受到衰减。

图 6-13 是右耳对于各种不同频率（200、500、2 500 与 5 000 Hz）纯音进行单耳听闻的方向敏感度。由图可知，入射角的作用也是在低频时比较小，$f=200$ Hz 时为圆形曲线；频率越高，响应对于方向的依赖程度就越大，在 70°时达到最大值。该图曲线可以说明人耳对不同频率与来自不同方向的声音的感受能力。人的听觉系统的这一特性对室内声学设计是极其重要的。

4. 掩蔽效应

一个声音被另一个声音所掩盖的现象，称为掩蔽。一个声音的听阈因另一个声音的掩蔽作用而提高的效应，称为掩蔽效应。在设计听觉传递装置时，根据实际需要，有时要对掩蔽效应的影响加以利用，有时则要加以避免或克服。

应当注意到，由于人的听阈的复原需要经历一段时间，掩蔽声去掉以后，掩蔽效应并不立即消除，这个现象称为残余掩蔽或听觉残留。其量值可表示听觉疲劳。掩蔽声对人耳刺激的时间和强度直接影响人耳的疲劳持续时间和疲劳程度，刺激越长、越强，则疲劳越严重。

图 6-13　听觉的方向敏感度

6.4 视觉信息显示设计

6.4.1 仪表显示设计

仪表是一种广泛应用的视觉显示装置，其种类很多。按其功能可分为读数用仪表、检查用仪表、追踪用仪表和调节用仪表等；按其结构形式可分为指针运动式仪表、指针固定式仪表和数字式仪表等。任何显示仪表，其功能都是将系统的有关信息输送给操作者，因而其人因工程学性能的优劣直接影响系统的工作效率。所以，在设计和选择仪表时，必须全面分析仪表的功能特点，见表6-3。

表6-3 显示仪表的功能特点

比较项目	模拟显示仪表		数字显示仪表
	指针运动式	指针固定式	
数量信息	中 指针活动时读数困难	中 刻度移动时读数困难	好 能读出精确数值，速度快，差错少
质量信息	好 易判定指针位置，不需读出数值和刻度时，能迅速发现指针的变动趋势	差 不需读出数值和刻度时，难以确定变化的方向和大小	差 必须读出数值，否则难以得知变化的方向和大小
调节性能	好 指针运动与调节活动具有简单而直接的关系，便于调节和控制	中 调节运动方向不明显，指针的变动不便于监控，快速调节时难以读数	好 数字调节的监测结果精确，快速调节时难以读数
监控性能	好 能很快地确定指针位置并进行监控；指针位置与监控活动关系最简单	中 指针无变化有利于监控，但指针位置与监控活动关系不明显	差 无法根据指针的位置变化来进行监控
一般性能	中 占用面积大；仪表照明可设在控制台上；刻度的长短有限，尤其在使用多指针显示时认读性差	中 占用面积小，仪表须有局部照明，由于只在很小范围内认读，其认读性好	好 占用面积小，照明面积也最小，刻度的长短只受字符、转鼓的限制
综合性能	价格低，可靠性高，稳定性好，易于显示信号的变化趋势，易于判断信号值与额定值之差		精度高，认读速度快，无视读误差，过载能力强，易与计算机联用
局限性	显示速度较慢，易受冲击和振动影响，过载能力差		价格偏高，显示易于跳动或失效，干扰因素多，需内附或外附电源
发展趋势	降低价格，提高精度与显示速度，采用模拟与数字显示混合型仪表		降低价格，提高可靠性，采用智能化显示仪表

1. 仪表形式

仪表的形式因其用途不同而异，现以读数用仪表为例来分析确定仪表形式的依据。图 6-14 为几种常见的读数用仪表形式与误读率的关系。其中以垂直长条形仪表的误读率最高，而开窗式仪表的误读率最低。但开窗式仪表一般不宜单独使用，常以小开窗插入较大的仪表表盘中，用来指示仪表的高位数值。通常将一些多指针仪表改为单指针加小开窗式仪表，使得这种形式的仪表不仅可增加读数的位数，而且还大大提高读数的效率和准确度。

图 6-14 仪表形式与误读率的关系

指针活动式圆形仪表的读数效率与准确度虽不如数字式仪表高，但这类仪表可以显示被测参数的变化趋势，因而仍然是常用的仪表形式。

2. 表盘尺寸

表盘尺寸与刻度标记的数量和观察距离有关，一般表盘尺寸随刻度数量和观察距离的增加而增大。以圆形仪表为例，其最佳直径 D 与目视距离 L、刻度显示最大数 I 之间的关系如图 6-15 所示。由图可知，I 一定时，D 随 L 的增加而增大；L 不变时，D 随 I 的增加而增大。

3. 刻度与标数

表盘上的刻度线、刻度线间距，以及文字、数字等尺寸也是根据视距来确定的。人机工程学的有关实验已提供了视距与上述各项尺寸的关系。仪表刻度线一般分为长刻度线、中刻度线和短刻度线三级。各级刻度线和文字的高度可根据视距按表 6-4 所示选用。

图 6-15　圆形仪表的最佳直径

表 6-4　目视距离与刻度线的最佳高度

目视距离/m	文字（数字）高度/cm	刻度线高度/cm		
		长刻度线	中刻度线	短刻度线
0.5 以下	0.23	0.44	0.40	0.23
0.5～0.9	0.43	1.00	0.70	0.43
0.9～1.8	0.85	1.95	1.40	0.85
1.8～3.6	1.70	3.92	2.80	1.70
3.6～6.0	2.70	6.58	4.68	2.70

　　刻度线间的距离称为刻度。若视距为 L 时，小刻度的最小间距为 $L/600$；大刻度的最小间距为 $L/50$。对于人眼直接判读的仪表刻度最小尺寸不宜小于 0.6～1 mm，最大可取 4～8 mm，而一般情况下取 1～2.5 mm。对于用放大镜读数的仪表，若放大镜的放大率为 f，间距可取 $(1/f)$ mm。

　　刻度线的宽度一般取间距大小的 5%～15%。当刻度线宽度为间距的 10% 时，判读误差最小。狭长形字母数字的分辨率较高，其高度比常取 5∶3 或 3∶2 的比例。

　　仪表的标数，可参考下列原则进行设计：

　　① 通常，最小刻度不标数，最大刻度必须标数。

　　② 指针运动式仪表标数的数码应当垂直，表面运动的仪表数码应当按圆形排列。

　　③ 若仪表表面的空间足够大，则数码应标在刻度记号外侧，以避免它被指针挡住；若表面空间有限，应将数码标在刻度内侧，以扩大刻度间距。指针处于仪表表面外侧的仪表，数码应一律标在刻度内侧。

　　④ 开窗式仪表窗口的大小至少应能显示被指示数字及其上下两侧的两个数，以便观察指示运动的方向和趋势。

　　⑤ 对于表面运动的小开窗仪表，其数码应按顺时针排列。当窗口垂直时，安排在刻度的右侧；当窗口水平时，安排在刻度的下方，并且都使字头向上。

　　⑥ 对于圆形仪表，不论表面运动式或指针运动式，均应使数码按顺时针方向依次增大。数值有正负时，0 位设在时钟 12 时位置上，顺时针方向表示"正值"，逆时针方向表示"负值"。对于长条形仪表，应使数码按向上或向右顺序增大。

　　⑦ 不做多圈使用的圆形仪表，最好在刻度全程的头和尾之间断开，其首尾的间距以相当于一个大刻度间距为宜。

　　仪表刻度与标数的优劣对比见图 6-16。

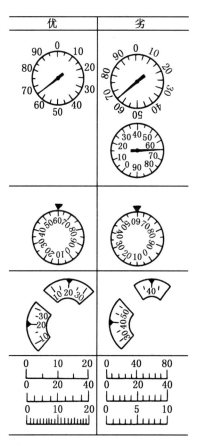

图 6-16　仪表刻度与标数的优劣对比

4. 仪表指针

（1）指针的形状和长度　指针的形状应以头部尖、尾部平、中间等宽或狭长三角形为好。实验结果表明，指针长度对读数误差影响很大，当指针与刻度线的距离超过 0.6 cm 时，距离越大，认读误差就越大；相反，从 0.6 cm 开始，越接近 0，认读误差越小；当间隔接近 0.2 cm、0.1 cm 时，认读误差保持不变。因此，指针与刻度线的间隔宜取 0.1～0.2 cm。指针的针尖应与最小刻度线等宽，指针应尽量贴近表面，以减少认读时的视差。

（2）指针的零位　仪表指针零位一般设在时钟 12 时或 9 时的位置上。指针不动，表面运动的仪表指针零位应在时钟 12 时位置；追踪仪表应处于 9 时或 12 时位置；圆形仪表可视需要安排或设在 12 时的位置上；警戒仪表的警戒区应设在 12 时处，危险区和安全区则处于其两侧。

5. 仪表色彩

仪表的色彩是否合适，对认读速度和误读率都有影响。由实验获得的仪表颜色与误读率关系可知，墨绿色和淡黄色仪表表面分别配上白色和黑色的刻度线时，其误读率最小，而黑色和灰黄色仪表表面配上白色刻度线时，其误读率最大，不宜采用。

6.4.2　图形符号设计

现代信息显示中广泛使用了各种类型的图形和符号指示。由于人在知觉图形和符号信息时，辨认的信号和辨认的客体有形象上的直接联系，其信息接收的速度远远高于抽象信号。由于图形和符号具有形、意、色等多种刺激因素，传递的信息最大，抗干扰力强，易于接收。因此，图标在硬件界面和软件界面中具有重要意义。

信息显示中所采用的图形和符号，是经过对显示内容的高度概括和抽象处理而形成的，使得图形和符号与标志客体间有着相似的特征，让人便于识别辨认。图标的应用范围很广，如在机场、车站、展览会、超级市场等场所的交通要道等，在适当位置都标明了简单的图形，使人们便于辨别方向。图 6-17 为民用航空公共信息标志用图形符号。其特点决定了它在很多地方都具有文字无法替代的作用。

图 6-17　民用航空公共信息标志用图形符号

1. 快速识别

图形符号与文字相比有一个突出的特点，那就是它具有直觉性，因此可以在短时间内提供一个内容相当丰富的信息。一个精心设计的图标可以使人们只需一眼就可以领会其含义，而不需阅读、分析，甚至翻译厚厚的说明书或者辅助文件。对于缺乏耐心、缺乏阅读能力，或者需要及时掌握信息、立即做出反应的人来说可以起到很有效的作用。

毫无疑问，若想让人们迅速准确地掌握操作要领，使用图标设计可以帮助达到这一目的。如最简单的箭头符号，"←"表示往左，"→"表示往右。

2. 布局美观

在软、硬界面中，图标主要用来表示对象的状态或者将要进行的操作。图标是描述视觉形象和空间关系的自然语言，比文字标识具有更丰富的含义，因而能更简练、精确、形象地表达对象的状态和动作。这是文字标识所无法比拟的。

3. 便于记忆

与文字形式表达的概念相比，人们更容易记住以视觉形式存在的事物。因此，图标相对文字而言易于被人们记忆。从心理学角度来说，有以下几个原因：

（1）图标之间比文字之间存在更明显的差异；

（2）当遇到一个图标时，我们总是赋予它一个名字来同时记忆，于是图标便以视觉和文字两种形式储存起来，而文字则只有一种形式；

（3）在各种视觉记忆之间，视觉与其他记忆形式之间存在紧密的联系。

直观、简明、易懂、易记的特点使得图标比文字更便于信息传递，使不同年龄、具有不同文化水平的人都容易接受。

4. 有利于国际化

图形符号和文字相比还有一个显著的特点，那就是由于它的直观性而产生的国际通用性。使用图标可以使使用不同语言的人群都能掌握，避免了使用文字标识出现的一些问题，得到某些便利，有助于产品的国际化发展。

信息显示中所采用的图形和符号指示，如果是作为操纵控制系统或操作内容和位置的指示，则"形象化"的图形和符号指示也有自己的限度，当在操作中须精确知道被调节量，则图形、符号指示就不能胜任，必须用数字加以补充。

图形和符号作为一种视觉显示标志出现时，总是以某种与被标识的客体有含义联系的颜色表示。因此，标志用色在图形符号设计中也是十分重要的内容。

标志作为一种形象语言，要便于识别。标志的颜色都有特定意义，我国和国际上都做了规定。颜色除了用于安全标志、技术标志外，还可用来标志材料、零件、产品、包装和管线等。

生产、交通等方面使用色彩的含义如下：

（1）红（7.5R4.5/14）

① 停止：交通工具要求停车，设备要求紧急刹车；

② 禁止：表示不准操作，不准乱动，不准通行；

③ 高度危险：如高压电、下水道口、剧毒物、交叉路口等；

④ 防火：消防车和消防用具都以红色为主色。

（2）橙（2.5YR6.5/12）　用于危险标志，涂于转换开关的盖子、机器罩盖的内表面、齿轮的侧面等。橙色还用于航空、船舶的保安措施。

（3）黄（2.5Y8/13）　明视性好，能唤起注意，多用于警告信号。如铁路维护工穿黄衣。

（4）绿（5G5.5/6）

① 安全：引导人们行走安全出口标志用色；

② 卫生：救护所、保护用具箱常采用此色；

③ 表示设备安全运行。

（5）蓝（2.5PB5.5/6）　警惕色。如开关盒外表涂色，修理中的机器、升降设备、炉子、地窖、活门、梯子等的标志色。

（6）紫红（2.5RP4.5/12）　表示放射性危险的颜色。

（7）白（N9.5/）　表示通道、整洁、准备运行的标志色。白色还用来标志文字、符号、箭头，以及作为红、绿、蓝的辅助色。

（8）黑（N1.5/）　用于标志文字、符号、箭头，以及作为白、橙的辅助色。

表6-5为管道颜色标记。

表6-5　管道颜色标记

类别	色别	色标
水	青色	2.5PB 5.5/6
汽	深红	7.5R 3/6
空气	白色	N 9.5/
煤气	黄色	2.5 Y 8/12
酸、碱	橙、紫	2.5 P 5/5
油	褐	7.5 YR 5/6
电气	浅橙	2.5 YR 7/6
真空	灰	N 5/
氧	蓝	—

值得一提的是，在实际应用各类图形符号时，不得采用人们不能接受的或过分抽象的图形和符号，只能使用有利于人的知觉的图形、符号，以便减少知觉时间，加强对符号的记忆和提高操作者的反应速度。图形、符号设置的位置应与所指示的操纵机构相对应。例如，转动手柄的操纵机构（手柄转动在90°以上），应在手柄轴线的上方标出符号；对于普通单工位按钮，可在按钮轴线上方标出机器开动状态的符号，这样操作者就能按图形、符号所指示的内容，准确而迅速地操纵机器。

6.5　听觉信息传示设计

6.5.1　听觉信息传示装置

听觉信息传示具有反应快、传示装置可配置在任一方向上、用语言通话时应答性良好等优点，因而在下述情况下被广泛采用：信号简单、简短时；要求迅速传递信号时；传示后无必要查对信号时；信号只涉及过程或时间性事件时；视觉负担过重或照明、振动等作业环节又不利于采用视觉信息传递时；操作人员处于巡视状态，并需要从干扰中辨别信号时等。

听觉信息传示装置种类很多，常见的为音响报警装置，如蜂鸣器、铃、角笛、汽笛、警报器等。

1. 蜂鸣器

蜂鸣器是音响装置中声压级最低，频率也较低的装置。蜂鸣器发出的声音柔和，不会使人紧张或惊恐，适用于较宁静的环境，常配合信号灯一起使用，作为指示性听觉传示装置，提请操作者注意，或指示操作者去完成某种操作，也可用做指示某种操作正在进行。汽车驾驶员在操纵汽车转弯时，驾驶室的显示仪表板上就有一个信号灯亮和蜂鸣器鸣笛，显示汽车正在转弯，直到转弯结束。蜂鸣器还可作报警器用。

2. 铃

因铃的用途不同，其声压级和频率有较大差别，例如电话铃声的声压级和频率只稍大于蜂鸣器，主要是在宁静的环境下让人注意。而用作指示上下班的铃声和报警器的铃声，其声压级和频率就较高，可在有较高强度噪声的环境中使用。

3. 角笛和汽笛

角笛的声音有吼声（声压级 90～100 dB、低频）和尖叫声（高声强、高频）两种。常用作高噪声环境中的报警装置。

汽笛声频率高，声强也高，较适合用于紧急事态的音响报警装置。

4. 警报器

警报器的声音强度大，可传播很远，频率由低到高，发出的声音富有调子的上升和下降，可以抵抗其他噪声的干扰，特别能引起人们的注意，并强制性地使人们接受。它主要用作危急事态的报警，如防空警报、救火警报等。

听觉信息传示装置设计必须考虑人的听觉特性，以及装置的使用目的和使用条件。具体内容如下：

① 为提高听觉信号传递效率，在有噪声的工作场所，须选用声频与噪声频率相差较远的声音作为听觉信号，以削弱噪声对信号的掩蔽作用。

听觉信号与噪声强度的关系常以信号与噪声的强度比值（信噪比）来描述，即：

$$信噪比＝10 \lg（信号强度/噪声强度）$$

信噪比愈小，听觉信号的可辨性愈差。所以应根据不同的作业环境选择适宜的信号强度。常用听觉信号的主宰频率和强度可参考表 6-6。

表 6-6　几种常用听觉信号的主宰频率和强度①

分类	听觉信号	平均强度水平/dB		主宰可听频率/Hz
		距离 3 m 处	距离 0.9 m 处	
大面积、高强度	10 cm 铃	65～77	75～83	1 000
	15 cm 铃	74～83	84～94	600
	25 cm 铃	85～90	95～100	300
	喇叭	90～100	100～110	5 000
	汽笛	100～110	110～121	7 000

分类	听觉信号	平均强度水平/dB		主宰可听频率/Hz
		距离 3 m 处	距离 0.9 m 处	
小面积、低强度	重声蜂鸣器	50～60	70	200
	轻声蜂鸣器	60～70	70～80	400～1 000
	2.5 cm 铃声	60	70	1 100
	5 cm 铃声	62	72	1 000
	7.5 cm 铃声	63	73	650
	钟声（谐音）	69	78	500～1 000

注：① 大面积高强度听觉信号在安静场所用 50～60 dB 强度，在露天工场用 70～80 dB，在强噪声工厂、机器厂或冲压车间用 90～100 dB。

② 使用两个或两个以上听觉信号时，信号之间应有明显的差异；而对某一种信号在所有时间内应代表同样的信息意义，以提高人的听觉反应速度。

③ 应使用间断或变化信号，避免使用连续稳态信号，以免人耳产生听觉适应性。

④ 要求远传或绕过障碍物的信号，应选用大功率低频信号，以提高传示效果。

⑤ 对危险信号，至少应有两个声学参数（声压、频率或持续时间）上与其他声信号或噪声相区别，而且危险信号的持续时间应与危险存在时间一致。

6.5.2 言语传示装置

人与机器之间也可用言语来传递信息。传递和显示言语信号的装置称为言语传示装置。如麦克风这样的受话器就是言语传示装置，而扬声器就是言语显示装置。经常使用的言语传示系统有无线电广播、电视、电话、报话机和对话器及其他录音、放音和电声装置等。

用言语作为信息载体，其优点是可使传递和显示的信息含意准确、接收迅速、信息量较大等；缺点是易受噪声的干扰。在设计言语传示装置时应注意以下几个问题。

1. 言语的清晰度

用言语（包括文章、句子、词组及单字）来传递信息，在现代通信和信息交换中占主导地位。对言语信号的要求是语言清晰。言语传示装置的设计首先应考虑这一要求。在工程心理学和传声技术上，用清晰度作为言语的评定指标。所谓言语的清晰度是人耳对通过它的音语（音节、词或语句）中正确听到和理解的百分数。言语清晰度可用标准的语句表通过听觉显示器来进行测量，若听对的语句或单词占总数的 20％，则该听觉显示器的言语清晰度就是 20％。对于听对和未听对的记分方法有专门的规定，此处不作论述。表 6-7 是言语清晰度（室内）与主观感觉的关系。由此可知，设计一个言语传示装置，其言语的清晰度必须在 75％以上，才能正确传示信息。

表 6-7　言语的清晰度评价

言语清晰度/%	人的主观感觉
96	言语听觉完全满意
85～96	很满意
75～85	满意
65～75	言语可以听懂，但非常费劲
65 以下	不满意

2. 言语的强度

言语传示装置输出的语音，其强度直接影响言语清晰度。当语音强度增至刺激阈限以上时，清晰度的分数逐渐增加，直到差不多全部语音都被正确听到的水平；强度再增加，清晰度分数仍保持不变，直到强度增至痛阈为止，如图6-18 所示。不同研究者的研究结果表明，语音的平均感觉阈限为 25～30 dB（即测听材料可有 50％被听清楚），而汉语的平均感觉阈值是 27 dB。

图 6-18　语音强度与清晰度的关系

由图中可以看出，当言语强度达到 130 dB 时，受话者将有不舒服的感觉；达到 135 dB 时，受话者耳中即有发痒的感觉，再高便达到了痛阈，将有损耳朵的机能。因此言语传示装置的语音强度最好在 60～80 dB。

3. 噪声环境中的言语通信

为了保证在有噪声干扰的作业环境中讲话人与收听人之间能进行充分的言语通信，则须按正常噪声和提高了的噪声定出极限通信距离。在此距离内，在一定语言干涉声级或噪声干扰声级下可期望达到充分的言语通信，在此情况下言语通信与噪声干扰之间的关系如表 6-8 所示。

表 6-8　言语通信与噪声干扰之间的关系

干扰噪声的 A 计权声级 L_A/dB	语言干涉声级/dB	认为可以听懂正常噪音下口语的距离/m	认为在提高了的噪音下可以听懂口语的距离/m
43	36	7	14
48	40	4	8
53	45	2.2	4.5
58	50	1.3	2.5
63	55	0.7	1.4
68	60	0.4	0.8
73	65	0.22	0.45
78	70	0.13	0.25
83	75	0.07	0.14

上面所说的充分的言语通信，是指通信双方的言语清晰度达到 75％以上。距声源（讲话人）的距离每增加 1 倍，言语声级将下降 6 dB，这相当于声音在室外或室内传至 5 m 远左右。不过，在房间中声级的下降还受讲话人与收听人附近的吸声物体的影响。在有混响的房间内，当混响时间超过 1.5 s 时，言语清晰度将会降低。

在噪声环境中作业，当为了保护人耳免受损害而使用护耳器时，护耳器一般不会影响言语通信。因为它不仅降低了言语声级，也降低了干扰噪声。同不戴护耳器的人相比，戴护耳器的讲话人在噪声级较低时声音较高，而在噪声级较高时则声音较低。

对于使用言语传示装置（如电话）进行通信时，对收听人来说，对方的噪声和传递过来的言语音质（响度、由电话和听筒产生的线路噪声）可能会有起伏，尽管如此，表 6-9 所给出的关系仍然是有效的。

表 6-9　在电话中言语通信与干扰噪声的关系

收听人所在环境的干扰噪声		言语通信的质量
A 计权声级 L_A/dB	语言干涉声级 L_{sil}/dB	
55	47	满意
55~65	47~57	轻微干扰
65~80	57~72	困难
80	72	不满意

须注意的是，当收听者处的干扰噪声增强时，首先受到影响的是另一方语言的清晰度。这时收听人根据经验会提高自己的声音。对于扬声器和耳机这样的言语传示装置，要保证通过扬声器传送的语言信息有充分的语言通信功能，须使 A 计权语言声级至少比干扰噪声的声级高 3 dB。

6.5.3　听觉传示装置的选择

1. 音响传示装置的选择

在设计和选择音响、报警装置时，应注意以下原则：

① 在有背景噪声的场合，要把音响显示装置和报警装置的频率选择在噪声掩蔽效应最小的范围内，使人们在噪声中也能辨别出音响信号。

② 对于引起人们注意的音响显示装置，最好使用断续的声音信号；而对报警装置最好采用变频的方法，使音调有上升和下降的变化，更能引起人们注意。另外，警报装置最好与信号灯一起作用，组成"视、听"双重报警信号。

③ 要求音响信号传播距离很远和穿越障碍物时，应加大声波的强度，使用较低的频率。

④ 在小范围内使用音响信号，应注意音响信号装置的多少。当音响信号装置太多时，会因几个音响信号同时显示而互相干扰、混淆，遮掩了需要的信息。在这种情况下可舍去一些次要的音响装置，而保留较重要的，以减少彼此间的影响。

2. 言语传示装置的选择

言语传示装置比音响装置表达更准确，信息量更大，因此，在选择时应与音响装置相区别，并注意下列原则：

① 须显示的内容较多时，用一个言语传示装置可代替多个音响装置，且表达准确，各信息内容不易混淆。

② 言语传示装置所显示的言语信息表达力强，较一般的视觉信号更有利于指导检修和故障处理工作。同时语言信号还可以用来指导操作者进行某种操作，有时可比视觉信号更为细致、明确。

③ 在某些追踪操纵中，言语传示装置的效率并不比视觉信号差。例如，

飞机着陆导航的言语信号、船舶驾驶的言语信号等。

④ 在一些非职业性的领域中，如娱乐、广播、电视等，采用言语传示装置比音响装置更符合人们的习惯。

6.6 操纵装置设计

操纵装置是将人的信息输送给机器，用以调整、改变机器状态的装置。操纵装置将操作者输出的信号转换成机器的输入信号。因此，操纵装置的设计首先要充分考虑操作者的体形、生理、心理、体力和能力。操纵装置的大小、形态等要适应人的手或脚的运动特征，用力范围应当处在人体最佳用力范围之内，不能超出人体用力的极限，重要的或使用频繁的操纵装置应布置在人反应最灵敏、操作最方便、肢体能够达到的空间范围内。操纵装置的设计还要考虑耐用性、运转速度、外观和能耗。操纵装置是人-机系统中的重要组成部分，其设计是否得当，关系到整个系统能否正常安全运行。

6.6.1 常用操纵装置

常用的几种操纵器的功能见表 6-10，其形态如图 6-19 所示。

表 6-10　各种操纵器的功能和使用情况

操纵装置名称	使用功能					使用情况					
	启动制动	不连续调节	定量调节	连续调节	数据输入	性能	视觉辨别位置	触觉辨别位置	多个类似操纵器的检查	多个类似操纵器的操作	复合控制
按钮	△					好	一般	差	差	好	好
钮子开关	△	△			△	较好	好	好	好	好	好
旋转选择开关		△				好	好	好	好	差	较好
旋钮		△	△	△		好	好	一般	好	差	好
踏钮	△					差	差	一般	差	差	差
踏板			△	△		差	差	较好	差	差	差
曲柄			△	△		较好	一般	一般	差	差	差
手轮			△	△		较好	较好	较好	差	差	好
操纵杆			△	△		好	好	较好	好	好	好
键盘					△	好	较好	差	一般	好	差

6.6.2 手控操纵器的设计

1. 触觉功能与触觉特性

操作中的握、动等动作是人与物接触的过程，接触是人动作的基础，特别是在不能用视觉判断的情况下（如黑暗中），动作必须根据触觉来产生。触觉与视觉、听觉相比，有以下特征：

（1）**不太敏感**　人接触物体时，从对物体的知觉到认识它需要一定的时间，即认识物体比视觉慢。触觉存在于人体的所有部位，但触觉敏感度随触觉部位的不同而异。

（2）**适应迅速**　人在接触物的时候，通过重复提拿能对物的重量和形状再认识，能从接触反射做出判断转为马上操作。

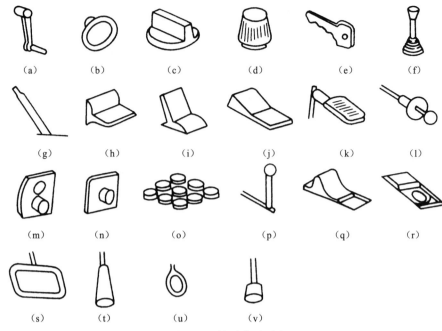

图 6-19 操纵装置形态

(a) 曲柄；(b) 手轮；(c) 旋塞；(d) 旋钮；(e) 钥匙；(f) 开关杆；(g) 调节杆；(h) 杠杆键；
(i) 拨动式开关；(j) 摆动式开关；(k) 脚踏板；(l) 钢丝脱扣；(m) 按钮；(n) 按键；(o) 键盘；
(p) 手闸；(q) 指拨滑块（形状决定）；(r) 指拨滑块（摩擦决定）；(s) 拉环；(t) 拉手；
(u) 拉圈；(v) 拉钮

（3）有立体感 与视觉等相比，触觉能直接掌握物的立体感。触觉能同时感觉温度、压力和痛觉等，因此触觉的判断是综合性的。

2. 操纵手把的设计

手是人体进行操作活动最多的器官之一。长期使用不合理的操作手把，可使操作者产生痛觉，出现老茧甚至变形，并可影响劳动情绪、劳动效率和劳动质量。因此，操纵手把的外形、大小、长短、重量以及材料等，除应满足操作要求外，还应符合手的结构、尺度及其触觉特征。设计合理的操纵手把，主要考虑以下几个方面。

（1）手把形状应与手的生理特点相适应 就手掌而言，掌心部位肌肉最少，指骨间肌和手指部分是神经末梢满布的区域。而指球肌、大鱼际肌、小鱼际肌是肌肉丰满的部位，是手掌上的天然减振器，见图 6-20（a）。设计手把形状时，应避免将手把丝毫不差地贴合于手的握持空间，更不能紧贴掌心。手把着手方向和振动方向不宜集中于掌心和指骨间肌。因为长期使掌心受压受振，可能会引起难以治愈的痉挛，至少也容易引起疲劳和操作不准确。图 6-20 是手的生理结构及手把形状设计，其中以图 6-20 中（b）、（c）、（d）为好，图 6-20 中（e）、（f）、（g）为差。

（2）手把形状应便于触觉对它进行识别 在使用多种控制器的复杂操作场合，每种手把必须有各自的特征形状，以便于操作者确认而不混淆。这种情况下的手把形状必须尽量反映其功能要求，同时还要考虑操作者戴上手套也能分辨和方便操作。图 6-21 分别表示了根据触觉能立即辨认的手把形状。

图 6-20　手的生理结构及手把形状设计

（a）人手结构；（b）～（g）各种手把形状设计

图 6-21　便于触觉辨认的手把形状

（3）尺寸应符合人手尺度的需要　要设计一种合理的手把，必须考虑手幅长度、手握粗度、握持状态和触觉的舒适性。通常，手把的长度必须接近和超过手幅的长度，使手在握柄上有一个活动和选择的范围。手把的径向尺寸必须与正常的手握尺度相符或小于手握尺度。如果太粗，手就握不住手把；如果太细，手部肌肉就会过度紧张而疲劳。另外，手把的结构必须能够保持手的自然握持状态，以使操作灵活自如。手把的外表面应平整光洁，以保证操作者的触觉舒适性。图 6-22 表示各种不同手把的握持状态。

图 6-22　各种不同手把的握持状态

3. 适宜的操纵力范围

操纵器所需的操纵力要适中，不仅要使其用力不超过人的最大用力限度，而且还应使其用力保持在人最合适的用力水平上，使操作者感到舒适而又不易引起疲劳。由于人在操纵时须依靠操纵力的大小来控制操纵量，并由此来调节其操纵活动。因此，操纵力过小则不易控制，操纵力过大则易引起疲劳。表

6-11 列出手控操纵器允许的最大用力；表 6-12 列出不同转动部位平稳转动操纵器的最大用力。

表 6-11　手控操纵器的最大用力

操　纵　器	允许的最大用力/N	操　纵　器	允许的最大用力/N
轻型按钮	5	前后向杠杆	150
重型按钮	30	左右向杠杆	130
轻型转换开关	4.5	手轮	150
重型转换开关	20	方向盘	150

表 6-12　平稳旋转操纵的最大用力

转动部位与特征	最大用力/N	转动部位与特征	最大用力/N
用手转动	10	用手最快转动	9～23
用手和前臂转动	23～40	精确安装时的转动	23～25
用手和全臂转动	80～100	—	—

4. 操纵器的适宜尺寸

操纵器的大小必须与人手尺度相适应，以使操纵活动方便、舒适而高效。据有关实验研究资料所确定的各种手控操纵器与人体尺度有关的尺寸参数，列于表 6-13，尺寸含义见图 6-23。

表 6-13　手控操纵器与人体尺度有关的尺寸参数

名称与图例	尺寸	位移	阻力 F/N
按钮开关 （见图 6-23（a））	指尖操作：$D_{min}=1.25$ cm 拇指按压：$D_{min}=1.8$ cm	在范围内： $x=0.3\sim1.25$ cm 不在范围内： $x=0.3\sim1.8$ cm	指尖操作： 2.85～11.35 小指按压： 1.43～5.68
拨钮开关 （见图 6-23（b））	$D=0.3\sim2.5$ cm $l=1.25\sim50$ cm	最近控制位置：$\theta_{min}=40°$ 总位移量：$\theta=120°$	2.83～11.34
箭头旋钮 （见图 6-23（c））	指针可动：$l\geqslant2.5$ cm 　　　　$b\leqslant2.5$ cm 　　　　$h=1.25\sim7.5$ cm 刻度盘可动：$D=2.5\sim10.0$ cm 　　　　$h=1.25\sim7.5$ cm	视觉定位：$\theta=15°\sim40°$ 盲目定位：$\theta=30°\sim90°$	3.40～13.55
旋钮 （见图 6-23（d））	定位旋钮：$D=3.5\sim7.5$ cm 　　　　$h=2.0\sim5.0$ cm 连续旋钮：$D=1.0\sim3.0$ cm 　　　　$h=1.5\sim2.5$ cm	视觉定位：$\theta\geqslant15°$ 盲目定位：$\theta\geqslant30°$ 人能一次转动：$120°$	12～18 2～4.5
操纵杆 （见图 6-23（e））	端部球形手把直径 $d=1.25\sim5.0$ cm 当手指抓握：$d=2.0$ cm 当手掌抓握：$d=3.0\sim4.0$ cm	前后：$\theta_{max}=45°$ 左右：$\theta_{max}=90°$ 按控制比确定	手指：3～9 手掌：9～135

名称与图例	尺寸	位移	阻力 F/N
曲柄 (见图 6-23 (f))	轻载高速：r＝1.25～10.0 cm 重载时：r_{max}＝50 cm	按控制比确定	轻载高速：9～22.5 大型高速：22.5～45 精确定位：2.3～36
手轮 (见图 6-23 (g))	手轮直径：D＝17.5～52.5 cm 截面直径：d＝1.8～5.0 cm	按控制比确定 θ_{max}＝90°～120°	单手操作：25～135 双手操作：22.5～225

图 6-23　常用手控操纵器的尺寸

（a）按钮开关；（b）拨钮开关；（c）箭头旋钮；（d）旋钮；（e）操纵杆；（f）曲柄；（g）手轮

6.6.3　脚控操纵器的设计

脚控操纵器主要用于需要较大操纵力时，如操纵力超过 50～150 N；需要连续操作而又不便用手时；手的操作负荷太大时，采用脚控操纵可减轻上肢负担和节省时间。通常脚控操纵是在坐姿且有靠背支持身体的状态下进行的，一般多用右脚，用力大时由脚掌操作；快速控制时由脚尖操作，而脚后跟保持不动。立位时不宜采用脚控操纵器，因操作时体重压于一侧下肢，极易引起疲劳。必须采用立位脚控操作时，脚踏板离地不宜超过 15 cm，踏到底时应与地面相平。

1. 适宜的操纵力

脚控操纵器主要有脚踏压钮、脚动开关和脚踏板。在操纵力大于 50～150 N 且需要连续用力时，才选用脚踏板。一般选用前两种较多。

为了防止无意踩动，脚控操纵器至少应有 40 N 的阻力。脚控操纵器的适宜用力见表 6-14。

113

表 6-14 脚控操纵器的适宜用力

脚控操纵器	适宜用力/N	脚控操纵器	适宜用力/N
休息时脚踏板受力	18～32	离合器最大蹬力	272
悬挂脚蹬	45～68	方向舵	726～1 814
功率制动器	～68	可允许的最大蹬力	2 268
离合器和机械制动器	～136	—	—

2. 脚控操纵器的尺寸

脚踏板一般设计成矩形,其宽度与脚掌等宽为佳,一般大于 2.5 cm;脚踏时间较短时最小长度为 6～7.5 cm;脚踏时间较长时为 28～30 cm,踏下行程应为 6～17.5 cm,踏板表面宜有防滑齿纹。

脚踏按钮是取代手控按钮的一种脚控操纵器,可以快速操作。其直径为 5～8 cm,行程为 1.2～6 cm。

3. 脚踏板结构形式的选择

在相同条件下,不同结构形式的脚踏板,其操纵效率是不同的。图 6-24 表示不同类型脚踏板的对比实验结果。图中按编号(a)～(e)顺序,在相同条件下,相应的踏板每分钟脚踏次数分别为 187、178、176、140、171。试验结果表明,每踏 1 次,图(a)所示踏板所需时间最少,图(b)、(c)、(e)所示踏板所需的时间依次增多,而图(d)所示踏板所需的时间最多,比图(a)所示踏板多用 34% 的时间。

(a)   (b)   (c)   (d)   (e)

图 6-24 不同类型脚踏板操纵效率的比较

脚踏板的布置形式也与操作效率有关,实验指出,踏板布置在座椅前 7.62～8.89 cm,离椅面 5～17.8 cm,偏离人体正中面小于 7.5～12.5 cm 处,操作方便,出力最大,有利于提高操作效率。

6.6.4 操纵装置编码与选择

1. 操纵装置编码

在使用多种操纵器的复杂操作场合,按其形状、位置、大小、颜色或标号对操纵器进行编码,是提高效率和减少误操作率的一种有效的方法。

(1)**形状编码** 对操纵器进行形状编码,是使具有不同功能的操纵器具有各自的形状特征,便于操作者的视觉和触觉辨认,并有助于记忆,因而操纵器的各种形状设计要与其功能有某种逻辑上的联系,使操作者从外观上就能迅速地辨认操纵器的功能。

图 6-25 是一组形状编码设计的实例。图(a)应用于连续转动或频繁转动的旋钮,其位置一般不传递控制信息;图(b)应用于断续转动的旋钮,其位

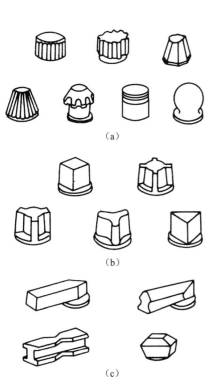

(a)

(b)

(c)

图 6-25 形状编码

114

置不显示重要的控制信息；图（c）应用于特别受到位置限制的旋钮，它能根据其位置给操作人员以重要的控制信息。

（2）位置编码　利用安装位置的不同来区分操纵器，称为位置编码。如将操纵器设在某一位置上表示系统某种功能的类型，并实现标准化，则操作者可不必注视操作对象，而能很容易地识别操纵器并正确地进行操作。它常用于脚踏板编码。

（3）尺寸编码　利用操纵器的尺寸不同，使操作者能分辨出其功能之间的区别，称为尺寸编码。由于手操纵器的尺寸首先必须适合手的尺度，因而利用尺寸进行编码，其应用是有限的。如把旋钮分为大、中、小三挡，并叠放在一起的结构形式，是尺寸编码设计的最佳实例。

（4）颜色编码　利用色彩不同来区分操纵器，称为颜色编码。由于颜色编码的操纵器只有在采光照明较好的条件下才能有效地分辨，同时，色彩种类多了也会增加分辨的难度，因而其使用范围受到一定的限制，一般仅限于红、橙、黄、绿、蓝5种色彩。但是，如果将色彩编码与其他方式编码组合使用，则效果甚佳。

（5）符号编码　利用操纵器上标注的文字符号来区分操纵器，称为符号编码。通常，当操纵器数量很多，上述其他方式编码又难以区分时，可在操纵器上刻上适当的符号，或标上简单的文字以增加分辨效果。但使用的文字符号应力求简单、达意，而且最好是使用手的触觉可分辨的符号。

2. 操纵装置的选择

操纵装置的选择应考虑两种因素，一种是人的操纵能力，如动作速度、肌力大小、连续工作的能力等；另一种是操纵装置本身，如操纵装置的功能、形状、布置、运动状态及经济因素等。按人机工程学原则来选择操纵装置，就是要使这两种因素协调，达到最佳的工作效率。

此处只介绍操纵装置的有关选择依据，见表6-15～表6-17，以供合理选择操纵装置时参考。

表6-15　一些操纵装置的最大允许用力

操纵装置所允许的最大用力			平稳转动操纵装置的最大用力	
操纵器的形式		允许的最大用力/N	转动部位和特征	最大用力/N
按钮	轻型	5	用手操纵的转动机构	<10
	重型	30		
转换开关	轻型	4.5	用手和前臂操纵的转动机构	23～40
	重型	20		
操纵杆	前后动作	150	用手和臂操纵的转动机构	80～100
	左右动作	130		
脚踏按钮		20～90	用手的最高速度旋转的机构	9～23
手轮和方向盘		150	要求精度高时的转动操纵器	23～25

表6-16　各种操纵器之间的距离　　　　mm

把手和摇柄之间的距离	180
单手快速连续动作手柄之间的最远距离	150
周期使用的选择性按钮之间的边距	50

交错排列的连续使用的按钮之间的边距	15
连续使用的转换开关（或拨动开关）柄之间的距离	25
周期使用的转换开关（或拨动开关）柄之间的距离	50
多人同时使用的两邻近转换开关间的距离	75
离单一工作的瞬间转换开关之间邻近边的距离	25
手柄之间最近边距	75
机床边缘上手柄之间的距离	300

表 6-17　各种不同工作情况下建议使用的操纵器

工作情况		建议使用的操纵器
操纵力较小情况	2 个分开的装置	按钮、踏钮、拨动开关、摇动开关
	4 个分开的装置	按钮、拨动开关、旋钮选择开关
	4～24 个分开的装置	同心多层旋钮、键盘、拨动开关、旋转选择开关
	25 个以上分开的装置	键盘
	小区域的连续装置	旋钮
	较大区域的连续装置	曲柄
操纵力较大情况	2 个分开的装置	扳手、杠杆、大按钮、踏钮
	3～24 个分开的装置	扳手、杠杆
	小区域的连续性装置	手轮、踏板、杠杆
	大区域的连续性装置	大曲柄

第 7 章 工作台椅与工具设计

7.1 控制台设计

由于工作岗位不同，工作台种类繁多。在现代化生产系统中，常将有关的显示器、控制器等器件集中布置在工作台上，让操作者方便而快速地监控生产过程，具有这一功能的工作台称为控制台。

对于自动化生产系统，控制台就是包含显示器和控制器的作业单元，它小至像一台便携式打字机，大到可达一个房间。此处仅介绍一般常用控制台的设计。

7.1.1 控制台形式

1. 桌式控制台

桌式控制台的结构简单，台面小巧，视野开阔，光线充足，操作方便，适用于显示、控制器件数量较少的控制，如图 7-1（a）所示。

2. 直柜式控制台

直柜式控制台构成简单，台面较大，视野效果较好。适用于显示、控制器件数量较多的控制，一般多用于无须长时间连续监控的控制系统，如图 7-1（b）所示。

图 7-1 控制台形式

（a）桌式控制台；（b）直柜式控制台；（c）组合式控制台

3. 组合式控制台

控制台的组合方式千变万化，有台和台、台和箱、台和柜以及控制台与操作台等组合方式，具体视控制室功能要求和平面布局要求而定。

由于组合形式繁多、无法一一列举。为适应市场需求，生产企业分工细化，有些控制台壳体生产企业，将控制台壳体设计成多种可组合的形式，而其内部和台面布局可由控制室设计方提出具体要求，根据控制室控制功能的不同复杂程度，可选择一只至六只的不同组合形式，图 7-1（c）为六只单一控制台的以人为中心的组合形式。

7.1.2 控制台的设计要点

控制台的设计，最关键的是控制器与显示器的布置必须位于作业者正常的作业空间范围内。保证作业者能良好地观察必要的显示器，操作所有的控制器，以及为长时间作业提供舒适的作业姿势。控制台有时在操作者前侧上方也有作业区，当然所有这些区域都必须在可视可及区内。因此，控制台设计的主要工作是客观地掌握人体尺度。

1. 控制台作业面

图 7-2 为较方便舒适的显示控制作业面。该图是基于第 2.5 百分位的女性作业者人体测量学数据做出的。根据图中阴影区的形状来设计控制台，可使得操作者具有良好的手-眼配合协调性。

图 7-2 推荐的控制台作业面布置区域

2. 显示器面板型式

控制台显示器面板大多为平坦的矩形。但对于大型控制室内，常将控制台设计成显示-控制分体式，即显示器面板与控制台分开配置。此种类型的控制台，其面板形状应具有灵活性。图 7-3 为各种不同型式的显示器面板，对分体式控制台应采用展开 U 型或半圆型等型式，选型时应充分考虑到操作人员的立体操作范围。

图 7-3 面板型式

3. 控制台上方干涉点高度

对于分体式控制台，由于控制台高度方向上的干涉点，可能遮挡视线，在显示面板的下方产生死角，在死角部分不能配置仪表，如图 7-4 所示。

在设计时，为保证操作者能方便地观察到显示面板的仪表，控制台上方干涉点的高度 h 可用下式计算：

图 7-4 控制台干涉点高度

$$h = \frac{Dk + dH}{D + d} \tag{7-1}$$

118

式中，h 为干涉点高度；k 为操作者眼高；H 为显示面板下端高度；d 为操作者眼点与干涉点的投影距离；D 为干涉点与显示面板的投影距离。

7.1.3 常用控制台设计

1. 坐姿低台式控制台

当操作者坐着监视其前方固定的或移动的目标对象，而又必须根据对象物的变化观察显示器和操作控制器时，则满足此功能要求的控制台应按图 7-5 所示进行设计。

首先控制台的高度应降到坐姿人体视水平线以下，以保证操作者的视线能达到控制台前方；其次应把所需的显示器、控制器设置在斜度为 20°的面板上；再根据这两个要点确定控制台其他尺寸。

2. 坐姿高台式控制台

当操作者以坐姿进行操作，而显示器数量又较多时，则设计成高台式控制台。与低台式控制台相比，其最大特点是显示器、控制器分区域配置，见图 7-6。

首先在操作者视水平线以上 10°至以下 30°的范围内设置斜度为 10°的面板，在该面板上配置最重要的显示器；其次，从视水平线以上 10°~45°范围内设置斜度为 20°的面板，这一面板上应设置次要的显示器；另外，在视水平线以下 30°~50°范围内，设置斜度为 35°的面板，其上布置各种控制器。最后确定控制台其他尺寸。

3. 坐立姿两用控制台

操作者按照规定的操作内容，有时需要坐着、有时又需要立着进行操作时，则设计成坐立两用控制台。这一类型的控制台除了能满足规定操作内容的要求外，还可以调节操作者单调的操作姿势，有助于延缓人体疲劳和提高工作效率。

坐立两用控制台面板配置如图 7-7 所示。从操作者视水平线以上 10°到向下 45°的区域，设置斜度为 60°的面板，其上配置最重要的显示器和控制器；视水平线向上 10°~30°区域设置斜度为 10°的面板，布置次要的显示器。最后，确定控制台其余尺寸。

图 7-5 坐姿低台式控制台

图 7-6 坐姿高台式控制台

图 7-7 坐立姿两用控制台

设计时应注意的是，必须兼顾两种操作姿势时的舒适性和方便性。由于控制台的总体高度是以操作者的立姿人体尺度为依据的，因而当坐姿操作时，应在控制台下方设有踏脚板，这样才能满足较高坐姿操作的要求。

4. 立姿控制台

其配置类似于坐立两用控制台，但在台的下部不设容腿空间和踏脚板，故下部仅设容脚空间或封板垂直。

7.2 办公台设计

采用信息处理机、电子计算机、复印机、传真机、视频会议系统等电子设备处理办公室的日常事务，已成为现代化办公室的重要手段。随着现代化办公室内电子设备的更新和完善，逐渐形成电子化办公室。与电子化办公室中电子设备相适的办公家具设计，已显得非常重要。

7.2.1 电子化办公台人体尺度

图7-8是电子化办公台布置图，由图可见，现代电子化办公室内大多数人员是长时间面对显示屏进行工作，因而要求办公台应像控制台一样具有合理的形状和尺寸，以避免工作人员肌肉、颈、背、腕关节疼痛等职业病。

按照人机工程学原理，电子办公台尺寸应符合人体各部位尺寸。图7-9是依据人体尺寸确定的电子化办公台主要尺寸，该设计所依据的人体尺寸是从大量调查资料获得的平均值。

7.2.2 电子化办公台可调设计

由于实际上并不存在符合平均值尺寸的人，即使身高和体重完全相同的人，其各部位的尺寸也有出入，因此，在电子化办公台按人体尺寸平均值设计的情况下，必须给予可调节的尺寸范围，如图7-9下部三个高度尺寸范围和座椅靠背调节范围等。

图7-8 电子化办公台布置图

图7-9 电子化办公台主要尺寸

120

电子化办公台的调节方式有垂直方向的高低调节、水平方向的台面调节以及台面的倾角调节等，如图 7-10（a）、（b）所示。国外电子化办公台使用实践证明，采用可调节尺寸和位置的电子化办公台，可大大提高舒适程度和工作效率。

（a）　　　　　　　　　　　　　　（b）

图 7-10　可变换姿势的计算机台效果图

长时间保持一种坐姿会造成操作者身体的局部压力积累和静肌疲劳，所以为操作者提供随时方便改变坐姿的可能，对减轻长时间计算机使用者的疲劳大有益处。最好能使操作者后倾 15°，而键盘、鼠标和显示器的高度和倾角能随之变化。

7.2.3　电子化办公台组合设计

采用现代办公设备和办公家具，即意味着办公室内部的重新布置，因而要求办公室隔断、办公单元系列化、办公台易于拆装、变动灵活等特点。为适应这些要求，电子化办公台大多设计成拆装灵活方便的组合式。图 7-11 所示分别为二位、三位和四位办公台组合设计示意图和布置图。

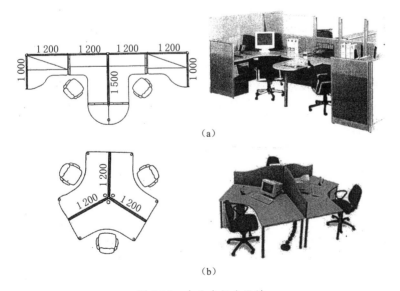

（a）

（b）

图 7-11　办公台组合设计

（c）

图 7-11　办公台组合设计（续）

7.3　工作座椅设计主要依据

坐姿是人体较自然的姿势，它有很多优点。当站立时，人体的足踝、膝部、臀部和脊椎等关节部位受到静肌力作用，以维持直立状态；而坐着时，可免除这些肌力，减少人体能耗，消除疲劳。坐姿比站立更有利于血液循环，站立时，血液和体液会向下肢积蓄；而坐着时，肌肉组织松弛，使腿部血管内血流静压降低，血液流回心脏的阻力也就减少。坐姿还有利于保持身体的稳定，这对精细作业更合适。在脚操作场合，坐姿保持身体处在稳定的姿势，有利于作业，因而坐姿是最常采用的工作姿势。

目前，大多数办公室工作人员、脑力劳动者、部分体力劳动者都采用坐姿工作。随着技术的进步，愈来愈多的体力劳动者也将采取坐姿工作。在工业化国家，三分之二以上是坐姿工作。可以设想，坐姿也将是我国未来劳动者主要的工作姿势。因而工作座椅设计和相关的坐姿分析日益成为人机工程学工作者和设计师们关注的研究课题。

7.3.1　坐姿生理学

1. 脊柱结构

在坐姿状态下，支持人体的主要结构是脊柱、骨盆、腿和脚等。脊柱位于人体背部中线处，由 33 块短圆柱状椎骨组成，包括 7 块颈椎、12 块胸椎、5 块腰椎和下方的 5 块骶骨及 4 块尾骨，相互间由肌腱和软骨连接，见图 7-12。腰椎、骶骨和椎间盘及软组织承受坐姿时上身大部分负荷，还要实现弯腰扭转等动作。对设计而言，这两部分最为重要。

正常的姿势下，脊柱的腰椎部分前凸，而至骶骨时则后凹。在良好的坐姿状态下，压力适当地分布于各椎间盘上，肌肉组织上承受均匀的静负荷。当处于非自然姿势时，椎间盘内压力分布不正常，产生腰部酸痛、疲劳等不适感。

2. 腰曲弧线

从图 7-12 所示的脊柱侧面可看到有四个生理弯曲，即颈曲、胸曲、腰曲及骶曲。其中与坐姿舒适性直接相关的是腰曲。图 7-13 为各种不同姿下所产生的腰曲弧线，人体正常腰曲弧线是松弛状态下侧卧的曲线，如图中曲线 B 所示；躯干挺直坐姿和前弯时的腰弧曲线会使腰椎严重变形，如图中曲线 F 和 G 所示；欲使坐姿能形成几乎正常的腰曲弧线，躯干与大腿之间必须有大于 90°的角度，且在腰部有所支承，如图中曲线 C 所示。可见，保证腰弧曲线的正常形状是获得舒适坐姿的关键。

图 7-13　各种不同姿势下所产生的腰椎曲度

图 7-12　脊柱的形状及组成

3. 腰椎后凸和前凸

正常的腰弧曲线是微微前凸。为使坐姿下的腰弧曲线变形最小，座椅应在腰椎部提供所谓两点支承。由于第 5、6 胸椎高度相当于肩胛骨的高度，肩胛骨面积大，可承受较大压力，所以第一支承应位于第 5、6 胸椎之间，称其为肩靠。第二支承设置在第 4、5 腰椎之间的高度上，称其为腰靠，和肩靠一起组成座椅的靠背。无腰靠或腰靠不明显将会使正常的腰椎呈图 7-14 (a) 中的后凸形状。而腰靠过分凸出将使腰椎呈图 7-14 (b) 中的前凸形状。腰椎后凸和过分前凸都是非正常状态，合理的腰靠应该是使腰弧曲线处于正常的生理曲线。

图 7-14　腰椎后凸和前凸
(a) 腰椎后凸；(b) 腰椎前凸

7.3.2　坐姿生物力学

1. 肌肉活动度

脊椎骨依靠其附近的肌肉和腱连接，椎骨的定位正是借助于肌腱的作用力。一旦脊椎偏离自然状态，肌腱组织就会受到相互压力（拉或压）的作用，使肌肉活动度增加，招致疲劳酸痛。肌腱组织受力时，产生一种活动电势。根据肌电图记录结果可知，在挺直坐姿下，腰椎部位肌肉活动度高，因为腰椎前向拉直使肌肉组织紧张受力。提供靠背支承腰椎后，活动力则明显减小；当躯干前倾时，背上方和肩部肌肉活动度高，以桌面作为前倾时手臂的支承并不能降低活动度。这些结果与坐姿生理学是相符合的。

2. 体压分布

由人体解剖学可知，人体坐骨粗壮，与其周围的肌肉相比，能承受更大的压力。而大腿底部有大量血管和神经系统，压力过大会影响血液循环和神经传

图 7-15　体压分布曲线

（a）

股骨正常位置

股骨受压迫位置

（b）

图 7-16　座面对股骨的影响

导而感到不适。所以座垫上的压力应按照臀部不同部位承受不同压力的原则来设计，即在坐骨处压力最大，向四周逐渐减小，至大腿部位时压力降至最低值，这是坐垫设计的压力分布不均匀原则。

图 7-15 是较为理想的坐垫体压分布曲线，图中各条曲线为等压力线，所标数字的压力单位为 10^2 Pa。研究结果指出，坐骨处的压力值以 8～15 kPa 为宜，在接触边界处压力降至 2～8 kPa 为宜。

3. 股骨受力分析

如图 7-16（a）所示，人体结构在骨盆下面有两块圆骨，称为坐骨结节。坐姿时这两块面积很小的坐骨结节能支承上身的大部分重量。坐骨结节下面的座面呈近似水平时，可使两坐骨结节外侧的股骨处于正常的位置而不受过分的压迫，因而人体感到舒适。

如图 7-16（b）所示，当坐面呈斗形时，会使股骨向上转动，见图中箭头指向。这种状态除了使股骨处于受压迫位置而承受载荷外，还造成髋部肌肉承受反常压迫，并使肘部和肩部受力，从而引起不舒适感。所以在座椅设计中，斗形座面是应该避免的。

4. 椎间盘受力分析

当坐姿腰弧曲线正常时，椎间盘上受的压力均匀而轻微，几乎无推力作用于韧带，韧带不拉伸，腰部无不舒适感，见图 7-17（a）。但是，当人体处于前弯坐姿时，椎骨之间的间距发生改变，相邻两椎骨前端间隙缩小，后端间隙增大，见图 7-17（b）。椎间盘在间隙缩小的前端受推挤和摩擦，迫使它向韧带作用—推力，从而引起腰部不适感，长期累积作用，可造成椎间盘病变。

（a）　　　　　　（b）　　　　　　（c）

图 7-17　不同坐姿时椎间盘受力分析

综合来看，从坐姿生理学角度，应保证腰弧曲线正常；从坐姿生物力学角度，应保证肢体免受异常力作用。依据两方面的要求，研究了人体作业的舒适坐姿。图 7-17（c）是汽车驾驶员舒适驾驶姿势。

7.4　工作座椅设计

7.4.1　办公室工作座椅

图 7-18 为根据日本人体测量数据所设计的办公用座椅原型，从该图可以看出座椅设计基本尺寸的概况。其设计数据是：座面高 370～400 mm，座面倾

图 7-18 办公用座椅原型

角 2°~5°，上身支撑角约 110°；工作时以靠背为中心，与一般作业场所座椅最显著的不同之处是，靠背点以上的靠背弯曲圆弧在人体后倾稍事休息时，能起支撑的作用。该类座椅也可作为会议室用椅。

图 7-19 是一种按人体工程学原理设计的办公座椅。其特点是：

① 椅高及座深可调整：可配合使用者身高做调整。

② 舒适椅座：椅面材质透气散热，椅座前缘有适合曲度，不妨碍大腿血液循环。

③ 腰部支撑：椅背有与人体背部相近的曲面，腰靠维持腰椎部前凸的自然曲线。

④ 肘部支撑：扶手的高度、前后、角度与宽度可配合使用者做调整。

⑤ 颈部支撑：有可调整的头枕，以支撑颈部。

⑥ 倾仰功能：椅座椅背同步倾仰，使身体得以舒展，避免姿势僵固。

⑦ 椅脚稳固：椅脚稳固，搭配大型 PU 轮，既保护使用者的安全也保护地板。

图 7-19 按人体工程学原理设计的
办公座椅

7.4.2 座椅的创意设计

近年来，人机工程学专家与设计师对于座椅设计有新的发展。一般的座椅设计仅是从座椅的固有形状与尺寸关系上进行调整性设计，而近期的座椅设计则从座椅最根本的功能要求的角度着手，从设计观念上已有所突破与创新。

1. 膝靠式座椅

为了适应办公室工作，如打字、书写的坐姿要求，座面应设计成前倾式。但前倾式座面使坐者有从前缘滑脱的趋势，为了维持坐姿，坐者不得不腿部用力抵住地面，防止前滑。为了解决这一问题，设计时从膝部支承考虑，提供一膝部下方至小腿中部的膝靠，这样座面倾斜时前滑的趋势被膝靠阻挡，可以保持坐姿的稳定。

膝靠式座椅是一种打破传统座椅支承上体重量靠臀部的椅子。其设计特点如图 7-20 所示，由坐骨与膝盖来分担大腿以上部位的重量，以减轻脊柱和臀部的承重负担。但膝靠式座椅本身还有一些缺陷有待克服。主要问题在于进出座椅不方便；坐者只能采取前倾作业姿势，如欲后仰休息，则膝部以下被膝盖所限制。

图 7-20　膝靠式座椅

2. 多功能座椅

图 7-21 是一种不同使用方式的可调节式多功能椅，或坐，或靠，或躺，不但功能多，而且每一个功能都十分符合人机工程学原理，使用起来很舒适。

图 7-21　多功能座椅

3. 成长式座椅

图 7-22 是一种基于可持续发展思想而设计的座椅，是座椅创意设计中非常独特的设计理念。该成长式座椅有效地扩大了使用对象的范围，巧妙地通过组件间的组合和调节，可适用于从幼儿到成人间各个年龄段的使用者，成为一件可终身使用的产品。

图 7-22　Tripp Trapp 成长式座椅

7.5　手握式工具设计

工具是人类四肢的扩展。使用工具使人类增加了动作范围、力度，提高了工作效率。工具的发展过程与人类历史几乎一样悠久。为了适合精密性作业，在人手的解剖学机能及工具的构造方面都进行过大量研究。人们在工作、生活中一刻也缺少不了工具，使用的工具大部分还没有达到最优的形态，其形状与尺寸等因素也并不符合人机工程学原则，很难使人有效并安全地操作。实际上，传统的工具有许多已不能满足现代生产的需要与现代生活的要求。人们在作业或日常生活中长久使用设计不良的手握式工具和设备，造成很多身体不适、损伤与疾患，降低了生产率，甚至使人致残，增加了人们的心理痛苦与医疗负担。因此，工具的适当设计、选择、评价和使用是一项重要的人机工程学内容。

7.5.1　手的解剖及其与工具使用有关的疾患

人手是由骨、动脉、神经、韧带和肌腱等组成的复杂结构，见图 7-23。手指由小臂的腕骨伸肌和屈肌控制，这些肌肉由跨过腕道的腱连到手指，而腕道由手背骨和相对的横向腕韧带形成，通过腕道的还有各种动脉和神经。腕骨与小臂上的桡骨及尺骨相连，桡骨连向拇指一侧，而尺骨连向小指一侧。腕关节的构造与定位使其只能在两个面动作，这两个面各成 90°。一个面产生掌屈与背屈，另一个面产生尺偏和桡偏，见图 7-24。

中神经　肌腱
韧带　尺骨神经
骨骼

图 7-23　人体手部的掌侧观模型

背侧屈

正中

掌侧屈

（a）

挠侧偏

正中

尺侧偏

（b）

图 7-24　腕关节动作状态
（a）侧视图；（b）俯视图

人手具有极大的灵活性。从抓握动作来看，可分为着力抓握和精确抓握。着力抓握时，抓握轴线和小臂几乎垂直，稍屈的手指与手掌形成夹握，拇指施力。根据力的作用线不同，可分为力与小臂平行（如锯），与小臂成夹角（如锤击）及扭力（如使用螺丝起子）。精确抓握时，工具由手指和拇指的屈肌夹住。精确抓握一般用于控制性作业（如小刀、铅笔）。操作工具时，动作不应同时具有着力与控制两种性质，因为在着力状态让肌肉也起控制作用会加速疲劳，降低效率。

使用设计不当的手握式工具会导致多种上肢职业病甚至全身性伤害，这些病症如腱鞘炎、腕道综合征、腱炎、滑囊炎、滑膜炎、痛性腱鞘炎、狭窄性腱鞘炎和网球肘等，一般统称为重复性积累损伤病症。

腱鞘炎是由初次使用或过久使用设计不良的工具引起的，在作业训练工人中常会出现。如果工具设计不恰当，引起尺偏和腕外转动作，会增加其出现的机会，重复性动作和冲击震动使之加剧。当手腕处于尺偏、掌屈和腕外转状态时，腕肌腱受弯曲，如时间长，则肌腱及鞘处发炎。

腕道综合征是一种由于腕道内正中神经损伤所引起的不适。手腕的过度屈曲或伸展造成腕道内腱鞘发炎、肿大，从而压迫正中神经，使正中神经受损。它表征为手指局部神经功能损伤或丧失，引起麻木、刺痛、无抓握感觉，肌肉萎缩失去灵活性。其发病率女性是男性的 3 到 10 倍。因此，工具必须设计适当，避免非顺直的手腕状态。

网球肘（肱骨外踝炎）是一种肘部组织炎症，由手腕的过度桡偏引起。尤其是当桡偏与掌内转和背屈状态同时出现时，肘部桡骨头与肱骨小头之间的压力增加，导致网球肘。

狭窄性腱鞘炎（俗称扳机指），是由手指反复弯曲动作引起的。在类似扳机动作的操作中，食指或其他手指的顶部指骨须克服阻力弯曲，而中部或根部指骨这时还没有弯曲。腱在鞘中滑动进入弯曲状态的位置时，施加的过量力在腱上压出一沟槽。当欲伸直手指时，伸肌不能起作用，而必须向外将它扳直，此时一般会发出响声。为了避免扳机指，应使用拇指或采用指压板控制。

7.5.2 手握式工具设计原则

1. 一般原则

工具必须满足以下基本要求，才能保证使用效率：

① 必须有效地实现预定的功能；

② 必须与操作者身体成适当比例，使操作者发挥最大效率；

③ 必须按照作业者的力度和作业能力设计，所以要适当地考虑到性别、训练程度和身体素质上的差异；

④ 工具要求的作业姿势不能引起过度疲劳。

2. 解剖学因素

（1）避免静肌负荷　当使用工具时，臂部必须上举或长时间抓握，会使肩、臂及手部肌肉承受静负荷，导致疲劳，降低作业效率。如在水平作业面上使用直杆式工具，则必须肩部外展，臂部抬高，因此应对这种工具设计做出修改。在工具的工作部分与把手部分做成弯曲式过渡,可以使手臂自然下垂。例如,传统的烙铁是直杆式的,当在工作台上操作时,如果被焊物体平放于台面,则手臂必须抬起才能施焊。改进的设计是将烙铁做成弯把式,操作时手臂就可能处于较自然的水平状态,减少了抬臂产生的静肌负荷,见图7-25。

烙铁　　电子接线板

图 7-25　烙铁把手的设计

（2）**保持手腕处于顺直状态**　手腕顺直操作时,腕关节处于正中的放松状态,但当手腕处于掌屈、背屈、尺偏等别扭的状态时,就会产生腕部酸痛、握力减小,如长时间这样操作,会引起腕道综合征、腱鞘炎等症状。图7-26是钢丝钳传统设计与改进设计的比较,传统设计的钢丝钳造成掌侧偏,改良设计使握把弯曲,操作时可以维持手腕的顺直状态,而不必采取尺偏的姿势。图7-27为使用这两种钳操作后,患腱鞘炎人数的比较。可见,在传统钳用后第10到12周内,患者显著增加,而改进钳使用者中没有此现象。

一般认为,将工具的把手与工作部分弯曲10°左右,效果最好。弯曲式工具可以降低疲劳,较易操作,对于腕部有损伤者特别有利。图7-28也是弯把式设计的例子。

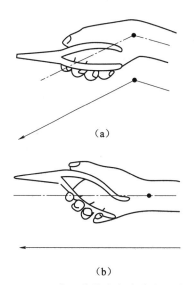

图 7-26　使用传统的和改进的两种
钢丝钳操作时的比较
（a）传统设计；（b）改良设计

图 7-27　使用不同的钢丝钳后患腱鞘炎病人数比较　　图 7-28　把手弯曲式工具设计

（3）**避免掌部组织受压力**　操作手握式工具时,有时常要用手施相当的力。如果工具设计不当,会在掌部和手指处造成很大的压力,妨碍血液在尺动脉的循环,引起局部缺血,导致麻木、刺痛感等。好的把手设计应该具有较大的接触面,使压力能分布于较大的手掌面积上,减小应力;或者使压力作用于不太敏感的区域,如拇指与食指之间的虎口位。图7-29就是这类的设计实例。有时,把手上有指槽,但如没有特殊的作用,最好不留指槽,因为人体尺寸不同,不合适的指槽可能造成某些操作者手指局部的应力集中。

（4）**避免手指重复动作**　如果反复用食指操作扳机式控制器时,就会导致扳机指（狭窄性腱鞘炎）,扳机指症状在使用气动工具或触发器式电动工具时

图 7-29　避免掌部压力的把手设计
（a）传统把柄；（b）改良后把柄

图 7-30 避免单小指（如食指）反复
操作的设计

（a）拇指操作；（b）指压板操作

图 7-31 双把手工具抓握空间与
握力的关系

常会出现。设计时应尽量避免食指做这类动作，而以拇指或指压板控制代替，如图 7-30 所示。

3. 把手设计

操作手握式工具，把手当然是最重要的部分，所以有必要单独讨论其设计问题。对于单把手工具，其操作方式是掌面与手指周向抓握，其设计因素包括把手直径、长度、形状、弯角等。

（1）**直径** 把手直径大小取决于工具的用途与手的尺寸。对于螺丝起子，直径大可以增大扭矩，但直径太大会减小握力，降低灵活性与作业速度，并使指端骨弯曲增加，长时间操作，则导致指端疲劳。比较合适的直径是：着力抓握 30～40 mm，精密抓握 8～16 mm。

（2）**长度** 把手长度主要取决于手掌宽度。掌宽一般在 71～97 mm 之间（5％女性至 95％男性数据），因此合适的把手长度为 100～125 mm。

（3）**形状** 指把手的截面形状。对于着力抓握，把手与手掌的接触面积越大，则压应力越小，因此圆形截面把手较好。哪一种形状最合适，一般应根据作业性质考虑。为了防止与手掌之间的相对滑动，可以采用三角形或矩形，这样也可以增加工具放置时的稳定性。对于螺丝起子，采用丁字形把手，可以使扭矩增大 50％，其最佳直径为 25 mm，斜丁字形的最佳夹角为 60°。

（4）**弯角** 把手弯曲的角度前面已述，最佳的角度为 10°左右。

（5）**双把手工具** 双把手工具的主要设计因素是抓握空间。握力和对手指屈腱的压力随抓握物体的尺寸和形状而不同。当抓握空间宽度为 45～80 mm 时，抓力最大。其中若两把手平行时为 45～50 mm，而当把手向内弯时，为 75～80 mm。图 7-31 即为抓握空间大小对握力影响的情况，可见，对不同的群体而言，握力大小差异很大。为适应不同的使用者，最大握力应限制在 100 N 左右。

（6）**性别差异** 从不同性别来看，男女使用工具的能力也有很大的差异。女性约占人群的 48％，其平均手长约比男性短 2 cm，握力值只有男性的 2/3。设计工具时，必须充分考虑这一点。

人们使用手握式工具，其历史长远，但发展极快，至今人们仍在沿用着手握式工具，只是手握式工具的形式、结构与功能已发生巨大变化，过去人们使用的是人力手握式工具，今天人们已用上智能手握式工具，如鼠标、遥控器、数据手套、云自由度控制装置等。关于这类手握式工具可参阅本书第 12 章或其他相关资料，此处不做介绍。

第8章 个体作业岗位与空间设计

8.1 作业岗位的选择

作业岗位按人作业时的姿势分为坐姿岗位、立姿岗位和坐、立姿交替岗位三类。在人机系统设计时选择哪一类作业岗位，必须依据工作任务的性质来考虑。工业生产中常用的联合作业所推荐的最适用的方案见图 8-1。

参数	重载和／或力量	间歇工作	扩大作业范围	不同作业	不同表面高度	重复移动	视觉注意	操作精密	延续时间>4小时
重载和／或力量		ST	ST	ST	ST	S/ST	S/ST	S/ST	ST/C
间歇工作			ST	ST	ST	S/ST	S/ST	S/ST	S/ST
扩大作业范围				ST	ST	S/ST	S/ST	S/ST	ST/C
不同作业					ST	S/ST	S/ST	S/ST	ST/C
不同表面高度						S	S	S	S
重复移动							S	S	S
视觉注意								S	S
精密操作									S
延续时间>4小时									

图 8-1 推荐的作业岗位选择依据

S＝坐姿；ST＝立姿；S/ST＝坐或立姿；ST/C＝立姿，备有座椅

8.1.1 三种作业岗位的特征

1. 坐姿作业岗位

坐姿作业岗位是为从事轻作业、中作业且不要求作业者在作业过程中走动的工作而组织的。当具有下述基本特征时，宜选择坐姿岗位。

① 在坐姿操作范围内，短时作业周期需要的工具、材料、配件等都易于拿取或移动。

② 不需用手搬移物品的平均高度超过工作面以上 15 cm 的作业。

③ 不需作业者施用较大力量，如搬动重物不得超过 4.5 kg，否则，应采用机械助力装置。

④ 在上班的绝大多数时间内从事精密装配或书写等作业。

2. 立姿作业岗位

立姿作业岗位是为从事中作业、重作业以及坐姿作业岗位的设计参数和工作区域受到限制的情况下而组织的。因而下列基本特征是选用立姿岗位的依据。

① 当其作业空间不具备坐姿岗位操作所需的容膝空间时。

② 在作业过程中，常需搬移重量超过 4.5 kg 的物料时。

③ 作业者经常需要在其前方的高、低或延伸的可及范围内进行操作。

④ 要求操作位置是分开的，并需要作业者在不同的作业岗位之间经常走动。

⑤ 需作业者完成向下方施力的作业，如包装或装箱作业等。

3. 坐、立姿交替作业岗位

因工作任务的性质，要求操作者在作业过程中采用不同的作业姿势来完成，而只有不同的作业岗位才能满足作业者采用不同作业姿势的要求，为此情况而组织的作业岗位称坐、立姿交替作业岗位。具有下列特点时，建议采用坐、立姿交替岗位。

① 经常需要完成前伸超过 41 cm 或高于工作面 15 cm 的重复操作。如果不考虑人体可及范围和静负荷疲劳的特点，可取坐姿作业岗位；但考虑人的特点，应选择坐、立姿交替岗位。

② 对于复合作业，有的最好取坐姿操作，有的则适宜立姿操作，从优化人机系统来考虑，应取坐、立姿交替岗位。

8.1.2 作业岗位设计要求和原则

1. 设计要求

① 作业岗位的布局，应保证作业者在上肢活动所能达到的区域内完成各项操作，并应考虑下肢的舒适活动空间。

② 设计作业岗位时，应考虑操作动作的频繁程度，此处对动作频率程度的划分是：每分钟完成两次或两次以上的操作动作为很频繁；每分钟完成的操作动作少于两次，而每小时完成两次或两次以上时为频繁；而每小时完成的操作动作少于两次的为不频繁。

③ 设计作业岗位时，还应考虑作业者的群体，如全部为男性或女性，应选用两种不同性别各自的人体测量尺寸；如果作业岗位是男性和女性共同使用，则应考虑男性和女性人体测量尺寸的综合指标。

2. 设计原则

① 设计作业岗位时，必须考虑作业者动作的习惯性、同时性、对称性、节奏性、规律性等生理特点，以及动作经济性原则。

② 作业岗位的各组成部分，如座椅、工具、显示器、操纵器及其他辅助设施的设计，均应符合工作特点及人机工程学要求。

③ 在作业岗位上不允许有与作业岗位结构组成无关的物体存在。

④ 作业岗位的设计还应符合 GB 5083—1999 等有关标准和劳动安全规程要求。

8.2 手工作业岗位设计

8.2.1 手工作业岗位的类型

在工业生产中，以手工操作为主的生产岗位称为手工作业岗位。按工作任务的性质，也分为三种类型。国标 GB 14776—1993 中对三种类型的手工作业岗位的设计提供了有关的基本原则和确定尺寸的基本方法。

1. 坐姿手工作业岗位

图 8-2（a）、(b) 分别为坐姿手工作业岗位的侧视图和俯视图，图中标注的代号为设计时需确定的与作业有关和与人体有关的尺寸。

2. 立姿手工作业岗位

图 8-3 为立姿手工作业岗位的侧视图，其俯视图同图 8-2（b）。图中代号含义同图 8-2。

图 8-2　坐姿手工作业岗位

（a）侧视图；（b）俯视图

3. 坐、立姿交替手工作业岗位

坐、立姿交替手工作业岗位侧视图见图 8-4，其俯视图见图 8-2（b），图中代号含义同图 8-2。

图 8-3　立姿手工作业岗位　　　图 8-4　坐、立姿交替手工作业岗位

8.2.2　手工作业岗位尺寸设计

根据与作业相关的程度，三种手工作业岗位中的尺寸均分为与作业有关和与人体有关两类，下面分别介绍两类尺寸确定方法。

1. 与人体有关的作业岗位尺寸

由国家标准中与作业者人体有关部位第 5 或第 95 百分位数值推导出与人体有关的岗位尺寸，列于表 8-1。

表 8-1 与人体有关的作业岗位尺寸 mm

尺寸符号	坐姿工作岗位	立姿工作岗位	坐、立姿工作岗位
横向活动间距 D	≥1 000		
向后活动间距 W	≥1 000		
腿部空间进深 T_1	≥330	≥80	≥330
脚空间进深 T_2	≥530	≥150	≥530
坐姿腿空间高度 G	≤340	—	≤340
立姿脚空间高度 I	—	≥120	—
腿部空间宽度 B	≥480	—	480≤B≤800
			700≤B≤800

2. 与作业有关的作业岗位尺寸

① 作业面高度 C，通常依据作业对象、工作面上相关配置件尺寸确定；对较大的或形状复杂的加工对象，则以加工对象方位处于满足最佳加工条件状态下确定。

② 工作台面厚度 K，在设计时应满足下式关系：

$$K = A - S_{5\%} - Z_{5\%} \qquad K = A - S_{95\%} - Z_{95\%} \qquad (8-1)$$

式中，$S_{5\%}$，$S_{95\%}$ 为第 5 和第 95 百分位数人体座位面高度；$Z_{5\%}$，$Z_{95\%}$ 为第 5 和第 95 百分位数人体大腿空间高度。

③ 坐姿岗位相对高度 H_1 和立姿岗位工作高度 H_2，可根据作业中使用视力和臂力情况，分为三类来确定。其中 I 类为以视力为主的手工精细作业；II 类为使用臂力为主，对视力有一般要求的作业；III 类为兼顾视力和臂力的作业。各类作业的举例及其相应的 H_1、H_2 尺寸见表 8-2。

表 8-2 作业岗位相对高度和工作高度 mm

类别	举例	坐姿岗位相对高度 H_1				立姿岗位工作高度 H_2			
		P_5		P_{95}		P_5		P_{95}	
		女（W）	男（M）	女（W）	男（M）	女（W）	男（M）	女（W）	男（M）
I	调整作业 检验工作 精密元件装配	400	450	500	550	1 050	1 150	1 200	1 300
II	分拣作业 包装作业 体力消耗大的重大工件组装	250		350		850	950	1 000	1 050
III	布线作业 体力消耗小的小零件组装	300	350	400	450	950	1 050	1 100	1 200

④ 工作平面高度 A 的最小限值，对图 8-2 所示的坐姿作业岗位，可用下

式确定：

$$A \geqslant H_1 + S - C \tag{8-2}$$

或

$$A \geqslant H_1 + U + F - C \tag{8-3}$$

对图 8-3 所示的立姿作业岗位，则由下式确定：

$$A \geqslant H_2 - C \tag{8-4}$$

⑤ 座位面高度 S 的调整范围计算式如下：

$$S_{95\%} - S_{5\%} = H_{1(5\%)} - H_{1(95\%)} \tag{8-5}$$

⑥ 脚支撑高度 F 的调整范围计算式为：

$$F_{5\%} - F_{95\%} = S_{5\%} - S_{95\%} + U_{95\%} - U_{5\%} \tag{8-6}$$

⑦ 大腿空间高度 Z 和小腿空间高度 U 的最小限值见表 8-3。

表 8-3 大腿和小腿空间高度最小限值　　　　　　　　mm

尺寸符号	P_5		P_{95}	
	女性	男性	女性	男性
Z	135	135	175	175
U	375	415	435	480

3. 与性别有关的作业岗位尺寸

在作业岗位尺寸设计中，除了上述两类尺寸外，还会遇到与作业人员性别有关的尺寸，例如，在生产流水线工作平面高度 A 必须统一的情况下，工作高度 H_2 应按作业人员性别异同分两种情况确定：

① 当作业人员性别一致时，即全部为男性或全部为女性，此情况下工作高度 H_2 计算式为：

$$H_2 = [H_{2(5\%)} + H_{2(95\%)}]/2 \tag{8-7}$$

式中，$H_{2(5\%)}$，$H_{2(95\%)}$ 为某类别作业的男性或女性第 5 和第 95 百分位数立姿岗位高度。

② 当作业人员性别不一致时，工作岗位高度 H_2 按下式确定：

$$H_2 = [H_{2(\text{w}, 95\%)} + H_{2(\text{M}, 5\%)}]/2 \tag{8-8}$$

式中，$H_{2(\text{w}, 95\%)}$ 为某类别作业的女性作业者第 95 百分位数立姿岗位高度；$H_{2(\text{M}, 5\%)}$ 为某类别作业的男性作业者第 5 百分位数立姿岗位高度。

以上两式中有关数据的选择见表 8-2。

8.3 视觉信息作业岗位设计

视觉信息作业是以处理视觉信息为主的作业，如控制室作业、办公室作业、目视检验作业以及视觉显示终端作业等。随着现代生产自动控制技术、通信技术、计算机技术等学科的飞速发展，各种系统的计算机通信网络的建立，正在改变着人们作业岗位的面貌。因此，视觉信息作业岗位将逐渐成为当代人重要的劳动岗位，其中视觉显示终端作业岗位更具有代表性。

8.3.1 视觉显示终端作业岗位的人机界面

视觉显示终端作业岗位的人机界面关系可用图 8-5 来加以说明。由于这类作业岗位大多采用坐姿岗位，因而其人机界面关系主要存在于图中箭头所指示的四处，即该类岗位设计要点。

图 8-5 视觉显示终端岗位的
人机界面

1. 人-椅界面

在人-椅界面上，首先要求作业者保持正确坐姿，正确坐姿为：头部不过分弯曲，颈部向内弯曲；胸部的脊柱向外弯曲；上臂和下臂之间约成 90°角，而上臂近乎垂直；腰部的脊柱向内弯曲；大腿下侧不受压迫；脚平放在地板或脚踏板上。

组成良好人-椅界面的另一要求是，采用适当尺寸、结构和可以调节的座椅，当调节座椅高度时，作业者坐下后，使脚能平放在地板或脚踏板上；调节座椅靠背，使其正好处于腰部的凹处，如此由座椅提供的符合人体解剖学的支撑作用，而使作业者保持正确坐姿。

2. 眼-视屏界面

在眼-视屏界面上，首先要求满足人的视觉特点，即从人体轴线至视屏中心的最大阅读距离为 710～760 mm，以保护人眼不受电子射线伤害；俯首最大角度不超过 15°，以防止疲劳；视屏的最大视角为 40°，以保持一般不转动头部。

眼-视屏界面的另一要求是，选用可旋转和可移动的显示器，建议显示器可调高度约为 180 mm，显示器可调角度为 -5°～+15°，以减少反光作用；如设置固定显示器，其上限高度与水平视线平齐，以避免头部上转。

3. 手-键盘界面

在手-键盘界面上，要求上臂从肩关节自然下垂，上臂与前臂的最适宜的角度为 70°～90°，以保证肘关节受力而不是上臂肌肉受力；还应保持手和前臂呈一直线，腕部向上不得超过 20°。

在手-键盘界面设计时，为适应所有成年人的使用，可选择高度固定的工作台，但应选择高度可调的平板以放置键盘。键盘在平板上可前后移动，其倾斜度在 5°～15°范围内可调。在腕关节和键盘间应留有 100 mm 左右的手腕休息区；对连续作业时间较长的文字、数据输入作业，手基本不离键盘，可设置一舒适的腕垫，以避免作业者引起手腕疲劳综合征。

4. 脚-地板界面

脚-地板界面对坐姿视觉显示作业岗位也是一个重要的人-机界面，如果台、椅、地三者之间高差不合适，则有可能形成作业者脚不着地，从而引起下肢静态负荷；也有可能形成大腿上抬，而引起大腿受到工作台面下部的压迫。这两种由不良设计引起的后果，都将影响作业人员的舒适性和安全性。

8.3.2 视觉信息作业岗位设计

视觉显示终端作业岗位在各种视觉信息作业岗位设计中最具典型性，对其人机界面关系的分析方法也适用于类似的视觉信息作业岗位的分析，故不一一列举。下面提供几种视觉信息作业岗位的人体尺寸，虽图中数据不是来源于有关标准，但其设计原则值得参考。

① 视觉显示终端作业岗位的人体尺度见图 8-6。该图是通过前述的人机界面关系分析后，将各关键尺寸具体化的结果。

② 视觉信息岗位设计要点见图 8-7，具体要点见图下说明。依据图中要点设计完成的效果图见图 8-8。

图 8-6　视觉显示终端作业岗位尺寸

① 桌面可倾斜　　　　　　　⑦ 灯具照域广,光线柔和省电节能

② 桌高可调整　　　　　　　⑧ 荧幕配合视线调整高度

③ 可调式脚踏垫　　　　　　⑨ 键盘腕垫支撑手腕

④ 椅座深度可调整　　　　　⑩ 扶手提供肘部支撑

⑤ 椅座高度可升降　　　　　⑪ 头枕支撑颈部

⑥ 腰部有支撑　　　　　　　⑫ 荧幕视距可做调整

图 8-7　视觉信息岗位设计要点

图 8-8　视觉信息岗位设计效果图

　　③ 随着现代信息技术的发展，采用视觉信息作业岗位越来越多。因此，重视以人为本的设计思想，依据人机工程学原理进行设计显得更为重要。图 8-9 是一例最人性化的视觉信息作业岗位设计，展示了作业者最适宜的工作姿势和工作空间。图中标明了该例设计的总体原则，极具参考价值。

手臂：当操作员的手放在键盘上时，大臂与小臂应成90°，手与小臂成直线；若手与腕形成向上的角度，试着降低键盘或向下方倾斜键盘；可选的托手应该是可以调节的

靠背：可以调节；形状与后背下部的轮廓相吻合，以提供均匀的压力和支撑

姿势：安全坐进座椅以得到合适的支撑；后背和颈部要保持舒适自然的竖直状态；膝部略低于臀部；两腿不要交叉或将体重置于身体的一侧；适时放松关节和肌肉；不时地站起并适当走动

桌子：面板要薄，以使腿部留有更多的空间且易于变换姿势；桌面的高度最好能调节；桌面要足够大，以便在变换屏幕、键盘和鼠标的位置时仍然有空间摆放书、文件、电话等

电话：将电话夹在头和肩之间接听会引起肌肉疲劳，使用耳机可以使头、颈部保持竖直且可以空出双手

屏幕：屏幕的位置应该使手与小臂保持直线且水平

文件夹：对于操作者而言，文件夹与计算机显示器处于同样的距离和高度，以便眼睛在两者间移动时不需要重新聚焦

座椅：高度和角度可调节；椅垫要结实；座椅的前沿要圆滑以便于腿部的血液循环

键盘：键盘的位置应该使手与小臂保持直线且水平

双脚：应舒适地放在地面或桌子下面的搭足板上

避免眼睛疲劳：
· 配戴眼镜以提高视力；看眼医之前测量屏幕的距离。
· 适当调节屏幕或灯的位置以避免直射；避免光线直接照射屏幕或双眼。
· 使用防闪光滤镜。
· 不时地遥看远方以放松双眼

图 8-9　人性化的视觉信息岗位设计

8.4　作业空间的人体尺度

要设计一个合适的作业空间，不仅须考虑元件布置的造型与形式，还要顾及下列因素：操作者的舒适性与安全性；便于使用，避免差错，提高效率；控制与显示的安排要做到既紧凑，又可区分；四肢分担的作业要均衡，避免身体局部超负荷作业；作业者身材的大小，等等。从人机工程学的角度来看，一个理想的设计只能是考虑各方面的因素折中所得，其结果对每个单项而言，可能不是最优的，但应最大限度地减少作业者的不便与不适，使得作业者能方便而迅速完成作业。显然，作业空间设计应以"人"为中心，以人体尺度为重要设计基准。

8.4.1　近身作业空间

近身作业空间即指作业者操作时，四肢所及范围的静态尺寸和动态尺寸。近身作业空间的尺寸是作业空间设计与布置的主要依据。它主要受功能性臂长的约束，而臂长的功能尺寸又由作业方位及作业性质决定。此外，近身作业空间还受衣着影响。

1. 坐姿近身作业空间

坐姿作业通常在作业面以上进行，其作业范围为一个三维空间。随作业面高度、手偏离身体中线的距离及手举高度的不同，其舒适的作业范围也在发生变化。

若以手处于身体中线处考虑，直臂作业区域由两个因素决定：肩关节转轴高度及该转轴到手心（抓握）距离（若为接触式操作，则到指尖）。图 8-10 为第 5 百分位的人体坐姿抓握尺度范围，以肩关节为圆心的直臂抓握空间半径：男性为 65 cm，女性为 58 cm。

2. 站姿近身作业空间

站姿作业一般允许作业者自由地移动身体，但其作业空间仍需受到一定的限制。例如，应避免伸臂过长的抓握、蹲身或屈曲、身体扭转及头部处于不自然的位置等。图 8-11 为站姿单臂作业的近身作业空间，以第 5 百分位的男性为基准，当物体处于地面以上 110～165 cm 高度，并且在身体中心左右 46 cm 范围内时，大部分人可以在直立状态下达到身体前侧 46 cm 的舒适范围（手臂处于身体中心线处操作），最大可及区弧半径为 54 cm。

3. 脚作业空间

与手操作相比，脚操作力大，但精确度差，且活动范围较小，一般脚操作限于踏板类装置。正常的脚作业空间位于身体前侧、座高以下的区域，其舒适的作业空间取决于身体尺寸与动作的性质。图 8-12 为脚偏离身体中线左右 15°范围内作业空间的示意，深影区为脚的灵敏作业空间，而其余区域需要大腿、小腿有较大的动作，故不适于布置常用的操作元件。

4. 水平作业面

水平作业面主要在坐姿作业或坐/站作业场合采用，它必须位于作业者舒适的手工作业空间范围内（图 8-13）。对于正常作业区域，作业者应能在小臂正常放置而上臂处于自然悬垂状态下舒适地操作；对最大作业区域，应使在臂部伸展状态下能够操作，且这种作业状态不宜持续很久。

图 8-10　坐姿抓握尺度范围

图 8-11　站姿单臂近身作业空间

作业时，由于肘部也在移动，小臂的运动与之相关联。考虑到这一点，则水平作业区域小于上述范围，见图 8-13 中粗实线所示。在此水平作业范围内，小臂前伸较小，从而能使肘关节处受力减小。因此考虑臂部运动相关性，确定的作业范围更为合适。

办公室工作通常在水平台面上进行，如阅读、写作。但有研究发现，适度倾斜的台面更适合于这类作业，实际设计中也已有采用斜作业面的例子。当台面倾斜（12°和24°）时，人的姿势较自然，躯干的移动幅度小，与水平作业面相比，疲劳与不适感会减小。绘图桌桌面一般是倾斜的，如果桌面水平或位置太低，因头部倾角不能超过30°，绘图者就必须身体前屈。为了适应不同的使用者，绘图桌面应设计成可调式：高度为 66～133 cm（以适应从坐姿到站姿的需要），角度为 0°～75°。

图 8-12　脚作业区域

图 8-13　水平作业面的正常尺寸和最大尺寸(cm)

5. 作业面高度

进行作业场所设计时，作业面高度是必须选择的要素之一。作业面如太低，则背部过分前屈；如果太高，则必须抬高肩部，超过其松弛位置，引起肩部和颈部的不适。作业面高度的确定应遵从下列原则：

① 如果作业面高度可调节，则必须将高度调节至适合操作者身体尺度及个人喜好的位置。

② 应使臂部自然下垂，处于合适的放松状态，小臂一般应接近水平状态或略下斜；任何场合都不应使小臂上举过久。

③ 不应使脊椎过度屈曲。

④ 若在同一作业面内完成不同性质的作业，则作业面高度应可调节。

一般，作业面高度应在肘部以下 5～10 cm。对于特定的作业，其作业面高度取决于作业的性质、个人的喜好、座椅高度、作业面厚度、操作者大腿的厚度等。表 8-4 为作业面高度推荐值，适用于身材较高地区。对于写字或轻型装配，其作业面高度为正常位置；重荷作业面高度低是为了臂部易于施力，且避免手部负重；对于精细作业，较高的作业面使得眼睛接近作业对象，便于观察。

表 8-4　坐姿作业面高度　　　　　　　　　cm

作业类型	男性	女性
精细作业（如钟表装配）	99～105	89～95
较精密作业（如机械装配）	89～94	82～87
写字或轻型装配	74～78	70～75
重荷作业	69～72	66～70

对于站姿作业，其作业面高度的设计要素与坐姿相似，即肘高（此时应从地板面算起）和作业类型。基本原则与坐姿作业面相同。图 8-14 为三种不同作业面的推荐高度，图中零位线为肘高，我国男性肘高均值为 102 cm，女性为 96 cm。图 8-15 为轻荷作业面高度随身高不同而调节的情况，它可作为设计可调作业台的依据。

图 8-14　站姿作业面高度与作业性质的关系
（a）精密作业；（b）一般作业；（c）重荷作业

图 8-15　站姿一般作业面高度与
身高的关系

为使操作者能变换姿势，以消除局部疲劳或利于操作，有时采用坐姿站姿交替式作业。在这种情况下，作业面高度的设计应保持上臂处于自然松弛状态，椅子与踏板应便于变换姿势。因此，交替式作业面并不是单纯地提高坐姿作业面高度，而且必须考虑作业的性质与变换的频率。

8.4.2　受限作业空间

作业者有时必须在限定的空间中进行作业，有时还需要通过某种狭小的通道。虽然这类空间大小受到限制，但在设计时，还必须使作业者能在其中进行作业或经过通道。为此，应根据作业特点和人体尺寸确定受限作业空间的最低尺寸要求。为防止受限作业空间设计过小，其尺寸应以第 95 百分位数或更高百分位数人体测量数值为依据，并应考虑冬季穿着厚棉衣等服装进行操作的要求。

图 8-16 为几种受限作业空间尺度，图中代号所表示的尺寸见表 8-5。图 8-17 为几种常见通道的空间尺度，图中代号所表示的尺寸见表 8-6。

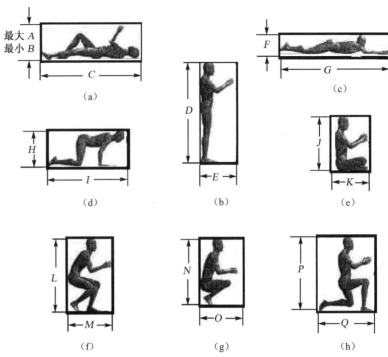

图 8-16 几种受限作业空间尺度

表 8-5 受限作业空间尺寸 mm

代号	A	B	C	D	E	F	G	H	I	J	K	L	M	N	O	P	Q
高身材男性	640	430	1 980	1 980	690	510	2 440	740	1 520	1 000	690	1 450	1 020	1 220	790	1 450	1 220
中身材男性 及高身材女性	640	420	1 830	1 830	690	450	2 290	710	1 420	980	690	1 350	910	1 170	790	1 350	1 120

图 8-17 几种通道空间尺度

表 8-6　通道的空间尺寸

mm

代号	A	B	C	D	E	F	G	H	I	J
静态尺寸	300	900	530	710	910	910	1 120	760	单向 760	610
动态尺寸	510	1 190	660	810	1 020	1 020	1 220	910	双向 1 220	1 020

许多维修空间都是受限作业空间，在确定维修空间尺寸时，应考虑人的肢体尺寸、维修作业姿势、零件最大尺寸、标准维修工具尺寸以及维修时是否需要目视等因素。表 8-7 是由上肢和零件尺寸确定的维修空间，表 8-8 是由标准工具尺寸和使用方法确定的维修空间。

表 8-7　由上肢和零件尺寸限定的维修空间

开口部尺寸	尺寸/mm		开口部尺寸	尺寸/mm	
	A	B		A	B
	650	630		120	130
		200		W+45	130
	125	90		W+75	130
		250		W+150	130
	100	50		W+150	130

表 8-8 由标准工具尺寸和使用方法限定的维修空间

开口部尺寸	尺寸/mm		开口部尺寸	尺寸/mm			使用工具
	A	B		A	B	C	
	140	150		135	125	145	可使用螺丝刀等
	175	135		160	215	115	可用扳手从上旋转60°
	200	185		215	165	125	可用扳手从前面旋转60°
	270	205		215	130	115	可使用钳子、剪线钳等
	170	250		305		150	可使用钳子、剪线钳等
	90	90					

8.5 作业空间的布置

作业空间的布置是指在限定的作业空间内，设定合适的作业面后，显示器与控制器（或其他作业设备、元件）的定位与安排。作业空间或设施的设计对人的行为、舒适感与心理满足感有相当大的影响，而其设计的重要方面之一就是各组成元素在人们使用的空间或设施中的布置问题。本节只讨论在个体作业场所内显示器与控制器的布置。

8.5.1 作业场所布置总则

任何元件都可有其最佳的布置位置，这取决于人的感受特性、人体测量学与生物力学特性以及作业的性质。对于一作业场所而言，因为显示器与控制器众多，不可能使每个元件都处于其本身理想的位置。这时，就必须依据一定的原则来安排。从人机系统的整体考虑，最重要的是要保证方便、准确的操作。据此可确定作业场所布置的总体原则。

1. 重要性原则

即首先考虑操作上的重要性。最优先考虑的是实现系统作业的目标或达到其他性能最为重要的元件。一个元件是否重要往往根据它的作用来确定。有些元件可能并不频繁使用，但却是至关重要的，比如紧急控制器，一旦使用，就必须保证迅速而准确。

2. 使用频率原则

显示器与控制器应按使用的频率优先排列。经常使用的元件应置于作业者易见易及的位置，比如冲床的动作开关。

3. 功能原则

在系统作业中，应按功能性相关关系对显示器、控制器以及机器进行适当的编组排列。比如温度显示器与温度控制器应编组排列，配电指示与电源开关应处于同一布置区域。

4. 使用顺序原则

在设备操作中，为完成某动作或达到某一目标，常按顺序使用显示器与控制器。这时，元件则应按使用顺序排列布置，以使作业方便、高效。例如，开启电源、启动机床、看变速标牌、变换转速等。

在进行系统中各元件布置时，不可能只遵循一种原则。通常，重要性和频率原则主要用于作业场所内元件的区域定位阶段，而使用顺序和功能原则侧重于某一区域内各元件的布置。选择何种原则布置，往往是根据理性判断来确定，没有很多经验可供借鉴。在上述四种原则都可以使用的情况下，有研究表明，按使用顺序原则布置元件，执行时间最短，见图 8-18。

图 8-18　面板布置原则与作业执行时间的关系

8.5.2 作业场所布置考虑顺序

上述布置原则从空间位置上讨论了作业场所的布置问题。对于包含显示与控制的个体作业空间，还可以从以下的时间顺序上考虑布置的问题，以做出合适的折中。

第一位：主显示器；

第二位：与主显示器相关的主控制器；

第三位：控制与显示的关联（使控制器靠近相关的显示器，运动相关性关系等）；

第四位：按顺序使用的元件；

第五位：使用频繁的元件应处于便于观察、操作的位置；

第六位：与本系统或其他系统的布局一致。

第9章 人与作业环境界面设计

9.1 人体对环境的适应程度

在人-机-环境系统中，对系统产生影响的一般环境主要有热环境、照明、噪声、振动、粉尘以及有毒物质等。随着人类生产活动领域的扩大，影响系统的还有失重、超重、异常气压、加速度、电离辐射以及非电离辐射等特殊环境因素。如果在系统设计的各个阶段，尽可能排除各种环境因素对人体的不良影响，使人具有"舒适"的作业环境，不仅有利于保护劳动者的健康与安全，还有利于最大限度地提高系统的综合效能。因此，作业环境对系统的影响就成为人机工程学研究中的一个重要方面。

根据作业环境对人体的影响和人体对环境的适应程度，可把人的作业环境分为四个区域，即：

（1）最舒适区 各项指标最佳，使人在劳动过程中感到满意。

（2）舒适区 在正常情况下，这种环境使人能够接受，而且不会感到刺激和疲劳。

（3）不舒适区 作业环境的某种条件偏离了舒适指标的正常值，较长时间处于此种环境下，会使人疲劳或影响工效，因此，需采取一定的保护措施，以保证正常工作。

（4）不能忍受区 若无相应的保护措施，在该环境下人将难以生存，为了能在该环境下工作，必须采取现代化技术手段（如密封），使人与有害的外界环境隔离开来。

最佳方案是创造一种人体舒适而又有利于工作的环境条件。因此，必须了解环境条件应当保持在什么样的范围之内，才能使人感到舒适而工作效率又能达到最高。图9-1是根据作业环境分区的原则，提供了一个决定舒适程度的环境因素示意图，以直观的方式表示了不同舒适程度的范围。

图 9-1 决定舒适程度的环境因素范围

在生产实践中，由于技术、经济等各种原因，上述舒适的环境条件有时是难以充分保证的，于是就只能降低要求，创造一个允许环境，即要求环境条件保证在不危害人体健康和基本不影响工作效率的范围之内。

有时，由于事故、故障等原因，上述基本允许的环境条件也会难以充分保证，在这种情况下，必须保证人体不受伤害的最低限度的环境条件，创造一个安全的环境。

在人机系统设计中，利用环境控制系统来控制和改善环境只是保障人的健康和安全的一个方面。而在很多情况下，由于经济和技术上的原因，充分控制环境仍不够理想，为此，就常常需要采用各种个体防护用具来对抗种种不利的环境条件，以保证系统的安全和高效。

下面将介绍一般环境因素对人体的影响、防护标准、评价方法等内容，为设计各种舒适环境、允许环境或安全环境提供基础资料。

9.2 人与热环境

9.2.1 影响热环境的要素

影响热环境条件的主要因素有空气温度、空气湿度、空气流速和热辐射。这四个要素对人体的热平衡都会产生影响，而且各要素对机体的影响是综合的。因此，为了对热环境进行分析和评价，就必须考虑各个要素对热环境条件的影响。

1. 气温

作业环境中的气温除取决于大气温度外，还受太阳辐射和作业场所的热源，如各种冶炼炉、化学反应锅、被加热的物体、机器运转发热和人体散热等影响。热源通过传导、对流使作业环境的空气加热，并通过辐射加热四周物体，形成第二热源，扩大了直接加热空气的面积，使气温升高。

2. 气湿

作业环境的气湿以空气相对湿度表示。相对湿度在80%以上称为高气湿；低于30%称为低气湿。高气湿主要由于水分蒸发与释放蒸气所致，如纺织、印染、造纸、制革、缫丝以及潮湿的矿井、隧道等作业场所常为高气湿。在冬季的高温车间可出现低气湿。

3. 气流

作业环境中的气流除受外界风力的影响外，主要与作业场所中的热源有关。热源使空气加热而上升，室外的冷空气从门窗和下部空隙进入室内，造成空气对流。室内外温差越大，产生的气流越大。

4. 热辐射

热辐射主要指红外线及一部分可视线而言。太阳及作业环境中的各种熔炉、开放火焰、熔化的金属等热源均能产生大量热辐射。红外线不能直接使空气加热，但可使周围物体加热。当周围物体表面温度超过人体表面温度时，周围物体表面则向人体放散热辐射而使人体受热，称为正辐射。相反，当周围物体表面温度低于人体表面温度时，人体表面则向周围物体辐射散热，称为负辐射。负辐射有利于人体散热，在防暑降温上有一定的意义。

9.2.2 人体的热平衡

人体所受的热有两种来源：一种是机体的代谢产热；另一种是外界环境热

量作用于机体。机体通过对流、传导、辐射、蒸发等途径与外界环境进行热交换，以保持机体的热平衡。机体与周围环境的热交换可用下式表示：

$$M\pm C\pm R-E-W=S \tag{9-1}$$

式中，M 为代谢产热量；C 为人体与周围环境通过对流交换的热量，人体从周围环境吸热为正值，散热为负值；R 为人体与周围环境通过辐射交换的热量，人体从外环境吸收辐射热为正值，散出辐射热为负值；E 为人体通过皮肤表面汗液的蒸发散热量，均为负值；W 为人体对外做功所消耗的热量，均为负值；S 为人体的蓄热状态。

显然，当人体产热和散热相等时，即 $S=0$，人体处于动态热平衡状态；当产热多于散热时，即 $S>0$，人体热平衡破坏，可导致体温升高；当散热多于产热时，即 $S<0$，可导致体温下降。图 9-2 为人体热平衡状态图。

图 9-2　人体热平衡状态图

人体的热平衡并不是一个简单的物理过程，而是在神经系统调节下的非常复杂的过程。所以，周围热环境各要素虽然经常在变化，而人体的体温仍能保持稳定。只有当外界热环境要素发生剧烈变化时，才会对机体产生不良影响。

9.2.3　热环境对人体的影响

1. 热舒适环境

热舒适环境的定义是：人在心理状态上感到满意的热环境。所谓心理上感到满意就是既不感到冷，又不感到热。影响热舒适环境主要有六个因素，其中四个与环境有关，即空气的干球温度、空气中的水蒸气分压力、空气流速以及室内物体和壁面辐射温度；另外有两个因素与人有关，即人的新陈代谢和服装。此外，还与一些次要因素有关，例如大气压力、人的肥胖程度、人的汗腺功能等。为了建立符合人们心理要求的热舒适环境，可由图 9-3 来了解其主要影响因素的相互关系和最佳组合。

图 9-3 是空调工程中常用的温湿图和舒适区。设干球温度为 25 ℃，水蒸气分压力为 2 000 Pa，则在图中找到交点 K，过 K 点有一条斜虚线，该虚线与相对湿度 100% 曲线交点的水平坐标值为 24 ℃，称其为"有效温度 ET"；该虚线与相对湿度 50% 曲线交点的水平坐标值为 25.5 ℃，称该值为"新有效温度 ET★"。现在主要采用新有效温度来进行热舒适环境的研究。

在温湿度图上的阴影区，是由数千名受试者投票统计结果而确定的热舒适区。主要环境因素组合处于该区域内，可满足人对热环境舒适性的要求。

图 9-3 常用的温湿图和舒适区

2. 过冷、过热环境对人体影响

人体具有较强的恒温控制系统，可适应较大范围的热环境条件。但是，人处于远远偏离热舒适范围、并可能导致人体恒温控制系统失调的热环境中，将对人体造成伤害。

（1）低温冻伤 低温对人体的伤害作用最普遍的是冻伤。冻伤的产生与人在低温环境中暴露时间有关，温度越低，形成冻伤所需的时间越短。例如，温度为 5℃～8℃时，人体出现冻伤一般需要几天时间；而在－73℃时，暴露时间只需 12 s 即可造成冻伤。人体易于发生冻伤的部位是手、足、鼻尖或耳郭等部位。

（2）低温的全身性影响 人在温度不十分低的环境（－1℃～6℃）中依靠体温调节系统，可使人体深部温度保持稳定。但是在低温环境中暴露时间较长，深部体温便会逐渐降低，出现一系列的低温症状。首先出现的生理反应是呼吸和心率加快，颤抖等现象；接着出现头痛等不适反应。深部体温降至 34℃ 以下时，症状即达到严重的程度，产生健忘、呐吃和定向障碍；降至 30℃ 时，全身剧痛，意识模糊；降至 27℃ 以下时，随意运动丧失，瞳孔反射、深部腱反射和皮肤反射全部消失，人濒临死亡。

（3）高温烫伤 高温使皮肤温度达 41℃～44℃时即会感到灼痛，若高温继续上升，则皮肤基础组织便会受到伤害。高温烫伤在生产中并不少见，一般以局部烫伤为最多，全身性烫伤见于火灾事故等。

（4）全身性高温反应 人在高温环境中停留时间较长，体温会渐渐升高，当局部体温高达 38℃，便会产生不舒适反应。人在体力劳动时主诉可耐受的深部体温（通常以肛温为代表）为 38.5℃～38.8℃，高温极端不舒适反应的深部体温临界值为 39.1℃～39.4℃。深部体温超过这一限度，汗率和皮肤热传导量都不再上升，表明人体对高温的适应能力已达到极限。如果温度再升高，即会出现生理危象。全身性高温的主要症状为：头晕、头痛、胸闷、心悸、视觉障碍（眼花）、恶心、呕吐、癫病样抽搐等。温度过高还会引起虚脱、肢体强直、大小便失禁、晕厥、烧伤、昏迷直至死亡。

应该指出的是，人体耐低温能力比耐高温能力强。当深部体温降至 27℃

时，经过抢救还可存活；而当深部体温高到 42 ℃时，则往往引起死亡。

9.2.4 热环境对工作的影响

虽然正常工作与生活的人很少会因过冷或过热环境而影响健康及生命，但在某些特定的工作条件下，人们却必须在过冷或过热环境中工作，不仅使影响健康的危害性大大增加，而且人的工作能力无疑也受到影响。

1. 热环境对脑力劳动的影响

为了提供公共建筑内的热舒适条件，曾对室内空气温度与脑力劳动的关系进行过大量试验。图 9-4（a）是脑力劳动工作效率随室内空气温度的变化关系；图 9-4（b）是脑力劳动相对差错次数与空气温度的变化关系。虽然两图中的曲线是在实验条件下，根据明显的变化趋势作出的一般结论。然而，在实际工作条件下，这一结论也得到了证实。

2. 热环境对体力劳动的影响

实地研究表明，在偏离热舒适区域的环境温度下从事体力劳动，小事故和缺勤的发生概率增加，车间产量下降。当环境温度超出有效温度 27 ℃时，发现需要用运动神经操作、警戒性和决断技能的工作效率会明显降低，而非熟练操作工的工作效能比熟练工损失更大。低温对人的工作效率的影响，最敏感的是手指的精细操作。当手部皮肤温度降低至 15.5 ℃以下时，手部操作灵活性会急剧下降，人手的肌力和肌动感觉能力都会明显变差，从而引起操作效率的下降。

图 9-5（a）为马口铁工相对产量的季节性变化，表明在高温条件下会降低重体力劳动的效率。图 9-5（b）为军火工厂相对事故发生率与温度的关系，表明温度偏离舒适值将影响事故发生率。

图 9-4 气温对效率和相对差错的影响

（a）

（b）

图 9-5 温度对生产率和事故发生率的影响

综上所述，过度的冷或热都会影响人的脑力及体力工作能力。显然，对危及健康的工作热环境，应采取缩短工作时间和相应的防护措施；对暂无条件改善的工作热环境，只能牺牲工作效率和增加人体不舒适感；而对新设计的办公室、工厂之类的工作场所采用热舒适环境设计是合理的。对于最佳热舒适温度有 3 ℃偏离一般不影响工作能力，从对人体最佳激励和经济性考虑，设计时可根据不同工作性能使温度向最佳温度的某一方向有一定偏离。

9.2.5 热环境的舒适度

1. 主观评价依据

热环境对人体影响的主观感觉是评价热环境条件的主要依据之一，几乎所有的热环境评价标准都是在研究人的主观感觉的基础上制定的。当调查人数足够多而且方法适当时，所获得的资料便可以作为主观评价的依据。

根据范杰的研究结果，由图9-6和图9-7总结了舒适的标准。由范杰得出的最终计算和评估相对复杂。即使完全执行范杰的舒适范围，保守估计仍然有5％的人会对环境不满意（对于这些人来说，或太热或太冷）；换句话说，5％是可以达到的最低百分比。适宜气温的一个衡量标准是整间屋子的气温是恒定的，即不同区域或不同层面的温度没有差别。

例如，即便室内没有任何表面是冷的，人们还是会感到凉爽，这是因为人面向较冷区域的身体部位散发出热量，但是吸收回来的热量却很少，从而导致身体的某个部位变凉，这样的区域包括窗边。

控制室内的工作往往需要长时间久坐，而操作者穿着的衣服较少。在这种情况下，相对湿度为50％左右，空气的最大速度应该是0.1 m/s，空气温度应为26 ℃。如果从经济学的角度来看，这是一个较高的温度，那么操作者可以穿上保暖的衣服和长裤子、夹克和毛线套衫。穿上这类保暖衣服后，相对湿度应该是50％，空气运动速度是0.1 m/s，空气的温度是23 ℃。

图9-6　在任何环境中人们不满意其热舒适度的比例

图9-7　空气速度对适宜温度的影响

在控制室内不同的控制仪表之间走动或者站立工作时，室内空气速度会因人在屋内的走动而增加，温度（穿着适当的衣服时）降到19 ℃～20 ℃，空气速度增至0.2 m/s是可以接受的。

在一些控制室内，晚上工作坐着的时间要比白天长得多，因此晚上的温度要略微提高，与白天的19 ℃～20 ℃相比，晚上最好是21 ℃～22 ℃。

由于不同的人对于可接受的气候有不同的需求，因此操作者应能控制气温和湿度。空气湿度应该保持在 40%～60%，如果湿度较低，气温感觉偏低，便需要提高空气温度。同时，低温度还可能导致鼻子和喉咙的黏液膜干燥、增加胸部和喉咙感染的危害。

9.3　人与光环境

9.3.1　良好光环境的作用

作业场所的光环境有天然采光和人工照明。利用自然界的天然光源形成作业场所光环境的叫天然采光（简称采光）；利用人工制造的光源构成作业场所光环境的称人工照明（简称照明）。作业场所的合理采光与照明，对生产中的效率、安全和卫生都有重要意义。

1. 光环境对生产率的影响

根据大量的改善光环境而具有一定效果的定量数据和统计分析的结果，可用图 9-8 来说明良好光环境的作用。由图可知，良好的光环境主要是通过改善人的视觉条件（照明生理因素）和改善人的视觉环境（照明心理因素）来达到提高生产率的。

图 9-8　良好光环境的作用

2. 光环境对安全的影响

良好的光环境对降低事故发生率和保护工作人员的视力和安全有明显的效果。图 9-9（a）是因改善照明和工作场所的粉刷而减少事故发生率的统计资料。从中可以看出，仅改善照明一项，现场事故就减少了 32%，全厂事故减少了 16.5%；如同时改善照明和粉刷，事故的减少就更为显著。图 9-9（b）则说明良好照明使事故次数、出错次数、缺勤人数明显减少。

9.3.2　对光环境的要求

照明的目的大致可以分为以功能为主的明视照明和以舒适感为主的气氛照

明。作业场所的光环境，明视性虽然重要，而环境的舒适感，心情舒畅也是非常重要的。前者与视觉工作对象的关系密切，而后者与环境舒适性的关系很大。为满足视觉工作和环境舒适性的需要，光环境设计应考虑以下几项主要要求：

1. 设计的基本原则

① 合理的照度平均水平。同一环境中，亮度和照度不应过高或过低，也不要过于一致而产生单调感。

② 光线的方向和扩散要合理，避免产生干扰阴影，但可保留必要阴影，使物体有立体感。

③ 不让光线直接照射眼睛，避免产生眩光，而应让光源光线照射物体或物体的附近，只让反射光线进入眼睛，以防止晃眼。

④ 光源光色要合理，光源光谱要有再现各种颜色的特性。

⑤ 让照明和色相协调，使气氛令人满意，这称为照明环境设计美的思考。

⑥ 创造理想的照明环境不能忽视经济条件的制约，因而必须考虑成本。

依据设计基本原则，实现良好照明的特性因素如图 9-10 所示。

图 9-9 照明与事故发生率的关系

图 9-10 良好照明的特性因素

2. 天然光照度和采光系数

由于直射阳光变化大，不能用它作为稳定光源，而是把天空光及其反射光作为天然采光的光源。又因天空光也有相当大的变化，室内天然光照度也随之变化，所以像人工照明那样来决定照度标准是困难的。在采光设计中将天然采光系数作为天然采光设计的指标，对于室内某一点的采光系数 c，可按下列公式计算：

$$c = \frac{E_n}{E_w} \times 100\% \tag{9-2}$$

式中，E_n 为室内某一点的照度；E_w 为与 E_n 同一时间的室外照度。

在满足视机能基本要求的条件下，采光系数是比较全面的指标。常以采光系数的最低值作为设计标准值。我国的采光与照明标准中规定，生产车间工作面上的采光系数最低值不应低于表 9-1 所规定的数值。

表 9-1 生产车间工作面上的采光系数最低值

采光等级	视觉工作分类		室内天然光照度最低值/lx	采光系数最低值/%
	工作精确度	识别对象的最小尺寸 d/mm		
Ⅰ	特别精细工作	$d \leqslant 0.15$	250	5
Ⅱ	很精细工作	$0.15 < d \leqslant 0.3$	150	3
Ⅲ	精细工作	$0.3 < d \leqslant 1.0$	100	2
Ⅳ	一般工作	$1.0 < d \leqslant 5.0$	50	1
Ⅴ	粗糙工作	$d > 5.0$	25	0.5

注：1. 采光系数最低值是根据室外临界照度为 5 000 lx 制定的。如采用其他室外临界照度值，采光系数最低值应做相应的调整；

2. 生产车间和工作场所的采光等级可参考有关标准。

为确保室内所必需的最低限度的照度，在进行采光设计时，采用通常出现的低天空照度值作为设计依据。必要的最低照度设计用的天空照度值见表 9-2。将某种条件下的天空照度值乘以选用的采光系数，就可计算出某种条件下室内某点的天然光照度。

表 9-2 必要的最低照度设计用的天空照度值

条件	天空照度/lx
对于有代表性的太阳高度角的天气状况的最低值	5 800
对于最低太阳高度角的天气状况的代表值	5 600
对于最低太阳高度角的天气状况的最低值	1 300
全年的采光时间的 99% 的最低值	2 000
全年的采光时间的 95% 的最低值	4 500

3. 照明的照度与照度分布

照度是照明设计的数量指标。它表明被照面上光的强弱，以被照场所光通的面积密度来表示。取微小面积 dA，入射的光通为 $d\phi_i$，则照度 E 为：

$$E = \frac{d\phi_i}{dA} \tag{9-3}$$

照明的照度按以下系列分级：2 500、1 500、1 000、750、500、300、200、150、100、75、50、30、20、10、5、3、2、1、0.5、0.2 lx。

我国的照度标准是以最低照度值作为设计的标准值。标准规定生产车间工作面上的最低照度值，不得低于表 9-3 所规定的数值。

表 9-3 生产车间工作面上的最低照度值

识别对象的最小尺寸/mm	视觉工作分类等级		亮度对比	最低照度/lx	
				混合照明	一般照明
$d \leqslant 0.15$	Ⅰ	甲	小	1 500	—
		乙	大	1 000	—
$0.15 < d \leqslant 0.3$	Ⅱ	甲	小	750	200
		乙	大	500	150
$0.3 < d \leqslant 0.6$	Ⅲ	甲	小	500	150
		乙	大	300	100

识别对象的最小尺寸/mm	视觉工作分类等级		亮度对比	最低照度/lx	
				混合照明	一般照明
$0.6<d\leqslant1.0$	IV	甲	小	300	100
		乙	大	200	75
$1<d\leqslant2$	V	—	—	150	50
$2<d\leqslant5$	VI	—	—	—	30
$d>5$	VII	—	—	—	20
一般观察生产过程	VIII			—	10
大件储存	IX			—	5
有自行发光材料的车间	X			—	30

注：1. 一般照明的最低照度一般是指距墙 1 m（小面积房间为 0.5 m）、距地为 0.8 m 的假定工作面上的最低照度；

2. 混合照明的最低照度是指实际工作面上的最低照度；

3. 一般照明是指单独使用的一般照明。

若照度标准值用 E_n 表示，则工作面上的最小照度 E_{min} 应满足下式：

$$E_{min}\geqslant E_n \tag{9-4}$$

由于视觉工作对象的正确布置及其如何变化通常难以预测，因而希望工作面照度分布相对比较均匀。在全部工作平面内，照度不必都一样，但变化必须平缓。因此，对工作面上的照度分布推荐值如下：即局部工作面的照度值最好不大于照度平均值的 25%；对于一般照明，最小照度与平均照度之比规定为 0.8 以上。

4. 亮度分布

为了形成良好的明视和舒适的照明环境，需要有适当的亮度分布。亮度分布可通过规定室内各表面的适宜的反射系数范围，以组成适当的照度分布来实现。有关亮度分布、室内各表面的反射系数以及各表面照度分布同各表面反射系数相配合的推荐值如下：

① 室内各部分的亮度分布的限度见表 9-4；

表 9-4 亮度对比最大值

室 内 各 部 分	办公室	车 间
工作对象与其相邻近的周围之间（如书或机器与其周围之间）	3∶1	3∶1
工作对象与其离开较远处之间（如书与地面、机器与墙面之间）	5∶1	10∶1
照明器或窗与其附近周围之间		20∶1
在视野中的任何位置		40∶1

② 室内各表面反射系数的推荐值见表 9-5；

表 9-5 室内反射率的推荐值

室内各表面	反射率的推荐值
顶棚	80%～90%
墙壁（平均值）	40%～60%
机器设备、工作桌（台）	25%～45%
地面	20%～40%

③ 照度分布和室内各表面的反射系数推荐值见图9-11。

图 9-11　室内各表面的反射系数和相对照度

9.3.3　色彩调节

1. 色彩的感情效果

利用色彩的感情效果，在工作场所构成一个良好的光色环境，称为色彩调节。

如果人的作业环境缺乏色彩，那么将影响人对外界信息的接收，影响人的感情和情绪。色彩引起人们心理上、情绪上、情感上及认知上的变化，都可以作为调节现有环境条件、提高工作效率的手段。色彩的感情效果，可以根据表9-6中的因素进行分析，如暖冷感、轻重感、硬软感、强弱感、明快阴晦感、兴奋沉静感、漂亮朴素感等。

表 9-6　色彩的感情效果

心理因子		评价	活动	力量
关系深浅尺度		喜欢—讨厌 美丽—丑陋 自然—做作	动—静 暖—冷 漂亮—朴素 明快—阴晦 前进—后退 烦躁—安定 光亮—灰暗	强—弱 浓艳—清淡 硬—软 刚—柔 重—轻
与色彩三属性关系	色调	绿、青↔红、紫	红（暖色）↔青（冷色）	基本无关
	饱和度	大↔小	大↔小	基本无关
	明度	大↔小	大↔小	小↔大

2. 环境色彩的选择

根据表9-16及相应的SD图，并结合作业环境条件的特点，决定色彩调节时采用的各种色调、明度和彩度。选择的主要原则是：

① 狭小的空间，需采用"后退"的活动心理因子（使四壁"向后"），用绿蓝色、低饱和度、稍低明度。

② 空旷的空间，需采用"前进"的活动心理因子，用黄色、高明度、稍高饱和度。

③ 车间地面，为防止"打瞌睡"、增加活力，用红色、稍高饱和度。但考

虑到避免疲劳，以低明度安定情绪。

④ 车间天花板，为避免"压抑感"，采用青蓝色。如用天顶内藏式照明光，由于明度增大，可增加青蓝色饱和度来进行调节。

环境色彩选择的具体方法如下：

① 机械设备本体的颜色：色调用5G～5B，明度$V=5～6$，彩度$C=3$左右，或用无彩色N6～7。但大型设备如果也用$V=5～6$，则会使房间内显得暗淡，故可选用$V=8$。当需要把机械的工作部分与本体分开时，工作部分可用7.5YR8/4。

② 如果工作面与环境墙壁的明度不同，则眼睛移开工作面接触壁面时要进行明暗调节，易使眼球疲劳。为此，一般工作面明度选择为$V=7.5～8$，壁面明度选为$V=8$为宜。要尽量避免刺激性强的高彩度，壁面$C<3$。

③ 墙壁的颜色色调：如果是朝南房间，工作温度较高，则选用有寒冷感的，如2.5G；朝北房间，工作温度较低的用有暖感的，如2.5Y。高温工作间用5BG～5B。

④ 人们习惯用白色天花板，因为白色反射率高。但在面积较大而天花板又较低的车间，如一抬头就是白色天花板，会产生一种压抑感，在此情况下，天花板改用青色较好，使人有在晴空之下的广阔感。

最不易使人的眼睛疲劳的颜色是7.5GY8/2，所以它最适用于办公室。

不同车间作业环境色彩设计举例见表9-7。

表 9-7 环境色彩设计举例

室内各表面	大型机器车间	小型机器车间
天　　棚	5Y9/2	5Y9/2
墙　　壁	6GY7.5/2	1.5Y7.5/3
墙　　围	10GY5.5/2	7YR5/3.5
地　　面	10YR5/4	N5
机 器 本 体	7.5GY7/3	7.5GY6/3
机 器 工 作 面	1.5Y8/3	1.5Y8/3

9.3.4　光环境的综合评价

由于光环境设计的目的已从过去单纯提高照度转向创造舒适的照明环境，即由量向质的方向转化。因而从人机工程学对光环境的要求来看，不仅需要对光环境的视功能进行评价，而更需要对光环境进行综合评价。

1. 评价方法

评价方法应考虑光环境中多项影响人的工作效率与心理舒适的因素，通过问卷法获得主观判断所确定的各评价项目所处的条件状态，利用评价系统计算各项评分及总的光环境指数，以确定光环境所属的质量等级。

评价方法的问卷形式如表9-8所示，其评价项目包括光环境中10项影响人的工作效率与心理舒适的因素，而每项又包括四个可能状态，评价人员经过观察与判断，从每个项目的各种可能状态中选出一种最符合自己的观察与感受的状态进行答卷。

表 9-8 评价项目及可能状态的问卷形式

项目编号 n	评价项目	状态编号 m	可能状态	判断投票	注释说明
1	第一印象	1	好		
		2	一般		
		3	不好		
		4	很不好		
2	照明水平	1	满意		
		2	尚可		
		3	不合适，令人不舒服		
		4	非常不合适，看作业有困难		
3	直射眩光与反射眩光	1	毫无感觉		
		2	稍有感觉		
		3	感觉明显，令人分心或令人不舒服		
		4	感觉严重，看作业有困难		
4	亮度分布（照明方式）	1	满意		
		2	尚可		
		3	不合适，令人分心或令人不舒服		
		4	非常不合适，影响正常工作		
5	光影	1	满意		
		2	尚可		
		3	不合适，令人舒服		
		4	非常不合适，影响正常工作		
6	颜色显现	1	满意		
		2	尚可		
		3	显色不自然，令人不舒服		
		4	显色不正确，影响辨色作业		
7	光色	1	满意		
		2	尚可		
		3	不合适，令人不舒服		
		4	非常不合适，影响正常作业		
8	表面装修与色彩	1	外观满意		
		2	外观尚可		
		3	外观不满意，令人不舒服		
		4	外观非常不满意，影响正常工作		
9	室内结构与陈设	1	外观满意		
		2	外观尚可		
		3	外观不满意，令人不舒服		
		4	外观非常不满意，影响正常工作		
10	同室外的视觉联系	1	满意		
		2	尚可		
		3	不满意，令人分心或令人不舒服		
		4	非常不满意，有严重干扰感或有严重隔离感		

2. 评分系统

对评价项目的各种可能状态，按照它们对人的工作效率与心理舒适影响的严重程度赋予逐级增大的分值，用以计算各个项目评分。对问卷的各个评价项目，根据它们在决定光环境质量上具有的相对重要性赋予相应的权值，用以计算总的光环境指数。

3. 项目评分及光环境指数

① 项目评分计算式（其结果四舍五入取整数）：

$$S(n) = \sum_m P(m)V(n, m) \Big/ \sum_m V(n, m) \tag{9-5}$$

式中，$S(n)$ 为第 n 个评价项目的评分，$0 \leqslant S(n) \leqslant 100$；$\sum_m$ 为 m 个状态求和；$P(m)$ 为第 m 个状态的分值，依状态编号 1、2、3、4 为序，分别为 0、10、50、100；$V(n,m)$ 为第 n 个评价项目的第 m 个状态所得票数。

② 总的光环境指数计算式（其结果四舍五入取整数）：

$$S = \sum_n S(n)W(n) \Big/ \sum_n W(n) \tag{9-6}$$

式中，S 为光环境指数，$0 \leqslant S \leqslant 100$；$\sum_n$ 为 n 个评价项目求和；$S(n)$ 为第 n 个评价项目的评分；$W(n)$ 为第 n 个评价项目的权值，项目编号 1～10，权值均取 1.0。

4. 评价结果与质量等级

项目评分和光环境指数的计算结果，分别表示光环境各评价项目特征及总的质量水平。各项目评分及光环境质量指数越大，表示光环境存在的问题越大，即其质量越差。

为了便于分析和确定评价结果，该方法中将光环境质量按光环境指数的范围分为四个质量等级，其质量等级的划分及其含义见表 9-9。

表 9-9　质量等级

视觉环境指数	$S=0$	$0<S\leqslant10$	$10<S\leqslant50$	$S>50$
质量等级	1	2	3	4
含义	毫无问题	稍有问题	问题较大	问题很大

9.4　人与声环境

环境中起干扰作用的声音、人们感到吵闹的声音或不需要的声音，称为噪声。作业环境的噪声不仅限于杂乱无章的声音，也包括影响人们工作的车辆声、飞机声、机械撞击振动声、马达声、邻室的高声谈笑声、琴声、歌声、音乐声等。环境噪声可能妨碍工作者对听觉信息的感知，也可能造成生理或心理上的危害，因而将影响操作者的工作效能、舒适性或听觉器官的健康。但和谐的生产性音乐，对某些工种的工作效率却是有益的。

9.4.1　噪声对人的影响

1. 噪声对工作的影响

关于噪声对不同性质工作的影响，许多国家都做过大量的研究。成果表明，噪声不但影响工作质量，同时也影响工作效率。如果噪声级达到 70 dB（A），对各种工作产生的影响表现在以下几个方面：

① 通常将会影响工作者的注意力；

② 对于脑力劳动和需要高度技巧的体力劳动等工种，将会降低工作效率；

③ 对于需要高度集中精力的工种，将会造成差错；

④ 对于需要经过学习后才能从事的工种，将会降低工作质量；

⑤ 对于不需要集中精力进行工作的情况下，人将会对中等噪声级的环境产生适应性；

⑥ 如果已对噪声适应，同时又要求保持原有的生产能力，将要消耗较多精力，从而会加速疲劳；

⑦ 对于非常单调的工作，处在中等噪声级的环境中，噪声就像一只闹钟，将可能产生有益的效果；

⑧ 对能够遮蔽危险报警信号和交通运行信号的强噪声环境下，还易引发事故。

研究还指出，噪声对人的语言信息传递影响最大。如图 9-12（a）所示，交谈者相距 1 m 在 50 dB 噪声环境中可用正常声音交谈。但在 90 dB 噪声环境中应大声叫喊才能交谈，由此还将影响交谈者的情绪，如图 9-12（b）表明，在上述情况下，交谈者情绪将由正常变为不可忍耐。

因此，许多国家的标准在规定作业场所的最大允许噪声级时，对于需要高度集中精力的工作场所均以 50 dB（A）的稳态噪声级作为其上限。

图 9-12　噪声对语言信息传递的影响

2. 噪声对听觉的影响

（1）暂时性听力下降　在噪声作用下，可使听觉发生暂时性减退，听觉敏感度降低，可听阈提高。当人离开强噪声环境而回至安静环境时，听觉敏感度不久就会恢复，这种听觉敏感度的改变是一种生理上的"适应"，称为暂时性听力下降。

不同的人，对噪声的适应程度是不同的。但暂时性听力下降却有明显的特征，即受到噪声作用后听觉有较小的减退现象，约 10 dB；回到安静环境中听觉敏感度能迅速恢复；通常以在 4 000 Hz 或 6 000 Hz 处比较显著，而低频噪声的影响较小。

（2）听力疲劳　在持久的强噪声作用下，听力减退较大，恢复至原来听觉敏感度的时间也较长，通常需数小时以上，这种现象称为听力疲劳。

噪声引起的听力疲劳不仅取决于噪声的声级，还取决于噪声的频谱组成。频率越高，引起的疲劳程度愈重。

（3）持久性听力损失　如果噪声连续作用于人体，而听觉敏感度在休息时间内又来不及完全恢复，时间长了就可能发生持久性听力损失。另外，如果长期接触过量的噪声，听力阈值就不能完全恢复到原来的数值，便造成耳感受器发生器质性病变，进而发展成为不可逆的永久性听力损失，临床上称噪声性耳聋，它是一种进行性感音系统的损害。

噪声性耳聋的特点是，在听力曲线图上以 4 000 Hz 处为中心的听力损失，即所谓"V"字形病变曲线。噪声性耳聋的另一特点是，先有高音调缺损，然后是低音调缺损。噪声性耳聋听力损失的一般发展形式见图 9-13。

（4）爆震性耳聋　上面介绍的都是缓慢形成的噪声性听力损失。如果人突然暴露于极其强烈的噪声环境中，如高达 150 dB 时，人的听觉器官会发生鼓膜破裂出血，迷路出血，螺旋器（感觉细胞和支持结构）从基底膜急性剥离，一次刺激就有可能使人双耳完全失去听力，这种损伤称为声外伤，或称爆震性耳聋。

3. 噪声对机体的其他影响

噪声在 90 dB 以下，对人的生理作用不明显。90 dB 以上的噪声，对神经系统、心血管系统等有明显的影响。

将不同声级的噪声对人体器官的主要影响进行了汇总，并将汇总结果分为四个"噪声品级"，该分级方式相当精确，足以对所有实际应用分析提供信息。图 9-14 为四个噪声品级所造成的影响程度（按％计）与声级（单位为加权分贝）之间的关系，如：

第一噪声品级：$L = 30$ dB（A）～65 dB（B），其影响程度仅限于心理的，见图 9-14 中区域 1；

图 9-13　噪声性耳聋的发展形式　　　图 9-14　四个噪声品级所造成的影响

第二噪声品级：$L = 65～90$ dB（B），心理影响大于第一品级，另外还有植物神经方面的影响，见图 9-14 中区域 2；

第三噪声品级：$L = 90～120$ dB（B），心理影响和植物神经影响均大于第二品级，此外还有造成不可恢复的听觉机构损害的危险，见图 9-14 中区域 3；

第四噪声品级：$L > 120$ dB（B），经过相当短时间的声冲击之后，就必须考虑内耳遭受的永久性损伤。当声级达到 $L > 140$ dB（B）时，遭受刺激的人很可能形成严重的脑损伤，见图 9-14 中区域 4。

9.4.2　影响噪声对机体作用的因素

1. 噪声的强度

噪声强度大小是影响听力的主要因素。强度越大听力损伤出现得越早，损伤就越严重，受损伤的人数越多。经调查发现语言听力损伤的阳性率随噪声强度的增加而增加，噪声性耳聋与工龄有关。

2. 接触时间

接触噪声的时间越长，听力损伤越重，损伤的阳性率越高。听力损伤的临界暴露时间，在同样强度的噪声作用下由各频率听阈的改变表现也是各不相同的。4000 Hz～6000 Hz 出现听力损伤的时间最早，即该频段听力损伤的临界暴露时间最短。一般情况下接触强噪声头 10 年听力损伤进展快，以后逐渐缓慢。

3. 噪声的频谱

在强度相同条件下，以高频为主的噪声比以低频为主的噪声对听力危害大；窄频带噪声比宽频带噪声危害大。研究发现频谱特性可影响听力损伤的程度，而不会影响听力损失的高频段凹陷这一特征。

4. 噪声类型和接触方式

脉冲噪声比稳态噪声危害大。持续接触比间断接触危害大。

5. 个体差异

机体健康状况和敏感性对听力损伤的发生和严重程度也有差异。在现场调查中常发现少数（1％～10％）特别敏感及特别不敏感的人。

9.4.3 噪声评价标准

1. 国外听力保护噪声标准

为了保护经常受到噪声刺激的劳动者的听力，使他们即使长期在噪声环境中工作，也不致产生听力损伤和噪声性耳聋。听力保护噪声标准以 A 声级为主要评价指标，对于非稳定噪声，则以每天工作 8 h，连续每周工作 40 h 的等效连续 A 声级进行评价。表 9-10 为国外几种听力保护噪声标准。

表 9-10 国外听力保护噪声允许标准（A 声级）

每个工作日允许 工作时间/h	允许噪声级/dB（A）		
	国际标准化组织 （1971 年）	美国政府 （1969 年）	美国工业卫生医师协会 （1977 年）
8	90	90	85
4	93	95	90
2	96	100	95
1	99	105	100
1/2（30 min）	102	110	105
1/4（15 min）	115（最高限）	115	110

2. 我国工业噪声卫生标准

我国 1979 年颁布的"工业企业噪声卫生标准"中，对工业企业的生产车间和作业场所的噪声允许标准的规定见表 9-11。

表 9-11 我国工业企业的噪声允许标准

每个工作日接触噪声的 时间/h	新建、改建企业的噪声允许标准 /dB（A）	现有企业暂时达不到标准时， 允许放宽的噪声标准/dB（A）
8	85	90
4	88	93
2	91	96
1	94	99
最高不得超过	115	115

3. 环境噪声标准

为了控制环境污染，保证人们的正常工作和休息不受噪声干扰，ISO 规定住宅区室外噪声允许标准为 35～45 dB（A），对不同的时间、地区要按表 9-20 进行修正。非住宅区室内噪声允许标准见表 9-12。

表 9-12　ISO 公布的各类环境噪声标准

Ⅰ. 不同时间的修正值/dB（A）		Ⅲ. 室内修正值/dB（A）	
时间	修正值	条件	修正值
白天	0	开窗	−10
晚上	−5	单层窗	−15
夜间	−10～−15	双层窗	−20
Ⅱ. 不同地区的修正值/dB（A）		Ⅳ. 室内噪声标准/dB（A）	
地区分类	修正值	室的类型	允许值
医院和要求特别安静的地区	0	寝室	20～50
郊区住宅，小型公路	+5	生活室	30～60
工厂与交通干线附近的住宅	+15	办公室	25～60
城市住宅	+10	单间	70～75
城市中心	+20		
工业地区	+25		

9.5　人与振动环境

振动环境是伴随人们工作和生活较普遍的环境。各种空中的、陆地的、水中的交通工具，以及各种工业的、农业的、家用的机械工具都可使人们处于振动环境之中，影响人的工作效率、舒适性以及人的健康和安全。此外，振动还影响机械、设备、工具、仪表的正常工作。

9.5.1　人体的振动特性

人体是一个有生命的有机体，对振动的反应往往是组合性的。研究指出，人体对振动敏感范围如图 9-15（a）所示，表明人体暴露在振动环境中分为高频区和低频区，同时又分为整体敏感区和局部敏感区。

人体可视为一个多自由度的振动系统。由于人体是具有弹性的组织，因此，对振动的反应与一个弹性系统相当。尽管将人体作为振动系统研究时，出现的情况十分复杂，但是，对于坐姿人体承受垂直振动时的振动特性，其研究结果基本一致。人体对 4～8 Hz 频率的振动能量传递率最大，其生理效应也最大，称作第一共振峰。它主要由胸部共振产生，因而对胸腔内脏影响最大。在 10～12 Hz 的振动频率时出现第二共振峰，它是由腹部共振产生，对腹部内脏影响较大，其生理效应仅次于第一共振峰。在 20～25 Hz 的频率时出现第三共振峰，其生理效应稍低于第二共振峰。以后随着频率的增高，振动在人体内的传递逐步衰减，其生理效应也相应减弱。显然，对人体影响最大的是低频区。当整体处于 1～20 Hz 的低频区时，人体随着频率不同而发生的不同反应，见图 9-15（b）。

9.5.2 影响振动对机体作用的因素

由图 9-15 可知，不同的振动物理参数，将使人体产生不同的反应。振动频率、作用方向、振动强度是振动作用于人体的主要因素；作用方式、振动波形、暴露时间等因素也相当重要。此外，寒冷是振动引起人体不良反应的重要外界条件之一。振动对机体作用因素见图 9-16。

图 9-15 人体对振动的敏感范围   图 9-16 振动对人体的影响因素

9.5.3 振动对人体的影响

振动对人的影响主要取决于振动的强度，而振动强度一般是用加速度有效值来计量的。除了振动强度外，还有两个十分重要的因素。其一是振动频率，实验证明，人对 4~8 Hz 的振动感觉最敏感，频率高于 8 Hz，或低于 4 Hz，敏感性就逐渐减弱。其二，对于同强度、同频率的振动来说，振动的影响还同振动的暴露时间有关。短暂时间内可以容忍的振动，时间一长就很可能变成不能容忍。

振动对人的影响大致有以下四种情况：

① 人体刚能感受到振动的信息，即是通常所说的"感觉阈"，见图 9-17。人们对刚超过感觉阈的振动，一般并不觉得不舒适，即多数人对这种振动是可容忍的。

② 振动的振幅加大到一定程度，人就感到不舒适，或者做出"讨厌"的反应，这就是"不舒适阈"。不舒适是一种生理反应，是大脑对振动信息的一种判断，并没有产生生理的影响。

③ 振动振幅进一步增加，达到某种程度时，人对振动的感觉就由"不舒适"进到"疲劳阈"。对超过疲劳阈的振动，不仅有心理的反应，而且也出现生理的反应。这就是说，振动的感受器官和神经系统的功能在振动的刺激下受到影响，并通过神经系统对人体的其他功能产生影响，如注意力的转移、工作效率的降低，等等。对刚超过"疲劳阈"的振动来讲，振动停止以后，这些生理影响是可以恢复的。

④ 振动的强度继续增加，就进入到"危险阈"。超过危险阈时，振动对人不仅有心理、生理的影响，还产生病理性的损伤和病变，且在振动停止后也不能复原，这一界限通常称为"痛阈"。

9.5.4 振动对工作能力的影响

上述振动对人的心理效应主要表现为操作能力的变化，而振动对人的工作能力的影响又是多方面的。由于人体与目标的振动，使视觉模糊，仪表判读以及精细的视分辨发生困难；由于手脚和人机界面振动，使动作不协调，操纵误差增加；由于全身受损颠簸，使语言明显失真或间断；由于强烈振动使脑中枢机能水平降低，注意力分散，容易疲劳，从而加剧振动的心理损害。振动负荷导致人的操作能力的降低主要反映在操纵误差、操作时间、反应时间的变化，具体如图9-18所示。

图9-17 振动的阈值

图9-18 振动对操作能力的影响

9.5.5 振动的评价

振动的评价标准是对所接触的振动环境进行人机工程学评价的重要依据。由于目前我国尚无这类标准，故只介绍ISO组织颁布的振动评价标准。

1. 全身承受振动的评价标准

ISO 2631《人体承受全身振动的评价指南》是国际标准化组织推荐的振动评价标准。该标准提出以振动加速度有效值、振动方向、振动频率和受振持续时间这四个基本振动参数的不同组合来评价全身振动对人体产生的影响。ISO 2631根据振动对人的影响，规定了1～80 Hz振动频率范围内人体对振动加速度均方值反应的三种不同感觉界限，即：

（1）健康与安全界限（EL） 人体承受的振动强度在这个界限内，人体将保持健康和安全。

（2）疲劳-降低工作效率界限（FDP） 当人体承受的振动在此界限内，人将能保持正常的工作效率。

（3）舒适降低界限（RCB） 当振动强度超过这个界限，人体将产生不舒适反应。

三种界限之间的简单关系为：

$$EL = 2FDP(\text{两者相差 6 dB}) \tag{9-7}$$

$$RCB \approx \frac{FDP}{3.15}(\text{两者相差 10 dB}) \tag{9-8}$$

图 9-19 是 ISO 2631 振动评价标准中的疲劳-降低工作效率界限。图中实线为垂直振动评价标准；虚线为水平振动（胸背或侧面）评价标准。虚线比实线下降 3 dB，这说明人体对水平振动比对垂直振动更敏感。

对于不同的工作环境，应根据具体的工作要求和工作条件，选取上述的评价界限之一作为振动评价的基本标准。如果需要以健康与安全界限或舒适降低界限为评价的基本标准，则可将图 9-19 中图线上的振动加速度有效值乘以 2，便可得到"健康与安全界限"；若将图线上的振动加速度有效值除以 3.15，便能得到"舒适降低界限"。

ISO 2631 评价标准中的允许界限值可直接用于单频率正弦振动的评价。按等效的观点，也可以直接用于集中在 1/3 倍频程或更小频带中的窄带随机振动的评价，但在这种情况下，应当以 1/3 倍频程中心频率处的振动加速度有效值的允许界限值，与相应的 1/3 倍频程的实测振动加速度的均方根值相对比较来进行评价。

对于多个离散频率的振动或宽带随机振动，则可视情况和要求的不同，采用 1/3 倍频程分析评价法或总加权加速度有效值评价法。

2. 局部振动的评价标准

国际标准化组织提出《人对手传振动暴露的测量和评价指南》（ISO/DIS 5394），虽是局部振动标准草案，但已为许多国家所承认，成为评价局部振动的重要依据。

按该标准要求，测试点应在与手接触的机械之某处（如手柄或手抓取处）。振动定向是根据人体的解剖位置以第三掌骨头为坐标原点确定 X、Y、Z 三轴向，见图 9-20。

图 9-19　全身振动允许界限

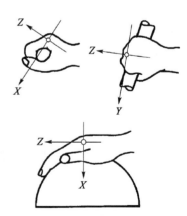

图 9-20　局部振动的方向

ISO/DIS 5394 标准是根据每天接振时间，规定出最大轴向各中心频率下振动加速度、速度有效值的最大限值。该标准所规定的具体原则为：每班接振时间以 4 h 计，不足 4 h 者以 4 h 等能量频率计权加速度表示。该评价准则对于三个轴的测量结果均可适用，但三个轴向振动以最大轴向振动加速度成分评价。评价时用倍频程分析的结果计算。

因不同的受振时间，允许不同的接振加速度，如果工作日内接触振动时间不足4～8 h，则无论是连续暴露，还是不规则间断暴露，或规则间断暴露，均应按表9-13中的校正系数进行加权计算后评价。表中的系数即为各频带范围4～8 h容许接触界限的倍数。如系数为5，即将4～8 h最大容许值各项数值乘以5，其余类推。

通常，根据接触时间，由表9-13查出修正系数，然后利用图9-21所示的相应曲线进行评价。该图中的横坐标是倍频程中心频率；纵坐标为加速度有效值；其中1～5条曲线即是不同修正系数时的容许界限。评价时可将手传振动的测试结果绘制频谱图，与ISO/DIS 5394的标准曲线相比较，即可对局部接触振动做出评价。

表 9-13　校正系数

工作日内接触时间	持续或不规则间断	规则性间断				
		每小时不接触振动时间/min				
		～10	10～20	20～30	30～40	>40
～30 min	5	5	—	—	—	—
0.5～1 h	4	4	—	—	—	—
1～2 h	3	3	3	4	5	5
2～4 h	2	2	2	3	4	5
4～8 h	1	1	1	2	3	4

图 9-21　局部振动评价曲线

9.6　人与毒物环境

人在劳动中的许多环节都有可能接触到生产性毒物。各种生产性毒物常以固体、液体、气体或气溶胶的形态存在，其中固体和液体形态存在的生产性毒物，如果不挥发又不经皮肤进入人体，则对人体危害较小。因此，就其对人体的危害来说，则以空气污染具有特别重要的意义。而对作业环境的空气造成污染的主要物质是有毒气体、蒸气、工业粉尘以及烟雾等有害物质。

9.6.1 有毒气体和蒸气

有毒气体是指常温、常压下呈气态的有害物质。例如，由冶炼过程、发动机排放的一氧化碳；由化工管道、容器或反应器逸出的氯化氢、二氧化硫、氯气等。有毒蒸气是指有毒的固体升华、液体蒸发或挥发时形成的蒸气。例如，喷漆作业中的苯、汽油、醋酸酯类等物质的蒸气。当空气中含有过量的有害气体或蒸气，可使人产生中毒或导致职业性疾病。工业生产中几种常见的有害气体与人体的关系见表 9-14。

表 9-14　几种有毒气体与人体的关系

有毒气体浓度		对人体产生的影响
一氧化碳浓度/10^{-6}（体积的百万分比率）	100	数小时对人体无影响
	400～500	1 h 内无影响
	600～700	1 h 后有时会引起不快感
	1 000～1 200	1 h 后会引起不快
	1 500～2 000	1 h 后会有危险
	4 000 以上	1 h 后即有危险
二氧化碳浓度/%	45	几小时内无症状
	54	呼吸的深度会增加
	72	有局部症状，头痛、耳鸣、心跳、昏迷、意识丧失
	108	呼吸显著地增加
	144	呼吸明显困难
	180	意识丧失，死亡状态
	360	生命的中枢完全麻痹，死亡
氯气浓度/10^{-6}	0.02	嗅觉阈浓度
	0.5	有气味
	1～3	有明显气味，刺激眼、鼻
	6	刺激咽喉致咳
	30	引起剧咳
	40～60	接触 30～60 min，可能引起严重损害
	100	可能造成致命损害
	1 000	可危及生命
二氧化硫 24 h 平均浓度/（$\mu g \cdot m^{-3}$）		中年以上或慢性病患者出现超出预计的死亡呼吸道病人的病情恶化

9.6.2 工业粉尘和烟雾

工业粉尘是指能较长时间飘浮在作业场所空气中的固体微粒，其粒子大小多在 0.1～10 μm。固体物质经机械粉碎或碾磨时可产生粉尘，粉状原料、半成品和成品在混合、筛分、运送或包装时有粉尘飞扬。例如，炸药厂的三硝基甲苯粉尘、干电池厂的锰尘等。

烟（尘）为悬浮在空气中直径小于 $0.1\,\mu m$ 的固体微粒。某些金属熔融时所产生的蒸气在空气中迅速冷凝或氧化而形成烟，例如，熔炼铅时产生的铅烟，熔铜铸铜时产生的氧化锌烟。有机物质加热或燃烧时也可产生烟，例如农药熏蒸剂燃烧时产生的烟。

雾为悬浮于空气中的液体微滴，多由于蒸气冷凝或液体喷洒而形成的。例如，喷洒农药时的药雾；喷漆时的漆雾；电镀铬时的铬酸雾；金属酸洗时的硫酸雾等。

在生产过程中，如没有控制毒物的措施，作业环境中均会有大量粉尘和烟雾逸散，从事有关作业的操作者，都有可能接触这类有害物质而受其危害。

粉尘在进入呼吸道后，根据其物理性状，在呼吸道各部位通过不同方式沉积、储留以及最后清除。生产性粉尘根据其理化性质、进入人体的量和作用部位，可引起不同的病变。粉尘主要引起职业性呼吸系统疾患，如尘肺、支气管哮喘、职业性过敏性肺炎、呼吸系统肿瘤等。

此外，粉尘还会引起中毒作用，如吸入铅、砷、锰等有毒粉尘，能在支气管和肺泡壁上溶解后吸收，引起中毒表现。

9.6.3 有毒环境的卫生标准

《工业企业设计卫生标准》（TJ 36—79）规定车间空气中有毒气体、蒸气及粉尘等共120种有毒物体的最高允许浓度。其中一般作业环境可能接触的部分有毒物质的最高允许浓度可参考表 9-14。

表 9-14 中最高允许浓度系指工人工作地点的空气中有毒物质不能超过的数值。工作地点是指生产过程中经常停留的地点，若经常停留的地点很多，则以整个车间为工作地点。

表 9-14 中数据均以单种有毒物质、稳定发生量及 8 h 工作为前提，若情况不同，可按下述方式进行换算，其换算式为：

$$C_8 = \frac{C_1 T_1 + C_2 T_2 + \cdots + C_i T_i}{8} \leqslant [M] \tag{9-9}$$

式中，C_8 为相当于 8 h 内的当量浓度；C_1，C_2，$\cdots$，C_i 为不同作业时间内的浓度；T_1，T_2，$\cdots$，T_i 为不同作业时间（h）；$i = 1,2,3\cdots$ 为对应的作业环节数；$[M]$ 为表 9-14 中某有毒物质的最高允许浓度。

当计算结果 $C_8 \leqslant [M]$，表示此作业环境符合卫生标准；当其结果 $C_8 > [M]$，则表示此作业环境不符合卫生标准。

当工作地点存在两种以上毒物时，应考虑其联合作用，可用下式进行评价：

$$\frac{C_1}{M_1} + \frac{C_2}{M_2} + \cdots + \frac{C_n}{M_n} \leqslant 1 \tag{9-10}$$

式中，C_1，C_2，$\cdots$，C_n 为各种有毒物质的实测浓度；M_1，M_2，$\cdots$，M_n 为各有毒物质的最高允许浓度。

如计算结果 $\leqslant 1$，表示有毒物质浓度低于最高允许浓度，表示此作业环境符合卫生标准；若计算结果 > 1，则表示有毒物质超过最高允许浓度，此作业环境不符合卫生标准。

第 10 章　人的可靠性与安全设计

10.1　人的可靠性

10.1.1　人机系统可靠性

人机系统的可靠性由该系统中人的可靠性和机械的可靠性所决定，对人的可靠性很难下定义。在此，暂且定义为"人们正确地从事规定的工作的概率"。

设人的可靠性为 R_H，机械的可靠性为 R_M，整个系统的可靠性 R_S 就为：

$$R_S = R_H \cdot R_M$$

它们三者的关系可用图 10-1 表示。如果人的可靠性为 0.8，即使机械的可靠性高达 0.95，那么，整个人机系统的可靠性也只有 0.76。如果不断对机械进行技术改进，将可靠性提高到 0.99，系统的可靠性仍然只有 0.79，并没有提高多少。因此，提高人的可靠性成了提高系统可靠性的关键。由于人机系统越来越复杂和庞大，一旦出现人为失误就会酿成严重事故，人们日益关心因人的可靠性低下而引起的事故。

一个设计良好的系统需要考虑的不仅仅是设备本身，还应该包括人这一要素。正如一个系统中的其他部分一样，人的因素并非是完全可靠的，而人的错误可导致系统崩溃。国内外许多安全专家认为，大约 90% 的事故与人的失误有关，而仅有 10% 的事故归咎于不安全的物理、机械条件。

如上所述，事故的主要根源在于人为差错，而人为差错的产生则是由人的不可靠性引起的。本章将通过对人的可靠性、人为差错和人的安全性的分析，找出事故发生的原因，并据此提出防止发生事故的措施。

10.1.2　人的可靠性分析

1. 影响人的可靠性的内在因素

人的内在状态可以用意识水平或大脑觉醒水平来衡量。日本的桥本邦卫将人的大脑的觉醒水平分为五个等级，如表 10-1 所示。由表可知，人处于不同觉醒水平时，其行为的可靠性是有很大差别的。人处于睡眠状态时，大脑的觉醒水平极低，不能进行任何作业活动，一切行为都失去了可靠性。处于第 I 等级状态时，大脑活动水平低下，反应迟钝，易于发生人为失误或差错。处于第 II、III 等级时，均属于正常状态。等级 II 是意识的松弛阶段，大脑大部分时间处于这一状态，是人进行一般作业时大脑的觉醒状态，并应以此状态为准设计仪表、信息显示装置等。等级 III 是意识的清醒阶段，在此状态下，大脑处理信息的能力、准确决策能力、创造能力都很强，此时，人的可靠性可高达 0.999 999 以上，比等级 I 时高十万倍，因此，重要的决策应在此状态下进行。但 III 类状态不能持续很长的时间。第 IV 等级为超常状态，如工厂大型设备发生故障时，操作人员的意识水平处于异常兴奋、紧张状态，此时，人的可靠性明显降低，因此，应预先设定紧急状态时的对策，并尽可能在重要设备上设置自动处理装置。

图 10-1　人、机械的可靠性与人机系统的可靠性

表 10-1　大脑意识水平的等级划分

等级	意识状态	注意状态	生理状态	工作能力	可靠度
0	无意识，神智丧失	无	睡眠，发呆	无	0
Ⅰ	常态以下，意识模糊	不注意	疲劳，困倦，单调，醉酒（轻度）	低下，易出事故	0.9 以下
Ⅱ	正常意识的松弛阶段	无意注意	休息时，安静时或反射性活动	可进行熟练的，重复性的或常规性的操作	0.99～0.999 9
Ⅲ	正常意识的清醒阶段	有意注意	精力充沛，积极活动状态	有随机处理能力，有准确决策能力	0.999 999 以上
Ⅳ	超常态，极度紧张、兴奋	注意过分集中于某一点	惊慌失措，极度紧张	易出差错，易造成事故	0.9 以下

2. 影响人的可靠性的外部因素

影响人的可靠性的一个极为重要的方面是人所承受的压力。压力是人在某种条件刺激物（机体内部或外部的）的作用下，所产生的生理变化和情绪波动，使人在心理上所体验到的一种压迫感或威胁感。

各方面的研究表明，适度的压力即足以使人保持警觉的压力水平对于提高工作效率，改善人的可靠性是有益的，压力过轻反而会使人精神涣散，缺乏动力和积极性。但是，当人承受过重压力时，发生人为差错的概率比其在适度压力下工作时要高，因为过高的压力会使人理解能力消失，动作的准确性降低，操作的主次发生混乱。

工作中造成人的压力的原因通常有以下四个方面：

（1）工作的负荷　如果工作负荷过重，工作要求超过了人满足这些要求的能力，会给人造成很大的心理压力，而工作负荷过轻，缺乏有意义的刺激，例如不需动脑的工作，重复性的或单调的工作，无法施展个人才华或能力的工作等，同样也会给人造成消极的心理压力。

（2）工作的变动　例如机构的改组、职务的变迁、工作的重新安排等，破坏了人的行为、心理和认识的功能的模式。

（3）工作中的挫折　例如任务不明确、官僚主义造成的困难，职业培训指导不够等，阻碍了人达到预定的目标。

（4）不良的环境　例如噪声太大，光线太强或太暗，气温太高或太低以及不良的人际关系等。

在作业过程中，由于超过操作者的能力限度而给操作者造成的压力以及其他方面给人增加的压力，其表现特征如表 10-2 所示。

表 10-2　给操作人员造成压力的类型

超过操作者能力限度的压力	其他方面的压力
反馈信息不充分，不足以使操作者下决心改正自己的动作	不得不与性格难以捉摸的人一起工作
要求操作者快速比较两个或两个以上的显示结果	不喜欢从事的职业和工作
要求高速同时完成一个以上的控制	在工作中得到晋升的机会很少
要求高速完成操作步骤	负担的工作低于其能力与经验
要求完成一项步骤次序很长的任务	在极紧张的时间限度内工作，或为了在规定时间期限内完成工作，经常加班

超过操作者能力限度的压力	其他方面的压力
要求在极短时间内快速做出决策	沉重的经济负担
要求操作者延长监测时间	家庭不和睦
要求根据不同来源的数据快速做出决策	健康状况不佳
	上级在工作中的过分要求

10.1.3 影响人的操作可靠性的综合因素

影响人的可靠性的因素极为复杂，但人为失误总是人的内在状态与外部因素相互作用的结果。影响人的操作可靠性的因素如表 10-3 所示。

表 10-3 影响人的操作可靠性的因素

因素类型		因素
人的因素	心理因素	反应速度、信息接受能力、信息传递能力、记忆、意志、情绪、觉醒程度、注意、压力、心理疲劳、社会心理、错觉、单调性、反射条件
	生理因素	人体尺度、体力、耐力、视力、听力、运动机能、身体健康状况、疲劳、年龄
	个体因素	文化水平、训练程度、熟练程度、经验、技术能力、应变能力、感觉阈限、责任心、个性、动机、生活条件、家庭关系、文化娱乐、社交、刺激、嗜好
	操作能力	操作难度、操作经验、操作习惯、操作判断、操作能力限度、操作频率和幅度、操作连续性、操作反复性、操作准确性
环境因素	机械因素	机械设备的功能、信息显示、信号强弱、信息识别、显示器与控制器的匹配、控制器的灵敏度、控制器的可操作性、控制器的可调性
	环境因素	环境与作业的适应程度、气温、照明、噪声、振动、粉尘、作业空间
	管理因素	安全法规、操作规程、技术监督、检验、作业目的和作业标准、管理、教育、技术培训、信息传递方式、作业时间安排、人际关系

10.2 人的失误

10.2.1 人的失误行为

人的行为是指人在社会活动、生产劳动和日常生活中所表现的一切动作。人的一切行为都是由人脑神经辐射，产生思想意识并表现于动作。

人的不安全行为则是指造成事故的人的失误（差错）行为。在人机工程领域，对人的不安全行为曾作过大量研究，较新的研究成果提出，人的失误行为发生过程如图 10-2 所示。

图 10-2 人的失误行为发生过程

由图 10-2 可知，人的失误行为的发生既有外部环境因素，也有人体内在因素。为了减少系统中人的失误行为的发生，必须对内、外两种因素的相关性进行分析。

10.2.2 人的失误的主要原因

按人机系统形成的阶段，人的失误可能发生在设计、制造、检验、安装、维修和操作等各个阶段。但是，设计不良和操作不当往往是引发人的失误的主要原因，可由表 10-4 加以说明。

在进行人机系统设计时，若设计者对表 10-4 中的"举例"进行仔细分析，可获得有益的启示，使系统优化，将使诱发人的失误行为的外部环境因素得到控制，从而减少人的不安全行为。至于诱发人的失误行为的人体内在因素极为复杂，仅将其主要诱因归纳于表 10-5。

表 10-4　人的失误（差错）的外部因素

类型	失误	举例	类型	失误	举例
知觉	刺激过大或过小	(1) 感觉通道间的知觉差异； (2) 信息传递率超过通道容量； (3) 信息太复杂； (4) 信号不明确； (5) 信息量太小； (6) 信息反馈失效； (7) 信息的储存和运行类型的差异	信息	按照错误的或不准确的信息而操纵机器	(1) 训练； ① 欠缺特殊的训练； ② 训练不良； ③ 再训练不彻底。 (2) 人机工程学手册和操作明细表； ① 操作规定不完整； ② 操作顺序有错误。 (3) 监督方面； ① 忽略监督指示； ② 监督者的指令有误
显示	信息显示设计不良	(1) 操作容量与显示器的排列和位置不一致； (2) 显示器识别性差； (3) 显示器的标准化差； (4) 显示器设计不良； ① 指示方式； ② 指示形式； ③ 编码； ④ 刻度； ⑤ 指针运动。 (5) 打印设备的问题； ① 位置； ② 可读性、判别性； ③ 编码	环境	影响操作机能下降的物理的、化学的空间环境	(1) 影响操作兴趣的环境因素； ① 噪声；② 温度； ③ 湿度；④ 照明； ⑤ 振动；⑥ 加速度。 (2) 作业空间设计不良； ① 操作容量与控制板、控制台的高度、宽度、距离等； ② 座椅设备、脚、腿空间及可动性等； ③ 操纵容量； ④ 机器配置与人的位置可移动性； ⑤ 人员配置过密
控制	控制器设计不良	(1) 操作容量与控制器的排列和位置不一致； (2) 控制器的识别性差； (3) 控制器的标准化差； (4) 控制器设计不良； ① 用法；② 大小； ③ 形状；④ 变位； ⑤ 防护；⑥ 动特性	心理状态	操作者因焦急而产生心理紧张状态	(1) 人处于过分紧张状态； (2) 裕度过小的计划； (3) 过分紧张的应答； (4) 因加班休息不足而引起的病态反应

表 10-5　人的失误的内在因素

项目	因素
生理能力	体力、体格尺度、耐受力，有否残疾（色盲、耳聋、音哑……）、疾病（感冒、腹泻、高温……）、饥渴
心理能力	反应速度、信息的负荷能力、作业危险性、单调性、信息传递率、感觉敏度（感觉损失率）
个人素质	训练程度、经验多少、熟练程度、个性、动机、应变能力、文化水平、技术能力、修正能力、责任心
操作行为	应答频率和幅度、操作时间延迟性、操作的连续性、操作的反复性
精神状态	情绪、觉醒程度等
其　　他	生活刺激、嗜好等

10.2.3　人的失误引发的后果

人为差错是人所具有的一种复杂特性，它与人机系统的安全密切相关。因此，如何避免人为差错对于提高系统的可靠性具有十分重要的意义。

人为差错可定义为人未能实现规定的任务，从而可能导致中断计划运行或引起财产和设备的损坏。人为差错发生的方式有 5 种，即人没有实现某一必要的功能任务，实现了某一不应该实现的任务，对某一任务做出了不适当的决策，对某一意外事故的反应迟钝和笨拙，没有觉察到某一危险情况。

人为差错所造成的后果随人为差错程度的不同以及机械安全设施的不同而不同，一般可归纳为 4 种类型：第一种类型，由于及时纠正了人为差错，且设备有较完善的安全设施，故对设备未造成损坏，对系统运行没有影响；第二种类型，暂时中断了计划运行，延迟了任务的完成，但设备略加修复，工作顺序略加修正，系统即可正常运行；第三种类型，中断了计划运行，造成了设备的损坏和人员的伤亡，但系统仍可修复；第四种类型，导致设备严重损坏，人员有较大伤亡，使系统完全失效。

10.3　人的失误事故模型

许多专家学者根据大量事故的现象，研究事故致因理论。在此基础上，又运用工程逻辑，提出事故致因模型，用以探讨事故成因、过程和后果之间的联系，达到深入理解构成事故发生诸原因的因果关系。此处仅从人机工程学的角度，讨论几种以人的因素为主因的事故模型。

10.3.1　人的行为因素模型

事故发生的原因，很大程度上取决于人的行为性质。由人机工程学基础理论可知，人的行为是由多次感觉（S）—认识（O）—响应（R）组合模型的连锁反应，人在操作过程中，由外部刺激输入使人产生感觉"S"，外部刺激如显示屏上仪表指示、信号灯变化、异常声音、设备功能变化等；人识别外部刺激并做出判断称之为人的内部响应"O"，人对内部响应所做出的反应行动，称之为输出响应"R"。

人的行为因素模型如图 10-3 所示，包含有 S—O—R 行为的第一组问题是反映了危险的构成，以及与此危险相关的感觉、认识和行为响应。若第一组中的任何一个问题处理失败，则会导致危险，造成损失或伤害；如每一个问题处理都成功，第一组的危险不可能构成，也不会发生第二组的危险爆发。同样包含有S—O—R行为的第二组问题是危险的显现，即使第一组问题处理失败，只要危险显现时处理得当，也不会造成损失和伤害；如果不能避免危险，则造成损失和伤害的事故必将爆发。

10.3.2 事故发生顺序模型

事故发生顺序模型见图10-4。该模型把事故过程划分为几大阶段。在每个阶段，如果运用正确的能力与方式进行解决，则会减少事故发生的机会，并且过渡到下一个防避阶段。如果作业者按图示步骤做出相应反应，虽然不能肯定会完全避免事故的发生，但至少会大大减少事故发生的概率；而如不采取相应的措施，则事故发生的概率必会大大增加。

图 10-3 人的行为因素模型

图 10-4 事故发生阶段顺序图

按图10-4所示模式，为了避免事故，在考虑人机工程学原理时，重点可放在：

① 准确、及时、充分地传示与危险有关的信息（如显示设计）；

② 有助于避免事故的要素（如控制装置、作业空间等）；

③ 作业人员培训，使其能面对可能出现的事故，采取适当的措施。

根据研究的结果表明，按照事故的行为顺序模式，不同阶段的失误造成的比例如下：

对将要发生的事故没有感知　　　36%

已感知，但低估了发生的可能性　　25%

| 已感知，但没能做出反应 | 17% |
| 感知并做出反应，但无力防避 | 14% |

根据该结果可知，人的行为、心理因素对于事故最终发生与否有很大影响，而"无力防避"属环境与设备方面的限制与不当（也可能是人的因素），只占很小的比例。

10.4 安全装置设计

安全防护是通过采用安全装置或防护装置对一些危险进行预防的安全技术措施。安全装置与防护装置的区别是：安全装置是通过其自身的结构功能限制或防止机器的某些危险运动，或限制其运动速度、压力等危险因素，以防止危险的产生或减小风险；而防护装置是通过物体障碍方式防止人或人体部分进入危险区。究竟采用安全装置还是采用防护装置，或者二者并用，设计者要根据具体情况而定。

安全装置是消除或减小风险的装置。它可以是单一的安全装置，也可以是和联锁装置联用的装置。常用的安全装置有联锁装置、联动装置、止-动操纵装置、双手操纵装置、自动停机装置、机器抑制装置、限制装置、有限运动装置等。

10.4.1 联锁装置

当作业者要进入电源、动力源这类危险区时，必须确保先断开电源，以保证安全，这时可以运用联锁装置。图 10-5 中，机器的开关与门是互锁的。作业者打开门时，电源自动切断；当门关上后，电源才能接通。为了便于观察，门用钢化玻璃或透明塑料做成，无须经常进去检查内部工作情况。

10.4.2 双手控制按钮

对于图 10-6 所示的作业，有些作业者习惯于一只手放在按钮上，准备启动机器动作，另一只手仍在工作台面调整工件或试件。为了避免开机时另一只手仍在台面上从而发生事故，可用图示的双手控制按钮，这样必须双手都离开台面才能启动，保证了安全。

10.4.3 利用感应控制安全距离

在图 10-7 中，若身体的任何部位经过感应区进入机床作业空间的危险区域时，光电传感器则发出停止机床动作的命令，保护作业者免受意外伤害。还可以运用其他感应方式，如红外、超声、光电信号等。但必须注意，当人体进入危险区时，检测信号必须准确无误，以确保安全。

10.4.4 自动停机装置

自动停机装置是指当人或其身体的某一部分超越安全限度时，使机器或其零部件停止运行或保证处在安全状态的装置，如触发线、可伸缩探头、压敏杠、压敏垫、光电传感装置、电容装置等。图 10-8（a）为一机械式（距离杆）自动停机装置应用实例，图 10-8（b）是其工作原理。

图 10-5　联锁门

图 10-6　双手控制按钮

176

图 10-7 感应式安全控制器

图 10-8 机械式自动停机装置

（a）应用实例；（b）工作原理

10.5 防护装置设计

专为防护人身安全而设置在机械设备上的各种防护装置，其结构和布局应设计合理，使人体各部位均不能直接进入危险区。对机械式防护装置设计应符合下述与人体测量参数相关的尺寸要求。

① 上肢自由摆动可及安全距离见表 10-6；

② 上肢探越可及安全距离见表 10-7；

表 10-6 上肢自由摆动可及安全距离 S_d mm

上肢部位		安全距离 S_d	图示
从	到		
掌指关节	指尖	≥120	
腕关节	指尖	≥225	
肘关节	指尖	≥510	
肩关节	指尖	≥820	

表 10-7 上肢探越可及安全距离 S_d mm

S_d (a \ b)	2 400	2 200	2 000	1 800	1 600	1 400	1 200	1 000
2 400	—	50	50	50	50	50	50	50
2 200	—	150	250	300	350	350	400	400
2 000	—	—	250	400	600	650	800	800
1 800	—	—	—	500	850	850	950	1 050
1 600	—			400	850	850	950	1 250
1 400	—			100	750	850	950	1 350
1 200				—	400	850	950	1 350
1 000				—	200	850	950	1 350
800					—	500	850	1 250
600					—	—	450	1 150
400					—	—	100	1 150
200	—	—	—	—	—	—	—	1 050

危险部位

* a——从地面算起的危险区高度；b——棱边的高度；S_d——棱边距危险区的水平安全距离。

③ 穿越网状孔隙可及安全距离见表 10-8；

④ 穿越栅栏状缝隙可及安全距离见表 10-9；

表 10-8 穿越网状（方形）孔隙可及安全距离 S_d mm

上肢部位	方形孔边长 a	安全距离 S_d	图示
指　尖	$4 < a \leqslant 8$	$\geqslant 15$	
手　指 （至掌指关节）	$8 < a \leqslant 25$	$\geqslant 120$	
手　掌 （至拇指根）	$25 < a \leqslant 40$	$\geqslant 195$	
臂 （至肩关节）	$40 < a \leqslant 250$	$\geqslant 820$	

* 当孔隙边长在 250 mm 以上时，身体可以钻入，按探越类型处理。

表 10-9　穿越栅栏状（条形）缝隙可及安全距离 S_d　　　　　mm

上肢部位	缝隙宽度 a	安全距离 S_d	图示
指　尖	$4<a\leqslant8$	$\geqslant15$	
手　指 （至掌指关节）	$8<a\leqslant20$	$\geqslant120$	
手　掌 （至拇指根）	$25<a\leqslant30$	$\geqslant195$	
臂 （至肩关节）	$30<a\leqslant135$	$\geqslant320$	

⑤ 防止挤压伤害的夹缝安全距离见表 10-10。

表 10-10　防止受挤压伤害的夹缝安全距离 S_d　　　　　mm

身体部位	安全夹缝间距 S_d	图示	身体部位	安全夹缝间距 S_d	图示
躯　体	$\geqslant470$		臂	$\geqslant120$	
头	$\geqslant280$		手、腕、拳	$\geqslant100$	
腿	$\geqslant210$		手、指	$\geqslant25$	
足	$\geqslant120$				

⑥ 防护屏、危险点高度和最小安全距离关系见表 10-11。表中曲线分别为防护屏高等于 1.0、1.2、1.4、1.6、1.8、2.0、2.2 m 时的人体危险区；a、b、c 分别为三个危险物体所形成的危险区域的危险点；Y_a、Y_b、Y_c 分别为三个危险点的高度；X_a、X_b、X_c 分别为三个危险区或应具备的最小安全距离。

设计时依据危险点高度和危险区应具有的最小安全距离，由该表可确定防护屏高度。

表 10-11　防护屏、危险点高度和最小安全距离关系　　mm

安全最小距离 \ 屏高 \ 危险点高度	2 400	2 200	2 000	1 800	1 600	1 400	1 200	1 000
2 400	100	100	100	150	150	150	150	200
2 300		200	300	350	400	450	450	500
2 200		250	350	450	550	600	600	650
2 100		200	350	550	650	700	750	800
2 000			350	600	750	750	900	950
1 900			250	600	800	850	950	1 100
1 800				600	850	900	1 000	1 200
1 700				550	850	900	1 100	1 300
1 600				500	850	900	1 100	1 300
1 500				300	800	900	1 100	1 300
1 400				100	800	900	1 100	1 350
1 300						700	900	1 100	1 350
1 200						600	900	1 100	1 400
1 100						500	900	1 100	1 400
1 000						500	900	1 000	1 400
900							700	950	1 400
800							600	900	1 350
700							500	800	1 300
600							200	650	1 250
500								500	1 200
400									1 100
300									1 000
200									750
100									500

180

10.6　安全信息设计

10.6.1　警示设计的原则

1. 人的失误最小化

一个系统中差错的来源（以及由此发生的故障）之一就是信息的传递，既有从设备到操作者也有从人到书面指令、警告、代码等传递差错。要最小化此类差错，需要在发送人和接收者之间存在着共同的理解。通过确定哪些地方可能发生差错，就能运用人的因素原理来减少它们的可能性。

经过一定时间，个体将对一任务及其环境逐渐熟悉，随着操作者对信息理解程度的提高，对此类信息的依赖程度也随之降低。可是，在为一般群体进行设计时，初学者或不熟练的使用者应作为目标对象。此外，由于紧急状态通常会导致反射性反应而不是有分析地排除故障，即使是对有经验的人而言也需要在工作场所中设有设计良好的书面资料。这一部分的重点是旨在提高信息在人之间有效传递的设计原则，从而降低人为过失的潜在可能。

2. 警示信息有效传递

成功的警示应该被察觉（通常是见到或听到），被正确地解释并被遵守。通过人机学原则的应用，察觉、解释和遵守三个步骤中的每一步都应有确定的作用。

就察觉而言，警示的信息或信号必须清楚地传递，从而能显著地从背景噪声中确认和区别开来。对于视觉警示，大小、形状、对比、反色是可能有助于提高察觉的特性。对于听觉警示，时间方案、声级以及声谱是一些在提高察觉性能时需要考虑的特性。

使用人群对信息的准确解释和理解对警示的合理设计是至关重要的。无论其性质上是视觉的还是听觉的，应对警示进行测试以保证最终的使用人群能正确地理解其意义。在开发一个警示时应考虑以下几条原则：

① 避免含糊的、不明确的或错误定义的术语（词汇或图标），非常专业的术语或短语，双重否定、复杂的语法和长句（多于12个单词的）。

② 了解对象人群。需考虑语言、当地风俗以及可能在场的参观人员。为对象人群中的低端部分设计。以普通人群来确认结果（保证不存在内部的个体差异性）。

③ 了解对象环境。对环境的考虑（如噪声、灯光、主要任务）可能会影响到警示的设计和表达。考虑当前在场的其他警告或警示以保证能准确地识别。

④ 察觉到警告的严重程度要和警示的严重性相匹配。例如，其他的事情都是平等的，对于后果最严重的情形，其警报应该让使用者听起来是最迫切的。

⑤ 在现实条件下以适当的使用人群来测试警示系统的有效性。

警示被察觉和解释之后，人员必须留意并遵守。

3. 执行警示发布的条件

当危害涉及严重的伤害或死亡时，警示应该在近似于实际使用环境的条件下，并以接近于最终使用者的有代表性的人群进行严格的试验。

以下是发布警示的4个基本条件：

① 使人获悉危险或潜在的危险状态；

② 提供在对象使用的过程中或可能预见的误用时损伤的可能性和严重程度；

③ 提供关于如何降低损伤的可能性和严重性的信息；

④ 提醒使用者/操作人员何时何地最容易遭遇到该危险情况。

10.6.2 视觉警示信息设计

1. 视觉警示信息的基本元素

一个设计合理的警示应包括以下的基本元素：

① 信号词——对危害程度的指示（危险、警告、小心）；

② 危害——对危害的识别或扼要说明；

③ 后果——相关的代价或可能损害（如果不遵守警告的话）；

④ 指示——对可降低或消除危害的行为的描述。

通常有三个信号词是公认的。它们表达警告和传达情况的严重性的能力有所区别。

（1）**危险** 直接的危害，如果遇上的话，会导致个体的损伤或死亡（首选的视觉警示：白底红字，反之亦然）。如高压线（危害），能致命（后果）。

（2）**警告** 危险或不安全的操作，如果遇上的话，可能导致损伤或死亡（首选的视觉警示：橙色的背景黑色的字）。如保持距离（指示）。

（3）**小心** 危险或不安全的操作，如果遇上的话，可能导致轻微的个人损伤、产品或财产损毁（首选的视觉警示：黄色的背景黑色的字）。

2. 视觉警示信息的重要因素

一个警示标志的重要因素有大小、形状、颜色、图形化（图标的）描述、对比、放置和耐久性。

（1）**大小** 在合理的限度内，一个警示标志相对其周围信息越大，它就越能被发现。

（2）**形状** 与图形化描述类似，形状有助于吸引一个人对警示信息的注意（例如箭头）。警示信号的形状代码主要在运输区域使用，一些信号的大概意思从其形状就能体现出来（例如八角形的停止标志，矩形的信号标志）。

（3）**图形化（图标的）描述** 与形状编码相似，通过描绘可能发生的结果，图标具有吸引人对警示加以注意的能力。

（4）**颜色与对比** 警示本身文字与背景之间的高对比度（在浅色背景上的深色文字或深色背景下的浅色字）有助于察觉。背景与警示信息自身类似的对比度同样会有助于察觉（例如，一个在黑白纸上的彩色警示）。通常，黑、白、橙、红以及黄色是警示标志或信号的推荐颜色。表 10-12 显示不同颜色组合的易辨认性。

表 10-12 白色光下各种颜色组合的易辨认性

易辨认性	颜色组合		易辨认性	颜色组合		易辨认性	颜色组合	
	字	背景		字	背景		字	背景
非常好	黑色	白色	一般	绿色	白色	很差	橙色	黑色
好	黑色	黄色		红色	白色		橙色	白色
	黄色	黑色		红色	黄色		黑色	蓝色
	白色	黑色	不佳	绿色	红色		黄色	白色
	深蓝	白色		红色	绿色		—	—

（5）位置　在西方文化中，阅读是从左到右或自上而下的。因此，警示应呈现在顶部或者是左边，取决于显示的设计。如果可能的话，将警示标志放在靠近危害的附近是比较好的。将警示与其他的信息如标志分开同样有助于察觉。

10.6.3　特定安全信息设计

1. 安全色设计

安全色标是特定表达安全信息含义的颜色和标志。它以形象而醒目的信息语言向人们表达禁止、警告、指令、提示等安全信息。安全色是以防止灾害为指导思想而逐渐形成的。

安全色是传递安全信息的颜色，表达"禁止""警告""指令"和"提示"等安全信息。安全色是根据颜色给予人们不同的感受而确定的。目的是使人们能够迅速发现或分辨安全标志和提醒人们注意，以防发生事故。安全色的含义和用途如表 10-13 所示。

表 10-13　安全色的含义及用途

颜色	所起心理作用	含义	用途举例
红色	危险	禁止	禁止标志
		停止	停止信号：机器、车辆上的紧急停止手柄或按钮，以及禁止人们触动的部位；红色也表示防火
蓝色	沉重、诚实	指令	指令标志：如必须佩戴个人防护用具
		必须遵守的规定	道路上指引车辆和行人行驶的方向指令
黄色	警告、希望	警告	警告标志；警戒标志：如厂内危险机器和坑地边周围的警戒线、行车道中线
		注意	机械上齿轮箱内部；安全帽
绿色	安全、希望	指令	提示标志
		安全状态	车间内的安全通道
		通行	行人和车辆通行标志；消防设备和其他安全防护设备的位置

注：① 蓝色只有与几何图形同时使用时才表示指令；
　　② 为了不与道路两旁绿色行道树相混淆，道路上的提示标志用蓝色。

2. 安全标志设计

安全标志是由安全色、几何图形和图形符号构成，用以表达特定的安全信息。其作用是引起人们对不安全因素的注意，以达到预防事故发生的目的。但安全标志不能代替安全操作规程和防护措施，不包括航空、海运及内河航运上的标志。

安全标志分为禁止标志、警告标志、指令标志、提示标志四类。这四类标志的规格如表 10-14 所示。

表 10-14　几何图形规格、颜色及含义

图形	图形规格	颜色要求	含义
	外径 $d_1=0.025L$ 内径 $d_2=0.800L$ 斜杠宽 $c=0.080d_1$ 斜杠与水平线的夹角 $\alpha=45°$ L 为观察距离	圆环和斜杠　红色 图形符号　　黑色 背　景　　　白色	禁　止
	外边 $a_1=0.034L$ 内边 $a_2=0.700a_1$ L 为观察距离	背　景　　　黄色 三角边框及 图形符号　　黑色	警　告
	$d=0.025L$ L 为观察距离	背　景　　　蓝色 图形符号　　白色	指　令
	短边 $b_1=0.014\ 14L$ 长边 $L_1=2.500b_1$ L 为观察距离	背　景　　　绿色	一般提示标志
	短边 $b_2=0.017\ 68L$ 长边 $L_2=1.600b_2$ L 为观察距离	图形符号 及文字　　　白色	消防设备 提示标志

禁止标志 16 个，选择的示例见图 10-9。

图 10-9　禁止标志

警告标志 23 个，选择的示例见图 10-10。

图 10-10　警告标志

指令标志8个，选择的示例见图10-11。

图 10-11　指令标志

提示标志：

① 一般指示标志2个，选择的示例如图10-12所示。

图 10-12　提示标志

② 消防设备提示标志7个，选择的示例如图10-13所示。

图 10-13　消防设备提示标志

　　安全标志牌应设在醒目、与安全有关的地方，并使人们看到后有足够的时间来注意它所表示的内容，不宜设在门、窗、架等可移动的物体上。安全标志牌每年至少检查一次，如发现有变形、破损或图形符号脱落及变色不符合安全色的范围，应及时修整或更换。

第 11 章　人机系统总体设计

11.1　总体设计的目标

人机工程学的最大特点是，把人、机、环境看作是一个系统的三大要素，在深入研究三要素各自性能和特征的基础上，着重强调从全系统的总体性能出发，并运用系统论、控制论和优化论三大基础理论，使系统三要素形成最佳组合的优化系统。

11.1.1　人机系统的组成

图 11-1　人机系统示意图

人机系统中，一般的工作循环过程可由图 11-1 来加以说明，人在操作过程中，机器通过显示器将信息传递给人的感觉器官（如眼睛、耳朵等），中枢神经系统对信息进行处理后，指挥运动系统（如手、脚等）操纵机器的控制器，改变机器所处的状态。由此可见，从机器传来的信息，通过人这个"环节"又返回到机器，从而形成一个闭环系统。人机所处的外部环境因素（如温度、照明、噪声和振动等）也将不断影响和干扰此系统的效率。因此，从广义来讲，人机系统又称人-机-环境系统。

11.1.2　人机系统的类型

1. 按系统自动化程度分类

（1）人工操作系统　这类系统包括人和一些辅助机械及手工工具。由人提供作业动力，并作为生产过程的控制者。如图 11-2（a）所示，人直接把输入转变为输出。

（2）半自动化系统　这类系统由人来控制具有动力的机器设备，人也可能为系统提供少量的动力，对系统进行某些调整或简单操作。在闭环系统中反馈的信息，经人的处理成为进一步操纵机器的依据，如图 11-2（b）所示。这样不断地反复调整，保证人机系统得以正常运行。

（3）自动化系统　这类系统中信息的接受、储存、处理和执行等工作，全部由机器完成，人只起管理和监督作用，如图 11-2（c）所示，系统的能源从外部获得，人的具体功能是启动、制动、编程、维修和调试等。为了安全运行，系统必须对可能产生的意外情况设有预报及应急处理的功能。值得注意的是，不应脱离现实的技术、经济条件过分追求自动化，把本来一些适合于人操作的功能也自动化了，其结果将会引起系统可靠性和安全性的下降，人与机器不相协调。

2. 按人机结合方式分类

按人机结合方式可分为人机串联、人机并联和人与机串、并联混合三种方式。

（1）人机串联　人机串联结合方式，如图 11-3（a）所示。作业时人直接介入工作系统操纵工具和机器。人机结合使人的长处和作用增大了，但是也存在人机特性互相干扰的一面。由于受人的能力特性的制约，机器特长不能充分发挥，而且还会出现种种问题。例如，当人的能力下降时，机器的效率也随之降低，甚至会由于人的失误而发生事故。

图 11-2 三种类型人机系统
(a) 人工操作系统；(b) 半自动化系统；(c) 自动化系统

（2）人机并联　人机并联结合方式如图 11-3（b）所示。作业时人间接介入工作系统，人的作用以监视、管理为主，手工作业为辅。这种结合方式，人与机的功能有互相补充的作用，如机器的自动化运转可弥补人的能力特性的不足。但是人与机结合不可能是恒常的，当系统正常时，机器以自动运转为主，人不受系统的约束；当系统出现异常时，机器由自动变为手动，人必须直接介入到系统之中，人机结合从并联变为串联，要求人迅速而正确地判断和操作。

（3）人与机串、并联混合　人与机串、并联的示意图如图 11-3（c）所示。这种结合方式有多种形式，实际上都是人机串联和人机并联的两种方式的综合，往往同时兼有这两种方式的基本特性。

在人机系统中，无论是单人单机、单人多机、单机多人还是多机多人，人与机之间的联系都发生在人机界面上。而人与人之间的联系主要是通过语言、文字、文件、电信、信号、标志、符号、手势和动作等。

11.1.3　人机系统的目标

由于人机系统构成复杂、形式繁多、功能各异，无法一一列举具体人机系统的设计方法，但是，结构、形式、功能均不相同的各种各样的人机系统设计，其总体目标都是一致的。因此，研究人机系统的总体设计就具有重要的

图 11-3　人与机的结合方式
(a) 人机串联；(b) 人机并联；
(c) 人与机串、并联混合

意义。

在人机系统设计时，必须考虑系统的目标，也就是系统设计的目的所在。由图11-4可知，人机系统的总体目标也就是人机工程学所追求的优化目标，因此，在人机系统总体设计时，要求满足安全、高效、舒适、健康和经济五个指标的总体优化。

图 11-4 系统的总体目标

11.2 总体设计的原则

ISO 6385—1981（E）国际标准规定了人机工程学原则为工作系统设计的基本指导方针，可应用于对人的福利、安全和健康的最佳工作条件，同时也考虑到技术和经济上的效果。现将该国际标准中所规定的人机工程学一般指导原则介绍如下。

11.2.1 工作空间和工作设备的设计

1. 与身体尺寸有关的设计

对工作空间和工作设备的设计应考虑到工作过程中对人身体尺寸所产生的约束条件。

工作空间应适合于操作者，在设计时要特别注意下列各点：

① 工作高度应适合于操作者的身体尺寸及所要完成的工作类型。座位、工作面和（或）工作台应设计成能获得所期望的身体姿势，即身体躯干挺直，身体重量能适当地得到支承，两肘置于身体两侧，前臂接近水平状态。

② 座位装置应适合于人的解剖生理特点。

③ 应为身体的活动，特别是头、手臂、腿和脚活动提供足够的空间。

④ 各种操作器应布置在人的功能可及的范围内。

⑤ 把手和手柄应适合手的功能解剖学要求。

2. 有关身体姿势、肌力和身体动作的设计

工作设备的设计应避免肌肉、关节、韧带，以及呼吸和循环系统必要的和过度的应变，力的要求应在生理上所期望的范围内，身体动作应遵循自然节奏。身体姿势、力的使用以及身体的动作应互相协调。

（1）身体姿势

① 操作者应能交替采用坐姿和立姿。如果必须两者择一，则通常坐姿优于立姿；然而工作过程也可能要求立姿。

② 如果必须施用较大的肌力，那么应该采取合适的身体姿势和提供适当的身体支承，使通过身体的一连串力或扭矩不致损伤身体。

③ 身体不应由于长时间的静态肌肉紧张而引起疲劳，应该可以变换身体姿势。

（2）肌力

① 力的要求应与操作者的体力相一致。

② 所涉及的肌肉群必须在肌力上能满足力的要求。如果力的要求过大，那么应在工作系统中引入辅助能源。

③ 应该避免同一肌肉保持长时间的静态紧张。

（3）身体动作

① 应在身体动作间保持良好的平衡，最好能选择长时间固定不变的动作。

② 动作的幅度、强度、速度和节拍应互相协调。

③ 对精度要求较高的动作不应使用很大的肌力。

④ 如适当的话，可设置引导装置，以便于动作的实施和明确它的先后顺序。

3. 有关信号、显示器和控制器设计

（1）信号与显示器　信号和显示器应以适合人的感受特性的方式选择、设计和配置。尤其应注意下列各点：

① 信号和显示器的种类和数量应符合信息的特性。

② 当显示器数量很多时，为了能清楚地识别信息，应以能够清晰、迅速地获得可靠的方位来配置它们。对它们的排列可以根据工艺流程或使用特定信息的重要性和频率来确定。这种排列还可依据过程的机能、测定种类等划分为若干部分。

③ 信号和显示器的种类和设计应保证清晰易辨。这一点对危险信号尤其重要，应考虑到如强度、形状、大小、对比度、显著性和信噪比等各个方面。

④ 信号显示的变化速率和方向应与主信息源变化的速率和方向相一致。

⑤ 在以观察和监视为主的长时间工作中，应通过信号和显示器的设计与布置来避免过载及负载不足的影响。

（2）控制器　控制器的选择、设计和配置应与人体操作部分的特性（特别是动作）相适应。应该考虑到技能、准确性、速度和力的要求，特别应注意下列各点：

① 控制器的类型、设计和配置应适合于控制的任务。应考虑到人的各项特性，包括学会的和本能的动作。

② 控制器的行程和操作阻力应根据控制任务和生物力学及人体测量数据来选择。

③ 控制动作、设备的应答和显示信息应相互适应和协调。

④ 各种控制器的功能应易于辨认，避免混淆。

⑤ 在控制器数量很多的地方，应以能确保安全、明确、迅速地操作进行配置。其配置方法与信号的配置相同，可以根据控制器在过程中的功能和使用顺序等，把它们分成若干部分。

⑥ 关键的控制器应有防止误动作的保护装置。

11.2.2 工作环境设计

工作环境的设计应保证工作环境中的物理、化学和生物学条件对人们不产生有害的影响，而且要保证人们的健康及工作能力和便于工作，也应以客观可测的现象和主观评价作为依据。

对于工作环境应特别注意以下各点：

① 工作场所的大小（总体布置、工作空间和通行有关的工作空间）应适当。

② 通风应按下列因素进行调节：

——室内的人数；

——工作场所的大小；

——消耗氧气的设备；

——所涉及的体力劳动强度；

——室内的污染物质的产生情况；

——热条件。

③ 应按当地的气候条件来调节工作场所的热条件：

——气温；

——风速；

——所涉及的体力劳动强度；

——湿度；

——热辐射；

——衣服、工作设备和专用保护设备的性质。

④ 照明应为所需的活动提供最佳的视觉感受：

——亮度；

——光分布；

——亮度和颜色的对比度；

——颜色；

——无眩光及不合需要的反射；

——操作者的年龄。

⑤ 在为房间和工作设备选择颜色时，应该考虑到它们对亮度的分布，对视野的结构和质量及对安全色感受的影响。

⑥ 声学工作环境应避免有害或扰人噪声的影响，包括外部噪声的影响，还应注意下列因素：

——声压级；

——时间分布；

——频谱；

——对声响信号的感知；

——通话清晰度。

⑦ 传递给人的振动和冲击不应引起肉体损伤，以及生理和病理反应或感觉、运动神经系统失调。

⑧ 应避免工人暴露于危险物质及有害辐射的环境中。

⑨ 在室外工作时，存在不利的气候影响（如热、冷、风、雨、雪、冰）

时，应为操作者提供适当的遮掩物。

11.2.3 工作过程设计

工作过程设计特别应避免工人劳动超载和负载不足，以保护工人的健康和安全，增进福利和便于完成工作。超越操作者的生理或心理功能范围的上限或下限，都会形成超载或负载不足，产生不良后果：

——肉体或感觉的过载使人产生疲劳；

——负载不足或使人感到单调的工作会降低警惕性。

生理上和心理上所施加的压力不仅有赖于 11.2.1 和 11.2.2 中考虑的因素，而且也有赖于操作的内容和重复程度，以及操作者对整个工作过程的控制。

应该注意采用下列一种或多种方法改善工作过程和质量：

① 由一名代替几名操作者完成属于同一工作职能的几项连续操作（职能扩大）。

② 由一名代替几名操作者完成属于不同工作职能的连续操作，例如，组装作业的质量检查可由次品检出人员完成（职能充实）。

③ 改变工作，例如，在装配线上的工人中，实行自愿轮换工种的方法。

④ 有组织的或无组织的休息。

为了采用上述方法，应特别注意下列各点：

① 警惕性和工作能力的昼夜变化。

② 操作者之间工作能力上的差异及随年龄的变化。

③ 个人技能的高低。

11.3 总体设计的程序

11.3.1 人机系统设计的程序

一般来说，人机系统设计具有如图 11-5 所示的程序，该程序包括以下几个方面：

① 了解整个系统的必要条件，如系统的任务、目标，系统使用的一般环境条件，以及对系统的机动性要求等。

② 调查系统的外部环境，如构成系统执行上障碍的外部大气环境，外部环境的检验或监测装置等。

③ 了解系统内部环境的设计要求，如采光、照明、噪声、振动、温度、湿度、粉尘、气体、辐射等作业环境以及操作空间等的要求，并从中分析构成执行上障碍的内部环境。

④ 进行系统分析，即利用人机工程学知识对系统的组成、人机联系、作业活动方式等内容进行方案分析。

⑤ 分析构成系统的各要素的机能特性及其约束条件，如人的最小作业空间，人的最大操作力，人的作业效率，人的可靠性和人体疲劳、能量消耗，以及系统费用、输入输出功率等。

⑥ 人与机的整体配合关系的优化，如分析人与机之间作业的合理分工，人机共同作业时关系的适应程度等配合关系。

⑦ 人、机、环境各要素的确定。

图 11-5 人机系统设计程序

191

⑧ 利用人机工程学标准对系统的方案进行评价，如选定合适的评价方法，对系统的可靠性、安全性、高效性、完整性以及经济性等方面做出综合评价，以确定方案是否可行。

11.3.2 人机系统开发的步骤

按人机工程学要求，在人机系统开发的全过程中，均应有人机工程学专家参与，而且在不同的开发阶段，所参与的工作是不同的。人机系统综合开发的步骤及应考虑的人机工程学问题可参见表 11-1。

表 11-1　人机系统的开发步骤

系统开发的各阶段	各阶段的主要内容	人机系统设计中应注意的事项	人机工程学专家的设计事例
明确系统的重要事项	确定目标	主要人员的要求和制约条件	对主要人员的特性、训练等有关问题的调查和预测
	确定使命	系统使用上的制约条件和环境上的制约条件；组成系统中人员的数量和质量	对安全性和舒适性有关条件的检验
	明确适用条件	能够确保的主要人员的数量和质量，能够得到的训练设备	预测对精神、动机的影响
系统分析和系统规划	详细划分系统的主要事项	详细划分系统的主要事项及其性能	设想系统的性能
	分析系统的功能	对各项设想进行比较	实施系统的轮廓及其分布图
	系统构思的发展（对可能的构思进行分析评价）	系统的功能分配；与设计有关的必要条件；与人员有关的必要条件；功能分析；主要人员的配备与训练方案的制订	对人机功能分配和系统功能的各种方案进行比较研究；对各种性能的作业进行分析；调查决定必要的信息显示与控制的种类
	选择最佳设想和必要的设计条件	人机系统的试验评价设想与其他专家组进行权衡	根据功能分配，预测所需人员的数量和质量，以及训练计划和设备；提出试验评价的方法设想与其他子系统的关系和准备采取的对策
系统设计	预备设计（大纲的设计）	设计时应考虑与人有关的因素	准备适用的人机工程数据
	设计细则	设计细则与人的作业的关系	提出人机工程设计标准；关于信息与控制必要性的研究与实现方法的选择与开发；研究作业性能；居住性的研究

系统开发的各阶段	各阶段的主要内容	人机系统设计中应注意的事项	人机工程学专家的设计事例
系统设计	具体设计	在系统的最终构成阶段，协调人机系统； 操作和保养的详细分析研究（提高可靠性和维修性）； 设计适应性高的机器； 人所处空间的安排	参与系统设计最终方案的确定，最终决定人机之间的功能分配，使人在作业过程中，信息、联络、行动能够迅速、准确地进行； 对安全性的考虑； 防止热情下降的措施
	显示装置、控制装置的选择和设计		控制面板的配置； 提高维修性对策； 空间设计、人员和机器的配置决定照明、温度、噪声等环境条件和保护措施
	人员的培养计划	人员的指导训练和配备计划与其他专家小组的折中方案	决定使用说明书的内容和式样； 决定系统的运行和保养所需人员的数量和质量，训练计划的开展和器材的配置
系统的试验和评价	规划阶段的评价； 模型制作阶段； 原型、最终模型的缺陷诊断和修改的建议	人机工程学试验评价； 根据试验数据的分析，修改设计	设计图纸阶段的评价； 模型或操纵训练用模拟装置的人机关系评价； 确定评价标准（试验法、数据种类、分析法等）； 对安全性、舒适性、工作热情的影响评价； 机械设计的变动，使用程序的变动，人的作业内容变动，人员素质的提高，训练方法的改善，对系统规划的反馈
生产	生产	以上几项为准	以上几项为准
使用	使用、保养	以上几项为准	以上几项为准

11.4 总体设计的要点

人机系统的显著特点是，对于系统中人、机和环境三个组成要素，不单纯追求某一个要素的最优，而是在总体上、系统级的最高层次上正确地解决好人机功能分配、人机关系匹配和人机界面合理三个基本问题，以求得满足系统总体目标的优化方案。因此，应该掌握总体设计的要点。

11.4.1　人机功能分配

在人机系统中，充分发挥人与机械各自的特长，互补所短，以达到人机系统整体的最佳效率与总体功能，这是人机系统设计的基础，称为人机功能分配。

人机功能分配必须建立在对人和机械特性充分分析比较的基础上，见表11-2。一般地说，灵活多变、指令程序编制、系统监控、维修排除故障、设计、创造、辨认、调整，以及应付突然事件等工作应由人承担。速度快、精密度高、规律性的、长时间的重复操作、高阶运算、危险和笨重等方面的工作，则应由机械来承担。随着科学技术的发展，在人机系统中，人的工作将逐渐由机械所替代，从而使人逐渐从各种不利于发挥人的特长的工作岗位上得到解放。

表 11-2　人与机器的特性比较

能力种类	人的特性	机器的特性
物理方面的功率（能）	10 s 内能输出 1.5 kW，以 0.15 kW 的输出能连续工作 1 天，并能做精细的调整	能输出极大的和极小的功率，但不能像人手那样进行精细的调整
计算能力	计算速度慢，常出差错，但能巧妙地修正错误	计算速度快，能够正确地进行计算，但不会修正错误
记忆容量	能够实现大容量的、长期的记忆，并能实现同时和几个对象联系	能进行大容量的数据记忆和取出
反应时间	最小值为 200 ms	反应时间可达微秒级
通道	只能单通道	能够进行多通道的复杂动作
监控	难以监控偶然发生的事件	监控能力很强
操作内容	超精密重复操作时易出差错，可靠性较低	能够连续进行超精密的重复操作和按程序常规操作，可靠性较高
手指的能力	能够进行非常细致而灵活快速的动作	只能进行特定的工作
图形识别	图形识别能力强	图形识别能力弱
预测能力	对事物的发展能做出相应的预测	预测能力有很大的局限性
经验性	能够从经验中发现规律性的东西，并能根据经验进行修正总结	不能自动归纳经验

在人机系统设计中，对人和机械进行功能分配，主要考虑的是系统的效能、可靠性和成本。例如，在宇宙航行中，绕月球飞行的成功率，全自动飞行为 22%，有人参与的为 70%，人承担维修任务的为 93%，这就是功能分配的

效果。功能分配也称为划定人机界限，通常应考虑以下各点：

①人与机械的性能、负荷能力、潜力及局限性；

②人进行规定操作所需的训练时间和精力限度；

③对异常情况的适应性和反应能力的人机对比；

④人的个体差异的统计；

⑤机械代替人的效果和成本等。

11.4.2　人机匹配

在复杂的人机系统中，人是一个子系统，为使人机系统总体效能最优，必须使机械设备与操作者之间达到最佳的配合，即达到最佳的人机匹配。人机匹配包括显示器与人的信息通道特性的匹配，控制器与人体运动特性的匹配，显示器与控制器之间的匹配，环境（气温、噪声、振动和照明等）与操作者适应性的匹配，人、机、环境要素与作业之间的匹配等。要选用最有利于发挥人的能力、提高人的操作可靠性的匹配方式来进行设计。应充分考虑有利于人能很好地完成任务，既能减轻人的负担，又能改善人的工作条件。例如，设计控制与显示装置时，必须研究人的生理、心理特点，了解感觉器官功能的限度和能力，以及使用时可能出现的疲劳程度，以保证人、机之间最佳的协调。随着人机系统现代化程度的提高，脑力作业及心理紧张性作业的负荷加重，这将成为突出的问题，在这种情况下，往往导致重大事故的发生。

在设备设计中，必须考虑人的因素，使人既舒适又高效地工作。随着电子计算机的不断发展，将会使人机配合、人机对话进入新的阶段，使人机系统形成一种新的组成形式——人与智能机的结合，人类智能与人工智能的结合，人与机械的结合，从而使人在人机系统中处于新的主导地位。

11.4.3　人机界面设计

人机界面设计，必须解决好两个主要问题，即人控制机械和人接收信息。前者主要是指控制器要适合于人的操作，应考虑人进行操作时的空间与控制器的配置。例如，采用坐姿脚动的控制器，其配置必须考虑脚的最佳活动空间，而采用手动控制器，则必须考虑手的最佳活动空间。后者主要是指显示器的配置如何与控制器相匹配，使人在操作时观察方便，判断迅速、准确。

人机界面设计主要是指显示、控制，以及它们之间的关系的设计。作业空间设计、作业分析等也是人机界面设计的内容。有关人机界面的设计内容，在前面各有关章节中已做过详细的介绍，在此仅以一例来说明人机界面设计的分析方法。

图 11-6 是一种控制仪表板的人机界面设计程序示例。

图 11-6　人机界面设计程序示例

11.5　人机系统设计示例

11.5.1　社会对无障碍化设计的重视

联合国世界卫生组织对一些国家进行了抽样调查，认为残疾人约占世界人口总数的 10%，因此当今全世界有 5 亿多残疾人，其中 1 亿在中国。

20 世纪末，我国 60 岁以上的老年人总数约达 1.3 亿，占总人口的 10.5%，为此我国也进入了老年型国家的行列，2040 年将是我国老龄化的高峰，老年人口占总人口的比重大约增长到 24%，届时每 4 人中将有一位老年人。因此不论在目前还是将来，我国都是世界上老年人口最多的国家。

目前，在许多城市设计方面也考虑到一些残疾人及老年人的特殊生活需求。这不但是社会发展的需要，也是和谐社会和现代城市文明的体现。

在我国的《城市道路和建筑物无障碍设计规范》标准中明确规定如下：

（1）城市道路　实施无障碍的范围是人行道、过街天桥与过街地道、桥梁、隧道、立体交叉的人行道、人行道口等。无障碍内容是设有路缘石（马路牙子）的人行道，在各种路口应设缘石坡道；城市中心区、政府机关地段、商业街及交通建筑等重点地段应设盲道；公交候车站地段应设提示盲道；城市中心区、商业区、居住区及主要公共建筑设置的人行天桥和人行地道应设符合轮椅通行的轮椅坡道或电梯，坡道和台阶的两侧应设扶手，上口和下口及桥下防护区应设提示盲道；桥梁、隧道入口的人行道应设缘石坡道，桥梁、隧道的人行道应设盲道；立体交叉的人行道口应设缘石坡道，立体交叉的人行道应设盲道。

（2）居住区　实施无障碍的范围主要是道路、绿地等。无障碍要求是，设有路缘石的人行道，在各路口应设缘石坡道；主要公共服务设施地段的人行道应设盲道，公交候车站应设提示盲道；公园、小游园及儿童活动场的通路应符合轮椅通行要求，公园、小游园及儿童活动场通路的入口应设提示盲道。

（3）房屋建筑　实施无障碍的范围是办公、科研、商业、服务、文化、纪念、观演、体育、交通、医疗、学校、园林、居住建筑等。无障碍要求是建筑入口、走道、平台、门、门厅、楼梯、电梯、公共厕所、浴室、电话、客房、住房、标志、盲道、轮椅等应依据建筑性能配有相关无障碍设施。

城市道路和建筑物的无障碍设计必须严格执行有关方针政策和法律法规，以为残疾人、老年人等弱势群体提供尽可能完善的服务为指导思想，并应贯彻安全、适用、经济、美观的设计原则。

11.5.2　无障碍设计的特殊要求

人体尺度及活动空间，是确定道路与建筑设计的主要依据，在过去的城市建设和房屋设计中，是依据健全成年人的尺度和人体活动空间参数考虑的，许多设施是按照健全人的活动模式和使用需要进行制定的，其中许多设施不适合残疾人、老年人及幼儿使用，给他们在参与社会生活方面带来了许多困难，甚至造成不可逾越的障碍。设计者和建设者面对现实情况，应全方位考虑人体尺度与活动空间及其行为特点，真正做到"对人的关怀"这一崇高的设计基本原则。

健全人与残疾者的尺度与行为比较如下：

（1）正面宽　健全人的平均肩宽为 45 cm，行进时的宽幅则为 50 cm，乘轮椅者的宽幅为 65 cm，行进时因双手操作外轮，则需要 70 cm 的宽幅，约为健全人 1.5 倍。拄拐杖者因使用拐杖的种类不同，其宽幅各异，按拄双杖者考虑，其宽幅为 90 cm，行进时宽幅则为 120 cm，约为健全人的 2.4 倍。视力残疾者用盲杖行进时的幅宽是 90 cm，约为健全人的 2 倍。

（2）侧面宽　健全人的平均侧面宽为 30 cm，乘轮椅者为坐式，其侧面宽为 110～120 cm，约为一般人的 4 倍。拄双拐者及使用盲杖者其侧面宽为 60～70 cm，约为一般人的 2 倍。

（3）眼高　健全人的平均眼高为 160 cm，乘轮椅者的眼高为 110 cm，为健全人的 0.7 倍。拄双拐者因姿态向前倾斜，眼位稍低一点，约为 150 cm，为健全人的 0.9 倍。

（4）**旋转180°** 健全人做180°旋转，约需 60 cm×60 cm 的面积空间，乘轮椅者以轮椅为中心旋转180°，则约需直径150 cm 圆的面积空间；拄双拐旋转180°所需面积稍小，约需直径120 cm 圆的面积空间；盲人借助盲杖旋转180°，约需直径150 cm 圆的面积空间。

（5）**水平移动** 健全人的水平移动平均速度约为1.0 m/s；手动轮椅的速度稍快，为1.5～2.0 m/s；拄双拐者及拄盲杖者速度稍慢，为0.7～1.0 m/s。

（6）**垂直移动** 健全人跨越15～20 cm 高的台阶没有困难，但是对乘轮椅者来说，跨越这个高度几乎是不可能的。轮椅在跨越地面高差为25 mm 时将非常困难，因此供乘轮椅者通行的地面如有高差应控制在20 mm 以下，并用斜面进行连接。拄双拐者可在台阶上行走，但台阶的高度不宜超过12 cm。因此解决残疾人的垂直移动方式，是在台阶一侧修建平缓的供轮椅通行的坡道，室内坡道的坡度为1/12，室外坡道的坡度为1/12～1/20。乘轮椅者在楼层间垂直移动只能依靠电梯或坡道上下转移。

（7）**手的范围** 与健全人相比，乘轮椅者的手的活动范围相对较小。手的触摸高度侧面为125～135 cm；正面为115～120 cm。手向侧面伸出时可触及60 cm 内的物体。当要接触前方物体时，该物体最好向外突出，底部可容纳轮椅搁脚板。

（8）**健全人与残疾人的尺度比较** 各项具体尺度比较如表11-3所示。

表11-3　健全人与残疾人的尺度比较　　　　　　　　　　　　　cm

类别	身高	正面宽	侧面宽	眼高	水平移动	旋转180°	垂直移动（台阶）
健全成人	170	45	30	160	1	60×60	15～20
乘轮椅人	120	65～70	110～120	110	1.5～2.0	ϕ150	2
拄双杖人	160	90～120	60～70	150	0.7～1.0	ϕ120	10～15
拄盲杖人	—	60～100	70～90	—	0.7～1.0	ϕ150	15～20

11.5.3 常见的无障设计示例

1. 无障碍设施标志设计

常见的各种无障碍设施标志牌设计如图11-7所示；无障碍设施及通道方向牌标志设计如图11-8所示；无障碍标志的位置设置如图11-9所示。

图11-7　各种无障碍设施标志牌
（a）电梯标志；（b）坡道标志；
（c）电话标志；（d）停车车位标志

图11-8　无障碍设施及通道方向标志牌

2. 无障碍公共设施设计

无障碍过街通道设计如图 11-10 所示；供乘坐轮椅者使用的公用设施设计如图 11-11 所示。

（a）　　　　　　　　　　（b）

图 11-9　无障碍标志的位置

（a）公用电话无障碍标志；（b）洗手间入口标志

（a）　　　　　　　　　　（b）

图 11-10　无障碍过街通道

（a）方便盲人过街音响；（b）方便过街的缘石坡道

图 11-11　乘轮椅者使用的公用设施

（a）适合乘轮椅者使用的自动购物机高度；（b）供乘轮椅者使用的饮水器高度；
（c）供乘轮椅者使用的台式电话的高度及深度；（d）北京街头为乘轮椅者设置的低位公用电话

3. 无障碍用具及室内设施设计

轮椅类型及参数如图 11-12 所示；残疾人使用的室内设施如图 11-13 所示。

图 11-12　轮椅类型及其参数

（a）残疾者单手操纵的轮椅；（b）电动轮椅；（c）手动轮椅主要参数

图 11-13　小区残疾人套房的无障碍设施

综上所述，在一般情况下，无障碍化设计都只是为老年人和残疾人考虑的特殊设计。像高差处坡道的设置、电梯的设置、轮椅乘坐者专用厕所的设置等，都是出于特殊的考虑而设置的。

近几年，无障碍设计更多地出现在城市的公共设施建设及小区的建设中，人行道上设置了坡道和盲道，公共卫生间也增加了专供老人或残疾人使用的厕位等。从更深层次上说，无障碍不仅仅限于老人、残疾人这样的特殊群体，同时，也是人性的共同需求。如公共台阶的无伤害化处理等都可以列入无障碍的范畴，无障碍设计就是在营造一个更加人性化、更舒适的环境。

第 12 章 人机智能系统综合设计

12.1 人机智能系统综合设计方法论

人机结合智能系统综合设计方法的基本思想是发挥人在系统问题求解中的作用，根据人可能发挥作用的方式、程度、侧重点、阶段等特点，构建人与机器相结合的智能系统作为问题求解系统。本节说明人机结合智能系统综合设计的基本方法论、基本概念、实现基础以及该方法论的特点。

12.1.1 综合集成方法论

钱学森院士在对开放的复杂巨系统进行长期研究的基础上，于 1989 年提出了从定性到定量的综合集成法，简称综合集成，可用图 12-1 来表示综合集成的丰富含义。

综合集成是在各种集成（观念的集成、人员的集成、技术的集成、管理方法的集成等）之上的高度综合，同时，又是在各种综合（复合、覆盖、组合、联合、合成、合并、兼并、包容、结合、融合等）之上的高度集成。综合高于集成，综合集成的重点是综合。

图 12-1 综合集成法的基本含义

12.1.2 综合集成法的特点

综合集成法的实质是把专家体系、数据和信息体系以及计算机体系结合起来，构成一个高度智能化的人机结合系统。这个方法的成功应用，就在于发挥了这个系统的综合优势、整体优势和智能优势。它能把人的思维、思维的成果、人的经验、知识、智慧以及各种情报、资料和信息等集成起来，从多方面的定性认识上升到定量认识。

综合集成法体现了精密科学从定性判断到精密论证的特点，也体现了以形象思维为主的经验判断到以逻辑思维为主的精密定量论证过程。所以，这个方法是走精密科学之路的方法论。它的理论基础是思维科学，方法基础是系统科学与数学，技术基础是以计算机为主的信息技术，哲学基础是实践论和认识论。图 12-2 描述了综合集成的基础。

需要指出的是，应用这个方法论研究问题时，也可以进行系统分解，在系统总体指导下进行分解，在分解后研究的基础上，再综合集成到整体，实现 1+1>2 的涌现，达到从整体上严密解决问题的目的。从这个意义上说，综合集成法吸收了还原论和整体论的长处，同时也弥补了各自的局限性，它是还原论和整体论的结合。

图 12-2　综合集成法的基础

综合集成法概括起来有以下特点：

① 把数据、信息、知识和专家经验与智能结合起来。

② 把人脑与计算机结合起来（人机结合）。

③ 把大家意见集成起来（群体知识）。

④ 把左脑和右脑结合起来（定性与定量结合）。

⑤ 把真实与虚拟结合起来（实体与计算机实验结合）。

⑥ 把微观和宏观结合起来（局部与整体）。

⑦ 把还原论与系统论结合起来（分析与综合）。

该方法是目前处理复杂系统、复杂巨系统（包括社会系统）的有效方法，是以钱学森院士为代表的中国学者的创造与贡献。

12.2　人机智能系统综合设计模型

12.2.1　复杂智能系统综合设计模型

1992 年，在"从定性到定量的综合集成法"的基础上，钱学森院士对如何完成思维科学的任务——"提高人的思维能力"这个问题，汇总了几十年来世界学术讨论的人工智能、灵境技术（Virtral Reality）、人机结合的智能系统和系统学等方面的经验，进一步提出了"人机结合、以人为主、从定性到定量的综合集成研讨厅体系"（简称为综合集成研讨厅体系）。综合集成研讨厅体系的结构如图 12-3 所示。

由图 12-3 可以看出，综合集成研讨厅体系可以视为一个由专家体系、机器体系、知识体系三者共同构成的一个虚拟工作空间。一方面专家的心智、经验、形象思维能力及由专家群体互相交流、学习而涌现出来的群体智慧在解决复杂问题中起着主导作用，另一方面机器体系的数据存储、分析、计算以及辅助建模、模型测算等功能是对人心智的一种补充，在问题求解中也起着重要作用，知识体系则可以集成不在场的专家以及前人的经验知识、相关的领域知识、有关问题求解的知识等，还可以由这些现有知识经过提炼和演化，形成新的知识，使得研讨厅成为知识的生产和服务体系。这三个体系按照一定的组织方式形成一个整体，构成了一个强大的问题求解系统，因而可以"提高人的思维能力"，解决那些依靠单个专家无法解决（或只依靠计算机无法解决）的问题。

图 12-3　综合集成研讨厅体系结构模型

① 该模型中，专家体系由面对复杂问题的相关专业人才、决策者与计算机专业人员等组成，他们是复杂问题研究过程中最活跃、最具创造性的创新主体。专家体系作用的发挥主要体现在各个专家经验、构想和直觉的运用上，尤其是其中宏观的、全局性的经验与智慧，经常难以明确表述，具有"只可意会、不可言传"特点的感受和猜想，是计算机所不具备和难以模拟的，却是复杂问题处理的关键所在。

② 机器体系由专家所使用的计算机软硬件以及为整个复杂问题研究群体提供服务的服务器组成，机器体系的作用在于它的海量存储能力和高性能的计算能力，后者又包括数据运算和逻辑运算能力。同样，这些特点是人类专家所难以匹敌的。

③ 知识体系由各种形式的数据、信息和知识组成，它包括与具体复杂问题相关的领域知识/信息，建模、仿真信息/知识，以及由上述信息/知识建立

的具体模型、方法，以及通用的问题分析、综合的知识/信息等。专家体系和机器体系是这些信息和知识的载体。

这三个体系各有所长，各尽其能，被综合集成法连接成一个整体，构成一个统一的、人机结合的复杂问题研究与决策支持平台。在这个平台中，专家个人发挥其在经验、直觉和领域知识方面的长处，群体发挥其互相协作、集体研究的优势，而计算机则发挥其高速计算、快速模拟的特长，把这些优势通过科学的方法论组织起来，实现研究人员从定性认识到定量认识的飞跃，其结果是提高复杂问题的研究质量，获得更加科学、合理的问题求解方法和结果。

12.2.2 简单智能系统综合设计模型

依据智能控制理论，结合人的思维和行为方式，可以建立简单人机智能系统的综合模型，如图 12-4 所示。该模型由感知层、决策层、执行层三个层面组成。

1. 感知层

感知层通过人机联合感知人、机、环境的综合信息，这些综合信息包括：

① 人自身的特征参数。如心理状态、技术水平、积极性、技巧性、疲劳程度、觉醒程度等。

② 机器本身的特征参数。机器本身的静态参数，如机器的型号、尺寸等；机器本身的动态参数，如机器的运动状态变量等。

③ 环境信息参数。如噪声、照明光线强度、温度、湿度、空气压力以及其他相关环境。系统主要依赖多传感器信息融合技术。

图 12-4　简单智能系统模型

2. 决策层

首先人或机器根据感知层面传来的信息进行状态估计和组织协调人机关系，确定哪些（或何时）控制任务由人来完成，哪些（或何时）控制任务由机器来完成，并确定采用何种控制策略，是"人主机辅"控制、"机主人辅"控制还是"人机协同"控制。进而由各控制器完成相应的控制计算，得到相应的控制决策。

3. 执行层

利用人的手动控制与机器的自动控制相结合的方法来实现,这里需要指出的是,并不是所有的系统在所有的情况下都需要手动和自动控制同时作用,这要视情况而定。

对人机结合智能系统的观点扼要地加以总结:在研制智能系统时,应强调的是人类的心智与机器的智能相结合。从体系上讲,在系统的设计过程中,把人作为成员综合到整个系统中去,充分利用并发挥人类和计算机各自的长处形成新的体系,是今后要深入研究的课题。

对于人机智能系统综合设计的重点是智能决策层面,目前,通常选用人机共商决策模型。这种决策方法是使人和机器处在平等合作的地位上,人和机器共同合作决策。这时计算机智能辅助决策程序完全设计成开放式的,使得人与计算机之间的关系跟人与人之间的关系一样,可以平等地面对面地进行讨论,甚至争论。计算机和人都可以根据对方提供的信息对自己的决策做相应修正,最终达成共识,得到决策结果。至于最终结果是来自人还是来自计算机,这并不重要,因为这是人和计算机共同进行讨论的结果。这种决策方式便形成一种较为合理的决策模型。

在人机共商决策过程中,重要的是人和机器两者之间的决策既有分工又有协作:一方面,通过人机决策任务分配,将适合于机器做决策的任务交给机器去做,将适合于人做决策的任务交给人去做,两者在共同决策过程上中相互取长补短,共同进行协商决策;另一方面,人和机器对有些问题同时做出决策,最后通过综合评价得到比较合理的结果,因为人和机器解决问题的思路、方法、侧重点各有不同。例如,机器决策依据的往往是知识库中人类以往的经验知识,以及模型库中的决策数学模型;而人的决策往往是凭自己的直觉经验以及目前的实际情况变化等。所以,通过这样的人机共同决策将人的智慧和机器的智能融合在一起,将能进一步提高决策的可靠性。如图 12-5 所示即为这种人机共商型人机一体化智能决策模型。图中实线表示信息流,虚线表示控制流。

图 12-5　人机共商型决策模型

众所周知,人类的知识、智慧通常都是通过语言术语的形式来表示的,所以要将人类的知识、智慧和计算机的功能很好地融合在一起,最好能做到人和机器之间能够直接用语言进行面对面的交谈。

12.3 人机智能系统综合设计要点

12.3.1 人机结合模式

实现人机结合智能系统的技术路线可以有多种。选择什么样的路线主要要看人与机器系统在问题求解中所承担的角色以及彼此相互协作的关系，即人机结合模式。根据人机所担角色的分量与主次作用，人机结合的模式与智能系统的技术路线大致可以分为人机结合、以人为主的策略，人机结合、以机为主的策略，人机结合、人机协作的策略等。

1. 人机结合、以人为主的策略

"人机结合、以人为主"的策略是指在构建人机系统时，人、群体与人的定性智能扮演主要的角色，承担问题求解的关键性工作，或者在关键步骤发挥作用。由于问题的求解关键步骤是靠人的介入，所以人扮演了主要的角色。"以人为主"可能体现在很多方面，比如在设定问题的理解与定义中，没有人的参与无法清楚地说明问题的本质；在问题求解目标的确定过程中，没有人的参与就不足以明确解决问题的途径与方向；在结果的评价中，没有人的参与就难以判断问题解决的程度与效果等。

2. 人机结合、以机为主的策略

"人机结合、以机为主"的智能系统设计是要体现以机器为主的设计思想。在一个问题被理解与定义、相应的求解系统被建成后，机器智能完成主要的任务与步骤。在这种系统中，典型的情况下，人的作用主要体现在问题的理解与定义、求解结果的鉴定与再求解的修正等过程中，区别于自主智能系统，人机结合、以机为主的智能系统中人的角色还是不可或缺的。

3. 人机结合、人机协作的策略

"人机结合、人机协作"的智能系统设计中难以明确区分人与机孰轻孰重，人机已经融为一体，构成彼此需要、互相支持的共生关系。这种系统在系统设计上是比较复杂的，也是"人机结合"中比较难以实现的一种，因为系统涉及人机边界不好定义或划分的问题。

12.3.2 人机合理分工

对于人与机器共存的系统，在感知、决策、执行三个层面上，应当将适合于人做的事交给人去做，将适合于机器做的事交给机器去做，问题是，哪些事情适合于人去做，哪些事情适合于机器去做。表 12-1 给出了对人和机器在这三个层面上的特征进行研究的成果，可供系统设计时进行合理化分工的参考。

值得指出的是，这种分工并不是绝对的，这里强调的是合理分工而不是绝对分工。在很多情况下，双方所进行的工作都是整合在一起，相辅相成的。这样的分工构成了人机系统的新型关系，那就是各自发挥自己的长处，相辅相成，缺一不可。在这样的人机关系基础上，构成的人机系统能够发挥出巨大的优势，能够解决两者单独都无法解决的问题。在新型的人机关系中，人与机器的新型合作关系体现在人与机器（包括计算机）的独立性和互补性。

表 12-1　人机功能合理化分工

功能层面	适合于人完成的功能	适合于机器完成的功能
感知层面	模糊定性信息感知	精确定量信息感知
	有限小阈值范围内的信息感知	可以感知人类感知阈值范围以外的信息
	只有在人的生理权限承受的环境下进行感知	可以在恶劣环境下进行信息感知
	感知具有整体综合性、选择性和多义性的信息	比较适合于对单一信息进行感知
决策层面	富于创造性的思维活动	基于规则的逻辑推理
	在变化不定的环境下识别形象	在确定环境下识别对象
	处理模糊信息	精确处理数据信息
	对意外事态的预测及处理	常规事态处理
	对不良结构问题的处理	对良性结构问题处理
	能综合运用逻辑思维、形象思维和灵感思维	能较好地模拟逻辑思维和部分地模拟形象思维
	记忆有限的数据、知识及规则	记忆大量的数据、知识及规则
执行层面	完成功率比较小的动作	可以完成需要功率很大或极小的动作
	完成精度要求不太高的动作	可以完成精度要求很高的动作
	所能完成的操作范围比较窄	所能完成的操作范围广
	执行过程中，受生理条件所限，容易疲劳，耐久性差，不能在恶劣环境下工作	执行过程中，不受生理条件所限，耐久性强，不会疲劳，环境适应性强，可以在恶劣环境下工作
	易实现多种执行方式的综合	执行动作单一，但动作一致性好
	动作具有较大的柔性，动作灵巧	动作柔性小，不灵巧，但运动学、动力学特性优秀

12.3.3　人机最佳合作

自从人类发明了机器，人类文明就是由人类与机器共同创造的。机器，特别是智能机器（具有一定"人类智能"的机器），先是作为人类肢体的延伸，后逐渐延伸着人类的感知，甚至大脑，成为人类在认识世界、改造世界乃至创造世界过程中的重要力量。

人与智能机器之间的新型协作关系，体现在人与智能机器之间在智能层面上的独立性和互补性。各方都视对方为能够进行独立思考、独立决策的智能个体，人与机器之间形成真正的同事关系，共同合作，取长补短，从而使人机智能系统产生最佳效益。为此，在人机智能系统设计中应充分考虑表 12-2 列出的人类智能与机器智能各自的主要优点及缺点。

表 12-2　人类智能与机器智能比较

	人类智能	机器智能
优点	有创造力，有决策力 有自主力，有主动性 记忆空间中的快速检索功能 交互的平行能力 多种媒介方式获取信息 处理问题的柔性（应变）、抽象思维能力强 丰富的形象思维能力 有灵感思维能力，语言能力强 有责任心、道德观、法制观 自学习能力	存储能力的无限性 知识获取的多元性 多媒体技术所带来的能力 处理问题的严密性 抽象思维能力 记忆的永久性、不变性 决策的逻辑性、合理性 无心理、生理因素存在 快速性 有限的自学习功能
缺点	体能的局限性 信息存储的局限性 心理因素的存在 对生存环境的高要求 信息交互的单行性 拥有知识的局限性 决策的不严密性 思维存在盲点 记忆存在时效性和不可靠性 个体间的差异性	被动性 自主力的局限性 无创造性 不能或很难具备语言能力 应变能力差 抽象思维能力有限 无形象思维能力 无灵感思维能力 智能实现的高代价 无责任心 无道德观、无法制观

12.3.4　人机交互方式

人机智能结合是通过人机交互作用实现的，人机交互方式应该做到：

① 计算机对人的友好支持，例如能提供全面的、透彻的、灵活的直观信息，用"自然语言"和图形进行对话；

② 人不断给计算机新知识，在满足智能结合的必要条件下，人的预见性和创造性可通过逻辑决策层，把分析、推理和判断的结果，即人的经验和知识传授给计算机，以提高和丰富计算机的智能；

③ 人、机共同决策，包括在有些算法和模型已知时，靠人、机对话确定某些参数，选择某些多目标决策的满意解等。

为了实现人机智能结合系统，软件设计应满足如下要求：

① 计算机具有高档智能，如知识库和推理机构；

② 计算机中存储的数据和知识应具有独立性和灵活性，便于用户删除、增补和修改；

③ 库存内容是动态的、时变的，可随机存取任何知识和数据；

④ 软件结构具有灵活性，可任意更改知识结构，以适应新的情况；

⑤ 知识和数据的存储应保证安全可靠，不受扰动和破坏。

12.3.5　人机智能界面

随着各种形式的人机智能系统快速进入实用阶段，用户对人性化的人机智能界面十分关注，开发研究人员对此也极为重视。目前，最能反映综合技术融合的人机智能界面是多媒体和虚拟现实两种人性化智能界面。

1. 多媒体智能界面

多媒体是一种界面技术，该技术的特点是能同时处理文字、数据、图形、图像、音频、视频等两种以上的信息。其作用是改善人机界面功能，使其更形象直观、友好自然，可表达更多信息。

多媒体界面技术的关键是，把数字符号转换成几何图像或图形。实现对数字符号进行转换的方式主要是：

（1）几何线条表示法　如用等值线/等值面法表示地形、压力；用矢量化/符号化表示矢量、梯度、风力等信息；用纹影图/条纹干扰法表示变形。

（2）色彩表示法　例如用区域填充法表示分布情况；用阴影图法表示几何特性；用实物化法表示火山喷发程度；用心脏模型图表示企业资金流动情况。

（3）多媒体表示法　用三维动画表示产品设计构想；用音频信号表示例外数据。

在智能界面中采用可视化技术，可以获得以下好处：

• 大大加深了人类对数据的理解和利用。

• 大大加快了数据的处理速度，使庞大的科学计算数据得到有效利用。

• 大大加强了各类设计的直观性，减少设计和试验费用。

• 人们不仅能得到计算结果，而且能知道在计算、设计、加工、试验过程中发生了什么现象和变化，并可改变参数来观察其影响，对计算、设计、加工、试验过程实现引导和控制。

• 在各类设计中，可用于预视、评价、讨论各种设计方案及空间布置的合理性，发现存在的问题，并对决策提供支持。

• 在各类生产中，可用于跟踪监控、讨论各种生产过程是正常、异常或紧急状态，当发现存在问题时，可以适时讨论对策。例如，图 12-6 所示是瑞典跨国企业 ABB（Asea Brown Bouverie）设计的多媒体人机界面控制室。其下部桌子上的一些独立的电脑显示器可以根据操作者的需要下降或提升，而在桌子上部有一些大显示器。当操作者在小显示器上处理数据需要参考其他同事的意见时，他可以引入大显示器上的部分程序。因此，在控制室内具有相关知识的人能参与讨论，提出帮助建议。当操作者需要更多的信息解决问题时，该技术也能显示车间中来自照相机或录像机的图像。当操作者需要坐下探讨问题时，他们可以在显示器旁的会议桌完成讨论。

图 12-6　现代控制室中 ABB 的多媒体人机界面

多媒体技术应用于工业生产过程监控方面，可体现以下特色：

• 多维性：即信息媒体的多样化。

- 集成性：它是各种不同信息转换的集成，最后把数字、文字、声音、图形、图像有机地集成在一起综合表现出来。
- 交互性：满足人与系统的实时信息交换。
- 可视性：包括监测对象的视频图像、运算过程数据及传感器信号微弱变化的可视化转换等，能快速反映控制过程或检测结果，采用调整的运算和结合实际工艺的算法，便于系统做出统计，显示趋势，以提供操作指导和决策参考。

多媒体界面的人机交互技术，是利用计算机多媒体技术完成控制/显示台的各种功能，使人在声图并茂的形式下获取和理解信息。友好的人机界面能使现场操作者产生亲近感，使远程测控者具有临场感，有利于人们做出定性思考、抉择和反应。多媒体界面的人机交互主要体现在声、图的输出和声、图的输入。声音输出主要使用到语言、音频信号，视图输出主要是可视化处理的图形、视频图像。

2. 虚拟现实智能界面

虚拟现实（Virtual Reality）是一种为改善人与计算机的交互方式、提高计算机可操作性的人机界面综合技术。它通过高速图形计算机、头盔显示器或其他三维视觉通道、三维位置跟踪器和立体声音响，使计算机用户能够沉浸到计算机屏幕所显示的场景中去，从而产生一种类似"幻觉"的人工三维环境——"虚拟环境"或"灵境"。

近年来，对虚拟现实技术的研究和应用表明，虚拟现实技术将会改变人类从计算机获取信息的方式，使人机界面从数字、符号、平面图形和图像真正进入三维空间，产生质的飞跃。虚拟现实技术是计算机人性化的重大突破，具有广泛的科学和工业应用前景，已成为各国科学界和工业界普遍关注的热点之一。

虚拟现实技术包含用户（操作者）、机器及人机接口三个基本组成部分。这里"机器"是指安装了适当软件程序、能生成用户能与之交互的虚拟环境的计算机；人机接口则是指将虚拟环境与用户连接起来的传感、控制和输入输出装置。与其他的计算机系统相比较，虚拟环境可提供实时交互性操作、三维视觉空间和多种感觉通道（视觉、听觉、触觉、嗅觉等）的人机界面。因此，虚拟现实技术显著提高了人与计算机之间的交互能力以及和谐程度，成为一种更有力的仿真工具。

借助虚拟现实技术，可以对现实世界的事物进行动态仿真。所生成的动态仿真环境能够对用户的头部和四肢的姿势、语言命令等做出实时响应，即计算机屏幕显示的场景能够跟踪用户的输入，及时按照输入信息修改场景，使用户和虚拟环境之间建立起实时交互性关系，进而使用户产生身临其境的沉浸感觉，其特征如图 12-7 所示。

图 12-7　虚拟界面的特征

在人与计算机之间建立具有沉浸感和交互性的友好关系，就要求构成虚拟环境的计算机系统能适应人所惯用的信息获取形式和思维过程。

显然，这种信息处理系统必须建立在多维的信息空间之中，建立在一个定性和定量相结合、感性认识和理性认识相结合的综合集成环境之中，而虚拟现实技术正是支撑这种多维信息空间的技术群。虚拟现实技术涉及计算机图形学、显示技术、人机交互技术、传感技术与仿真技术等多种技术，它的迅速发展反映了人们致力追求人机界面的自然性以及仿真环境的逼真性。人机智能系统的"虚拟现实"界面有三层内涵：

• "虚拟现实"是一种可视化界面工具，用它可以有效地建立虚拟环境，这主要集中在两个方面：一是虚拟环境精确表示控制或监测对象的状态模型，二是环境的可视化及渲染。

• "虚拟现实"是一种视觉和听觉的新型可感知动态数据库技术，重点在视觉。控制系统中使用虚拟现实技术反映的数据可以是具体的，如作为视觉效果模型展示密封生产线的内部情况；数据也可以是抽象的，如可表达多闭环系统中，各控制环节传递函数的数字模型发生变化时，系统的运行状态将会是怎样的。这种方式感受的数据远比看枯燥的数字清晰。

• "虚拟现实"是一种可交互更迭的环境。它不仅是计算机图形学或计算机成像生成的一幅画面，人们还可以通过计算机的各种人机界面与之交互，在精神感觉上进入该环境。例如，在展开某个测控环境时，可以先表达外部环境，然后，随着操作者的"走近"，测控环境的透视表现也转远为近，当对某一层面作"进入"操作时，计算机就转而生成深一层的景物视图，使各部分的状态逐渐展现出来。

人的视觉是立体的、三维的，而计算机的显示屏幕是平面的、二维的。如何用计算机屏幕来显示三维的场景，使人们获得对真实现实的理解，需要运用立体视觉原理和技术。人们通过获取视觉信息中的深度信息来感知物体的立体性。而人的大脑是从四个方面来获得物体的深度信息的：静态图像中的深度线索、运动深度线索、生理上的深度线索和双目视差线索。为了显示虚拟环境，必须把显示器、专用的光学系统和位置以及方向跟踪系统组合在一起，形成一个有机的整体。目前，视觉显示硬件虽然有不同的形状和大小，而且在适用性和结构上有很大不同，但它们所用的元件大致上是同一类型的。目前，最常见的视觉显示方法有三种：头盔立体镜、头盔单目镜和可移动的视觉显示器，如图12-8所示。

耳机

控制器

目镜

头盔式显示器　　　　　　　头戴式显示器

图 12-8　虚拟环境界面显示器

借助于各种输入装置，如数据手套、操纵杆和操纵手、三维控制装置等，用户就可以进入虚拟环境并与虚拟对象进行人机交互。

人类与环境的交互有许多是通过手进行的，而在使用计算机时，键盘、鼠标等装置限制了手的自由度，因此，从20世纪70年代末开始，人类就进行了很多探索，使计算机能"直接"读取手的命令，其中最典型的是电子数据手套，如图 12-9（a）所示。

3D 鼠标是最简单的位置跟踪器，它也可以当作普通鼠标使用，适合与台式计算机交互，其外观如图 12-9（b）所示。与传统鼠标不同，3D 鼠标的按键是一个"空间球"，在球的内部是一个六自由度传感器，可以测量位置和方向。

六自由度遥控器更加符合人机工程的要求，适合与大屏幕的虚拟桌面和虚拟幕墙进行人机交互，就好像操作电视机一样方便地控制虚拟对象，如图12-9（c）所示。

图 12-9　虚拟环境界面控制器

(a) 数据手套；(b) 3D 鼠标；(c) 六自由度遥控器

虚拟桌面实际上就是双投影仪的背投电视，也可认为是传统绘图板的电子化。过去人们在绘图板上按照制图标准绘制二维图样，而现在可以通过计算机构建三维实体模型在虚拟环境下大屏幕显示，具有较强的立体感和真实感，为新产品开发和工程评价提供了强有力的工具和良好的环境。

与头盔式显示器相比，虚拟桌面加强了用户沉浸感，提高了使用方便性和舒适度。虚拟桌面可以安装在设计师的办公室，移动也很方便，桌面的倾斜角度通常可以调整，操作者可以通过数据手套、位置跟踪器等实现人机交互，其缺点是仍然只能供少数人使用。

当需要为多用户提供虚拟环境时，可以采用称为 Power Wall 的虚拟幕墙。虚拟幕墙是高亮度和高图像清晰度的大型投影屏幕，就好像立体宽银幕电影院一样。

美国 Fakespace 公司推出不同规格的虚拟幕墙，其中大型虚拟幕墙的高度可达 2.8～3.2 m，宽度可达 5～8 m，整个幕墙就是从地板到天花板的房间墙面，可采用 2 个以上的投影频道，显示 1∶1 的实体模型和模拟环境，供数十人观看。

图 12-10 所示为众多专家一起观看虚拟幕墙中"虚拟客机起飞"（右下角为头盔显示器）的场景。

图 12-10　大型虚拟幕墙

在虚拟环境中，观看者不仅可以坐着观看，而且可以手持遥控器随意行走，从而产生较强的沉浸感。使用 Neo Wand 型六自由度遥控器与虚拟幕墙进行交互的场景如图 12-11 所示（右下角为六自由度摇控器）。

图 12-11　操作者手持遥控器边走边看

虚拟智能界面有着广泛的应用前景，但目前还未普遍应用，有些技术问题尚待研究解决。对于未来的设计师，了解多学科融合的高新技术仍然是必要的。

12.4　人机智能系统综合设计原则

12.4.1　系统整体化原则

在人机智能系统中，人与机器的关系已超越传统的主从关系，两者之间建立一种"同事"的关系，共同感知、共同思考、共同决策、共同工作、互相制约和相互监护。因此，人与机器、系统中人与人之间、机器与机器各部分之间的结合，是一种"整体结合"。

系统论的主要创立者——贝特朗菲指出：整体大于其各组成部分的总和，是基本系统问题的一种描述。

系统的整体性主要表现为系统的整体功能，系统的整体功能不是各组成要素功能的简单叠加，也不是各组成要素的简单拼凑，而是呈现出各组成要素所没有的新功能，可概括地表达为"系统整体大于其组成部分之和"，即

$$F_s > \sum_{i=1}^{n} F_i \tag{12-1}$$

式中，F_s 为系统的整体功能；F_i 为各要素的功能，$i=1,2,\cdots,n$。

上式就是通常所说的：$1+1>2$ 的表达式，是系统设计的重要原则。

12.4.2　系统人本化原则

人机工程学原本就是研究以人为中心的设计思想和以人为本的管理理念。通过对人的智能、生理、心理、生物力学等方面的研究，归纳出人的主要局限性如下：

① 人的可靠性差，特别是在疲劳时出错率大为增加。统计数据说明人不大疲劳时 30 分钟内出现 0.1 次错误；疲劳时 1 分钟可出现 1 次差错。

② 人担负的工作量过重时，不但影响健康，而且高度紧张，还会引起判

断和操作错误或漏掉主要信息。

③ 人的效率比计算机低得多，主要表现在接收信息效率低，反应迟钝（迟后 0.25～0.5s）和计算速度慢。

从以人为本的指导思想出发，为了弥补人的各种局限性，使人能发挥高层智能优势，在系统综合设计时，必须遵循人承担的工作量应当尽量小，最好是最少，机承担的工作量应为最大的系统人性化原则，即人机智能结合系统必须具备下述必要条件：

$$\min_{\beta_i^h} \sum_{i=1}^n E_i^h = A - \max_{\beta_i^c} \sum_{i=1}^n i E_i^c \tag{12-2}$$

式中，A、E_i^h 和 E_i^c 分别为系统的总工作量、人担负的工作量和机担负的工作量，$i=1, 2\cdots, n$ 是任务序号。

上述人的主要局限性，正好是智能机器的优势之处。例如，机器没有疲劳感，可以长时间工作；机器对危险环境没有恐惧感，可以在核辐射、高温、高空、高压、有毒气体等特殊环境中工作。此外，机器不存在喜好与选择等行为特征，可以完成例行的、重复的、非常精确的工作。显然，从以人为本的角度来看，人与智能机器结合构成人机智能系统，是人的智能扩展与延伸的有效途径。

12.4.3 系统安全性原则

人机智能系统不同于一般无智能机的人机系统，如人与一般动力机械组成的系统，也不同于无人参与工作的智能机械系统，如无人驾驶汽车、飞机等系统。但是，对系统安全性标准的要求是一样的，即采取先进的技术措施消除或控制系统的不安全因素，杜绝系统事故发生或使事故发生的概率降到极小值。

在人机智能系统中，对于系统中的智能机器而言，例如，目前智能化水平最高的机器人，对其开发、设计、使用中的安全性要求，可由下列法则来控制（国际机器人领域的学者曾经为机器人的研究制定了明确的"戒律"，称为机器人的三大法则）：

① 法则 1，机器人不得伤害人类。

② 法则 2，机器人必须服从人的命令，但不得违背第一法则。

③ 法则 3，在不违背第一和第二法则的前提下，机器人必须保护自己。

对于系统中的人，虽然在人本化原则中已考虑了人的生理、心理方面的局限性，但从系统安全性角度来分析，还必须再加一道"保险"。由于人的生理、心理因素的复杂性，尽管在设计中已考虑了这些因素，但在某些特殊情况下，仍然可能有意想不到的事件发生。而这些事件往往是由于系统中人的工作出现了明显的偏差和失误而引起的。为了弥补人的不足，利用智能传感器对人的感知进行补充，通过智能机器来辅助人进行控制。在这里机器所起的作用有以下几个方面：

① 机器将感知的定量精确信息和人感知范围以外的信息以及机器通过初步决策得到的决策信息，通过一定的方式向人提供辅助控制信息，从而使得人在做出控制决策时所考虑的信息更全面。

② 机器对人的输出控制量进行监测，通过分析判断，在人发出有可能导致危险的控制信息或错误控制信息时，将情况及时通报给人，以便人能及时采取补救措施；在人不能或没有采取任何措施的状态下，机器将通过控制调节器，直接参与安全保护控制。

③ 人有时由于疲劳、瞌睡或酗酒等原因常常会处在不正常的生理状态下，

从而引起决策或操作失误。为此，在这样的"人主机辅"控制系统中，机器必须对人的生理状态进行监测，一旦发现异常，将及时提示报警，并采取相应的措施调节人的状态，使人适合于操纵控制，一旦调节无法实现，机器则启动自动控制系统。

另外，在某些极限状态下，系统需要采取一些紧急措施，此时人和机器的控制则是完全平等的，只要有控制信号传来，无论是来自机器还是来自人，系统都会发生作用。这种情况的控制方式可以避免人为事故的发生，从而保障最高安全性。

12.4.4　系统最优化原则

应该指出，最优化不是一次简单工作，不是在所有情况下都存在。特别是在解决人机智能系统设计问题时，因为其影响因素太多，关系极为复杂，探索次优的、满意的设计方案是比较可行的。所以，所谓最优化应该是人们对系统目标的追求；尽可能使系统的整体性保证在给定的目标下，系统要素集、要素的关系集以及其组成结构的整体结合效果为最大：

$$E^* = \max_{p \to C}(X \cdot R \cdot C) \tag{12-3}$$

以及

$$S_{\mathrm{opt}} = \max(S \mid E^{**}) \tag{12-4}$$

式中，E^*——在对应于目标集的条件下所获得的最大整体结合效果；

$X \cdot R \cdot C$——整体结合效果函数，即系统要素集 X、系统要素关系集 R 和系统组成结构 C 的结合效果函数；

S_{opt}——具有最优结合效果及最优输出的系统；

S——目标系统；

E^{**}——对应于系统目标集和环境约束集下的系统最优结合效果。

显然，式（12-4）表达的内涵也是系统综合设计应该遵循的原则。

12.5　人机智能系统综合设计实例

12.5.1　人网协同智能创作系统

1. 维客网站的创立

维客（WiKi）一词来源于夏威夷语的"wee kee"，原本是"快点"的意思。用现在的眼光来看，WiKi 是 Web 2.0 的一种典型应用，是一种知识创新的模式。常见的做法是通过提供个体创作环境的网站，通过个体的协作完成创作过程。每个人可以任意修改网站内容，同时每个人也是内容的使用者，并由此形成了一个由内容创造联系在一起的社区。从技术上看，维客网站是一个超文本系统，是一个任何人都可以编辑的网页，同时通过一套记录及编目改变的系统，也就是版本控制，提供还原改变的功能。这种设计方式避免了个体在创造中的随意性，实现内容创造过程中的协作。

2. 维客创新协作模式

在维客开始出现时，有人就质疑，如果任何人都可以更改内容，那就无法保证内容的质量，或者最后形成一些乱七八糟的东西。事实证明，其实这种担心低估了个体的力量，个体间通过协作发挥智慧可以修复错误，最后一定会形成一个最为接近理想的结果。版本控制和权限控制支持了这种纠正协作的出现。

维客往往被当作一个众包的例子来介绍，但与包的逻辑比较，个体创造的内涵超过了个体完成任务。也就是维客并没有特别明确的任务，实际上只是提供了一个场所和规则，剩下的工作都是个体完成并形成的。最后的呈现体现了个体智慧的综合，而不是一个具体的任务。所以，维客的模式是一种个体自下向上创造协作的生产模式，而不简单是众包的一种形式。

3. 维基百科创作过程

维基百科是维客的典型例子。它在 2001 年创建，创始人是吉米·威尔士以及几个热情的英语参与者。简单来说，维基百科是一个多语言的百科全书协作计划，目标是为全人类提供自由的百科全书，用他们所选择的语言来书写而成的，是一个动态的、可自由访问和编辑的全球知识库。它的形成依赖于长期的个体间的不断努力，而不是少数专业人士的制作。由于维基百科并不确定内容的边界，所以以最终形成的百科全书内容与人类已有的百科全书完全不同，甚至每个创作个体也不会知道最终它是什么样子的。但用户知道，它提供了一个机制，让它更加趋于完善。到 2011 年 11 月，已经有超过 3172 万的注册用户以及为数众多的未注册用户贡献了 282 种语言超过 2024 万篇的条目，其编辑次数已经超过 12 亿 3192 万次。每天都有来自世界各地的许多参与者进行数百万次的编辑。现在，随着新技术的发展，用户也可以通过手机来参与到维基百科中来，进行阅读或者更改词条。

4. 维基百科创作机制

维基百科之所以能够保证内容的正向协作，与它制定的协作机制，即写作守则有很大关系。也就是说，写作守则构成了一个促使个体创造并保证方向正确的机制。例如，公平呈现所有观点、命名规则的遵守、不确定的内容通过建立讨论页来讨论修改、返回初始状态以限制恶意修改等。一些基本规则加上个体智慧的协作，让维基百科成为一种很规范的系统。

维基百科是一个内容创造的协作空间和机制，它利用了新技术，但重点不是技术本身。它提供了一个个体创造并实现价值的模式，那就是通过利用提供空间，建立一个基本的原则确保空间正向发展，然后就是个体的协作创造，所以，维客是一种个体智慧创造的模式。如果把它当作个体创造的模式，把规则视作对个体创造的管理，视野也会产生很大的不同。

5. 维客创作模式的启示

清华大学李衍达院士提出的"知识表达的情感适应模型"可通过人机合作方式向网络用户提供诸如服装风格、音乐流派等各类信息的候选模型，根据用户的选择结果，可以自动建立适合特定用户的情感信息模型。有了这样的模型，互联网在为用户提供信息时将会善解人意并投其所好。

这种模式也可以被应用到工业和工程设计领域。比如通过这种模式创造一台前所未有的家用电器，在互联网上开通一个有关电器设计的协作空间，每个具有开发经验的人都可以去更改设计图纸，最终会形成一个体现众人智慧的超级创新产品。

12.5.2　人网协同智能服务系统

1. 系统设计目标

北京奥申委在申办 2008 年奥运期间提出了"绿色奥运、科技奥运、人文奥运"的理念和"在任何时间、任何地点的任何人和任何设备（Any Time，Any Where，Any One，Any Device）都可以方便地分享奥运信息"的承诺。实现上述目标的最大困难之一是奥运参与者之间的"语言壁垒"。

"面向奥运的多语言智能信息服务网络系统"是北京邮电大学智能科学技术研究中心的一项研究项目，主要目标就是利用自然语言处理技术突破语言障碍，向各国运动员、记者、观众等提供综合、全面、多语种、可定制的信息服务，实现任何人、任何时间、在任何场所通过多种手段获取奥运相关信息。

2. 系统设计原理

多语言信息服务系统能以文字和语音的形式与用户进行智能人机交互。该系统能接收来自用户的多模态输入，具体的输入可以是语音或者通过键盘、触摸屏输入的文字；同时能以文字和语音的形式将服务内容呈现给用户。

在多语言信息服务系统的总体设计上，整个体系结构分为3层：多语言人机接口层、多语言智能信息处理层和数据层，分别对应以上3个信息处理阶段。多语言人机接口层的主要功能是提供语音和文本形式的用户界面。用户的信息服务请求，不论是语音还是文本形式，通过本层的处理后，都被转换成文本的形式输入多语言智能信息处理层。而对于用户请求的响应，也根据需要从文本的形式转换成语音输出或仍然保留文本的形式。多语言人机接口层需要支持不同类型的终端接入，如信息亭、移动终端和电话。系统的总体框架如图12-12所示。

图 12-12　多语言信息服务系统的总体框架

3. 系统服务内容

该多语言智能信息服务网络系统允许用户以多种语言（英语、汉语、日语等）查询。在体育领域内，提供应用场景为赛事信息查询的多语言智能信息服务；在城市公共领域内，提供应用场景为天气预报、公交信息查询、旅游餐饮信息查询的多语言智能信息服务，既包括面向公众用户的多语言智能信息广播和讲解，也包括面向奥运参与者个人的个性化多语言智能信息咨询。

从系统的服务领域、服务内容、服务方式来分析，该系统充分体现了以用户为本的设计思想，实现了为不同语言的用户在不同时间、不同地点、采用不同终端、不同的输入方式提供不同需要的信息服务。

此外，该系统还具有操作方便、快捷，信息界面友好等特点。

当系统运行后，出现如图 12-13 所示的界面，用户可以通过点击不同的图标来选择要获取信息的领域，然后按提示操作，便可迅速获取所需要了解的信息。

图 12-13　系统运行后出现的界面

12.5.3　人机智能共创舞台艺术

1. 人机歌舞同台秀

据美国《大众科学》网站报道，在美国上映过一台充满了新技术和新概念的歌舞剧，这台歌舞剧的表演者是机器人歌手。第 13 届中国（上海）国际玩具展览会上机器人阿尔法（ALPHA）表演了精彩的歌舞。

其实，机器人歌舞并不是什么新鲜事物。最早开展机器歌舞表演是在 2003 年，日本索尼公司研制的 ORIO 就是第一台可漫步、歌舞，甚至指挥乐队的仿人机器人。法国 NAO 机器人也是比较先进的仿人机器人，采用这种机器人，就可以开展有关机器歌舞方面的研究工作。图 12-14 给出了一些机器人歌舞的实例。

在机器人歌舞表演方面，日本科学家所进行的研究最为成功。图 12-14 左图是有关日本机器人歌舞姬真人同台秀的机器人歌舞手，中图是日本机器人歌舞姬真人同台秀视频的截图，右图是"人机交谊舞"。日本东北大学生物工程与机器人系的研究小组开发的与人共舞华尔兹舞的仿人机器人，可以踩着音乐节拍完成对应歌舞动作，并以与人体接触的方式来感知舞步的变化。

图 12-14　日本开发的歌舞机器人及其表演

218

2014 年 3 月 10 日，在德国汉诺威国际信息及通信技术博览会上，一对真人大小的白色机器人在舞台上为观众表演了一段钢管舞，如图 12-15 所示。这对会跳舞的机器人是由英国艺术家沃克用旧汽车零件打造的，是既环保又创新的设计，所有舞蹈动作由工程师通过计算机控制完成。

图 12-15 舞蹈机器人

2. 机器人歌舞创作模型

从技术实现上看，机器歌舞主要是基于情感模式分析开展有关歌舞创作计算模型及其机器表演实现，歌词歌曲自动朗诵、哼唱、歌唱等不同形式演唱的计算模型及其机器表演实现，以及歌舞综合机器表演系统方面的研究。具体实施方案可以采用分阶段策略来进行。

为解决上述问题，可以借鉴人类歌舞专业人员学习和创作歌舞的规律，提出如下一种仿人机器人通用的歌舞模型，如图 12-16 所示。

图 12-16 机器人通用歌舞创作模型

歌舞的创作是在继承的基础上进行的创新，若不对其歌舞特征进行继承，歌舞将失去其特性，若不对其歌舞进行创新，人们不久就会感觉厌烦。在进行仿人机器人的歌舞创作时，不但需要直接从人类歌舞专家处观察学习而来的基本舞姿，而且需要通过交互式遗传算法所生成的创新的舞姿，两者的有机结合必然能够为人们带来耳目一新、风姿绰约和韵味十足的歌舞作品。

开发机器歌舞表演，不仅可以更好地为人们的娱乐生活服务，满足人们日益增长的精神文化需要。而且作为一种全新的歌舞艺术传播平台，机器歌舞开发技术也可以为保护、拓展与传播人类歌舞文化，特别那些因传承人缺失濒临灭绝的民族歌舞文化做出特别的贡献。除此之外，机器歌舞也可以弥补人类固有思维的局限，以机器自身独特的方式来进行歌舞创新，丰富人类歌舞艺术的表现形式。

可以说机器歌舞综合了智能科学技术诸多方面的成就，代表着智能机器人，特别是仿人机器人行为展现的较高技术水平。

12.5.4 人机协同智能驾驶系统

1. 人机协同智能驾驶技术系统

人机协同智能驾驶系统主要是为了提高驾驶系统的安全性能。现有的驾驶系统的安全性主要取决于驾驶员的工作状态，而疲劳是影响驾驶员工作状态的主要因素。采用人机协同驾驶技术系统可弥补人的能力局限性。

人机协同智能驾驶系统主要包括人机信息融合、人机协同决策、人机协同执行等技术。

在人机信息融合过程中，通过现有的测距技术、图像辨识技术、卫星遥感技术、卫星定位系统、交通网络等信息获取技术，获得道路的路况静态和动态信息；通过汽车上的轮胎压力检测、油箱液面检测、发动机工况检测等技术，获得汽车的工况信息；通过安装在驾驶员身上的肌电探头、心电探头等传感器，检测驾驶员的生理状况；同时驾驶员将自己观测到的道路宏观信息、路程目的地以及一些突发信息一同输入计算机，进行信息融合，获取最优的结果。

对于人机协同决策，人或机器将根据"人主机辅""机主人辅"或是"人机协同"的方式，得出最优的结果。当机器得出结果后，可以通过汽车上的各种仪表盘或者电脑的人机界面向驾驶员提供相应的信息；如果由驾驶员做出结论，则可以通过人机界面对机器的控制规则、控制状态进行调整或者直接对汽车的方向盘、制动器等进行操作，改变汽车的当前状态。

人机协同执行技术对于人和机器具有相互的等同性和协调性，将根据主辅控制策略，接受主控制方的指令，但在危险状态或者主控制方处于非正常工作状态时，人和机器都可以对汽车进行危急处理。

当人机协同智能驾驶系统出现错误或者人机工作在非正常工况下时，系统中的一方必须对整个系统做出必要的应急处理。人机协同制动系统在整个人机协同智能驾驶系统工作过程中，将直接关系到整个系统的驾驶安全性。一旦系统的监测系统检测到驾驶员处于酒醉或者嗜睡等状态时，或者汽车处于将造成危险的工况下时，人机协同制动系统通过一个"或"控制器，接收来自人或机器任何一方的制动信号，将汽车制动，确保行车安全。

2. 人机协同智能驾驶系统结构

从总体上讲，在整个驾驶过程中，采用的是人机协同的驾驶方式。这种驾驶方式的结构形式如图 12-17 所示。

图中虚线带箭头部分表示极限状态下的处理，在极限状态下，人和机器同时对汽车进行操作。为了安全起见，为了将损失降低到最低限度，采用"或"选择器，只要有高电平的控制信号（无论这种控制信号是来自机器还是来自人），控制器就立刻起作用。将这种人机协同控制器应用在紧急制动系统中，无论是机器还是人发现紧急情况，需要紧急制动时，系统都能有效地紧急制动。

图 12-17　人机协同智能驾驶系统

在人机协同驾驶过程中，人根据直觉对路况、车况及自身状况进行估计，判断目前状态适合于哪种驾驶方式。每个人都有自己的判断准则，一般人的判断准则是最大安全性、最高可靠性及自己的劳动强度最低。而机器则根据系统状态辨识，根据交通状态的复杂程度来判断机器本身是否有能力进行智能驾驶。在许多情况下，系统往往可以通过人机共商来确定。

可以预期到，"人机结合"的大成智慧的学术思想为人们所接受后，社会的方方面面必然会有所改变，其结果将使人类已掌握的与即将掌握的知识与技术能以极其灵活方便的方式为人类所共享，各式各样的智能系统将成为人类亲密而不可缺少的工具，人的智能得以充分发展，世界也跟着改造了。正如钱学森所说："将会出现一个'新人类'，不只是人，是'人机'结合的'新人类'！"

主要参考文献

[1] 丁玉兰. 人机工程学 [M]. 4版. 北京：北京理工大学出版社，2011.

[2] 丁玉兰. 人机工程学 [M]. 3版. 北京：北京理工大学出版社，2005.

[3] 丁玉兰. 人机工程学 [M]. 修订版. 北京：北京理工大学出版社，2000.

[4] 丁玉兰. 人机工程学 [M]. 北京：北京理工大学出版社，1991.

[5] 丁玉兰. 人因工程学 [M]. 上海：上海交通大学出版社，2004.

[6] 丁玉兰. 应用人因工程学 [M]. 台北：新文京发出版股份有限公司，2005.

[7] 陈信，袁修干. 人-机-环境系统工程计算机仿真 [M]. 北京：北京航空航天大学出版社，2001.

[8] [美] 威肯斯 C.D.，李 J.D.，刘乙力，等. 人因工程学导论 [M]. 2版. 张侃，等，译. 上海：华东师范大学出版社，2007.

[9] 袁修干，庄达民，张兴娟. 人机工程计算机仿真 [M]. 北京：北京航空航天大学出版社，2005.

[10] 路甬祥，陈鹰. 人机一体化系统科学体系和关键技术 [J]. 机械工程学报，1995（1）.

[11] 丁玉兰，等. 建筑机械人系统可靠性研究 [J]. 同济大学学报，1993（增刊）.

[12] [匈] L. 巴赫基. 房间的热微气候 [M]. 傅忠诚，等，译. 北京：中国建筑工业出版社，1987.

[13] 罗仕鉴，朱上上，孙守迁. 人机界面设计 [M]. 北京：机械工业出版社，2002.

[14] 日本造船学会造船设计委员会第二分会. 人机工程学舣装设计基准 [M]. 田训珍，等，译. 北京：人民交通出版社，1985.

[15] 朱祖祥. 工程心理学 [M]. 上海：华东师范大学出版社，1990.

[16] 朱治远. 人体系统解剖学 [M]. 上海：上海医科大学出版社，1997.

[17] 《航空医学》编委会. 航空医学 [M]. 北京：人民军医出版社，1992.

[18] [日] 浅居喜代治. 现代人机工程学概论 [M]. 刘高送，译. 北京：科学出版社，1992.

[19] 刘宏增，黄靖远. 虚拟设计 [M]. 北京：机械工业出版社，1999.

[20] 程景云，倪亦泉. 人机界面设计与开发工具 [M]. 北京：电子工业出版社，1994.

[21] 董士海，王坚，戴国忠. 人机交互和多通道用户界面 [M]. 北京：科学出版社，1999.

[22] 吴玲达，老松杨，王晖，等. 多媒体人机交互技术 [M]. 长沙：国防科技大学出版社，1999.

[23] 罗仕鉴，郑加成. 基于人机工程的虚拟产品设计与评价系统研究 [J]. 软件学报，2001（增刊）.

[24] 小原二郎. 室内·建筑·人间工学 [M]. 东京：鹿岛出版社，1983.

[25] 游万来，等. 工业设计与人因工程 [M]. 台北：六合出版社，1986.

[26] 高敏. 机电产品艺术造型设计基础 [M]. 成都：四川科学技术出版社，1984.

[27] 卢煊初，李广燕. 人类工效学 [M]. 北京：轻工业出版社，1990.

[28] 李乐山. 工业设计思想基础 [M]. 北京：中国建筑工业出版社，2001.

［29］林泽炎．人为事故预防学［M］.哈尔滨：黑龙江教育出版社，1998.

［30］周昌乐．智能科学技术导论［M］.北京：机械工业出版社，2015.

［31］杨国为．人工脑信息处理模型及其应用［M］.北京：科学出版社，2011.

［32］钟义信．智能科学技术导论［M］.北京：北京邮电大学出版社，2006.

［33］操龙兵，戴汝为．开放复杂智能系统［M］.北京：人民邮电出版社，2008.

［34］李云江．机器人概论［M］.北京：机械工业出版社，2011.

［35］史忠植．智能科学［M］.2版．北京：清华大学出版社，2013.

［36］钟义信．机器知行学原理［M］.北京：科学出版社，2007.

［37］陈鹰，杨灿军．人机智能系统理论与方法［M］.杭州：浙江大学出版社，2006.

［38］赵伟军．设计心理学［M］.2版．北京：机械工业出版社，2012.

［39］杨青锋．智慧的维度［M］.北京：电子工业出版社，2015.

［40］戴汝为．社会智能科学［M］.上海：上海交通大学出版社，2007.

［41］孙久荣．脑科学导论［M］.北京：北京大学出版社，2001.

［42］吴秋峰．多媒体技术及应用［M］.北京：机械工业出版社，1999.

［43］吴光强，等．汽车数字化开发技术［M］.北京：机械工业出版社，2010.

［44］Reason J. Human Error［M］. Cambridge University Press，1990.

［45］Reason J. Managing the Risk of Organizational Accidents［M］. Ashgate Press，1997.

［46］Redmill F，Rajan J. Human Factors in Safety-Critical Systems［M］. Reed Educational & Professional Publishing Ltd. ，1997.

［47］Rasmussen J. Information Processing and Human-machine Interaction：An Approach to Cognitive Engineering［M］. North-Holland，NY，USA，1986.

［48］Sanders，M S，et al. Human Factors in Engineering and Design［M］. New York：Mc Graw-Hill，1985.

［49］David J Oborne. Ergonomics at Work［M］. John wiley & Sons，1982.

［50］Sutchiffe A，Human-Computer Interface Design［M］. Macmillan Education Ltd，1988.

［51］Kantowitz，B H，et al. Human Factors：Under-Standing People-System Relation-ships［M］. Taylor & Francis，1986.

［52］Oborne，D J. Ergonmics at Work［M］. Wlley，1987.

［53］Galer f. Appiled-Ergonomics Handbool［M］. Wiley，1987.

［54］Grandjean，E. Ergonomics in Computerized Offices［M］. Taylor & Francis，1987.

［55］Eastman Kodak Company，Ergonomics Design for People at Work（vol. I）. L. L. P. 1983.

［56］Gloss D S，et al. Introduction to Safety Engineering［M］. 1984.

［57］Salrendy G. Handbook of Human Factors［M］. New York：John Wiley and Sone，1987.

［58］Tilly A R. The Measure of Man and Woman—Human Factors in Design［M］. Henry Dreyfuss Associates，1993.